高职高专电气电子类系列教材

电工技术应用
（项目化教程）

陈斗　刘志东　编著

化学工业出版社
·北京·

本书内容安排了大量的实例、实训、应用等实用知识，结合电气专业技能要求，共分 6 个学习情境 19 个任务，内容包括：认识实训室、安全用电，直流电路的分析与检测，家用照明电路的安装与测量，生产车间供电线路的设计与安装，变压器的使用与检测，三相异步电动机的测试与使用等。每个学习情境包括若干个任务，每个任务包含任务分析、相关知识、任务实施、任务考评、知识拓展、思考与练习等部分，并配有典型例题，分析求解步骤清楚。书末附有部分思考与练习参考答案，便于自学。教材配套有电子课件。

本书可作为高职高专院校、成人高校、中职中专学校电子类、电气类、自动化类、机电类、计算机类、通信工程类、电子信息类等专业的教材，也可供工程技术人员及参加有关专业培训的职工参考。

图书在版编目（CIP）数据

电工技术应用：项目化教程/陈斗，刘志东编著. —北京：
化学工业出版社，2019.6（2024.8 重印）
高职高专"十三五"规划教材
ISBN 978-7-122-34243-0

Ⅰ.①电… Ⅱ.①陈…②刘… Ⅲ.①电工技术-高等
职业教育-教材 Ⅳ.①TM

中国版本图书馆 CIP 数据核字（2019）第 060600 号

责任编辑：王昕讲　　　　　　　　　　　　　文字编辑：张绪瑞
责任校对：杜杏然　　　　　　　　　　　　　装帧设计：韩　飞

出版发行：化学工业出版社（北京市东城区青年湖南街 13 号　邮政编码 100011）
印　　装：北京七彩京通数码快印有限公司
787mm×1092mm　1/16　印张 17¾　字数 475 千字　2024 年 8 月北京第 1 版第 5 次印刷

购书咨询：010-64518888　　　售后服务：010-64518899
网　　址：http://www.cip.com.cn
凡购买本书，如有缺损质量问题，本社销售中心负责调换。

定　　价：49.00 元

前　言

编者以教育部正在推行的基于工作过程导向的高职高专教学改革精神为指导，为体现"以就业为导向，以育人为根本，以提高学生技能为主线"的思想，根据应用型人才培养的教学需求，针对高职高专教学及在职职工培训的特点，将理论知识、实践能力培养和综合素质提高三者紧密结合起来，按照"学中做""做中学"的教学理念组织教学内容，编写了《电工技术应用（项目化教程）》这本教材。

本书共分 6 个学习情境 19 个任务，内容包括：认识实训室、安全用电，直流电路的分析与检测，家用照明电路的安装与测量，生产车间供电线路的设计与安装，变压器的使用与检测，三相异步电动机的测试与使用等。每个学习情境包括若干个任务，每个任务包含任务分析、相关知识、任务实施、任务考评、知识拓展、思考与练习等部分，并配有典型例题，分析求解步骤清楚。书末附有部分思考与练习参考答案，便于自学。教材配套有电子课件。

本书编者教学经验丰富、实践能力强，读者通过学习本书，将掌握电工技术应用的基础理论、基础知识和基本技能，为后续学习和从事专业技术工作打下基础，提高分析、解决实际问题的能力，掌握相关技术与技能，形成综合职业能力，并有助于读者通过相关升学考试和职业资格证书考试。

本书可作为高职高专院校、成人高校、中职中专学校电子类、电气类、自动化类、机电类、计算机类、通信工程类、电子信息类等专业的教材，也可供工程技术人员及参加有关专业培训的职工参考。

本书力求在内容、结构等方面有大的创新，并克服以往同类教材中的不足，力争"更科学""更简洁""更实用"。在编写过程中，本书着力体现以下特色。

（1）采用任务驱动体系。采用基于工作过程的任务驱动教学法，本书共分 6 个学习情境 19 个任务，根据高职高专学生的认知规律，由易到难组织与安排教学内容，通过任务的实施，完成由实践到理论再到实践的学习过程。

（2）实现"教、学、做、评"四步教学法。注重教学过程的实践性、开放性、职业性和可操作性，将知识能力、专业能力和社会能力融入课程中，实现"教、学、做、评"四步教学法。

（3）简明易学。本教材内容以"必需够用"为度，根据电工技术应用的教学特点，精简教学内容，重视基本概念、基本定律、基本分析方法的介绍，淡化复杂的理论分析和计算，重点突出。立足于学生角度编写教材，让学生"易于学"。教材中的许多内容都是各位教师在平时教学中所积累的东西，在内容的表述上尽可能避免使用生硬的论述，而是力争深入浅出、通俗易懂，有图片、实物照片，层次分明、条理清晰、循序渐进、结构合理，使学生在学习的过程中不至于产生厌烦心情，从而提高学习的兴趣。在教材编写过程中，精心选择各个例题，力争做到有针对性，能够让学生通过例题很快掌握对应知识。

（4）体现职业教育的特色，注重实际应用。针对课程涉及的职业岗位及其涵盖的职业工种，结合职业资格证中对电工技能的要求和知识体系而选取教材内容；结合电气专业技能要求，突出以学生为中心；以职业能力培养为主线，并贯穿到课程教学的全过程，具有较强的通用性、针对性和实用性。

本书由湖南铁路科技职业技术学院的陈斗、刘志东编著，陈斗负责全书内容的组织和统稿，并编写了学习情境二～六，刘志东编写了学习情境一。

由于水平有限，编写时间仓促，书中难免有疏漏和不妥之处，殷切希望广大读者批评指正，以便修订时改进。

编著者

2019 年 4 月

目　录

目 录

认识实训室、安全用电

任务一　认识实训室

一、任务分析

在科技飞速发展的今天，电与我们的生活息息相关。工地上的起重机、工厂里的自动生产线、家庭用的电器、随身携带的手机、手提电脑等等，无一不是以电来支撑和带动的。我们的生活离不开电，城市的运转离不开电，工业生产更离不开电。

想一想：如果没有电，我们的生活会是什么样子？

作为现代人，我们要利用电、用好电，掌握电的知识，从而驾驭电来更好地为我们服务。

电有些什么特点？我们该怎样去认识电、应用电呢？对电的认识和学习，让我们从实训室开始。

二、相关知识

（一）电工类实训室的主要配置

1. 电工类实训室总体情况

电工类实训室是进行电工电子技能训练的场所，是电类专业学生重要的实际操作训练场所。

下面我们一起去参观一个电子工艺实训室。

实训室门外有实训室简介（图1.1.1），它介绍了实训室的基本情况，包括"主要实训设备""承担主要课程""主要实训项目"等部分。通过观看实训室简介，可以了解本实训室的情况。

走进实训室，首先观察电子工艺实训室的全貌，如图1.1.2所示。整个电子工艺实训室有50个工位，每个工位包括：1套通用电子实训台、1个数字示波器、1个信号发生器、1个毫

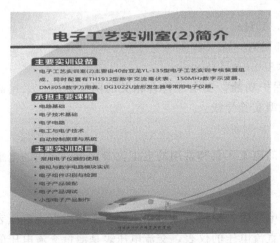

图 1.1.1　实训室简介

图 1.1.2　电子工艺实训室

伏表。每个实训台上均铺设有绝缘橡胶垫，它起着用电安全保护作用，同时也起着保护台面的作用。实训室的地面上画有安全线，将工位区域（学生实训操作区域）与安全通道分隔开。此外，为了做好实训室的管理和保证实训安全，实训室内有相应的《实训管理制度》和《实训安全操作规程》。

2. 电子工艺实训考核装置说明

电子工艺实训考核装置大体由铝合金活动框架、电源台、仪器组等构成，如图 1.1.3 所示。

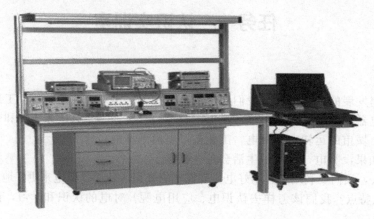

图 1.1.3　亚龙 YL-135 型电子工艺实训考核装置

① 铝合金活动框架：框架上面可以放挂板模块（标准挂板模块），可随意扩展，完成多门多种实验，另配置了 1 个活动柜，方便存放所需工具和实验元件盒。

② 电源台：由两路相互独立、对称的实验电源和仪表组组成，可同时满足 2 人在同一实验台上完成不同的实验内容，方便实训考核，装置采用单相电源供电，并配有带漏电保护的空气开关、熔断器，以确保使用安全。

③ 实验电源每路配置：一组可调的直流电源 0～24V/2A，并带有过载、短路软保护功能，软保护的值还可进行调节；一组 3～24V 交流电源，七挡可调；一组±5V、±12V 直流稳压电源；一只精密数字电压表（DC 30V），一只精密数字电流表（DC 2000mA）；以及 8 路单相电源插座，可以方便设备、仪表扩展时使用。

设备主要技术指标如下。

① 工作电源：两相三线 AC 220V±10%，50Hz。

② 温度-10～40℃；环境湿度≤90%（25℃）。

③ 外形尺寸（长×宽×高）为 1600mm×850mm×1800mm。

④ 安全保护措施：具有接地保护、漏电保护功能，安全性符合相关的国家标准。采用高绝缘的安全型插座及带绝缘护套的高强度安全型实验导线。

（二）电工仪器仪表与电工工具

作为一名电工专业人员，必须会使用常用的电工工具和常用的电工仪器仪表。常用的电工工具和电工仪器仪表有哪些呢？

1. 常用电工仪器仪表

（1）电压表。测量电路中的电压需要使用电压表，根据测量对象不同，需使用直流电压表或交流电压表。顾名思义，直流电压表是测量直流电压的仪表，交流电压表是测量交流电压的仪表。图 1.1.4 所示为直流电压表及其在电路中的符号。

在直流电压表上，红色接线柱为"＋"接线柱，黑色（或蓝色）接线柱为"－"接线柱，在使用时要保证接线正确。

（2）电流表。测量电路中的电流需要使用电流表，常见的是直流电流表，用于测量电路中的直流电流。图1.1.5所示为直流电流表及其在电路中的符号。

图1.1.4　直流电压表及其在电路中的符号　　　图1.1.5　直流电流表及其在电路中的符号

同样在直流电流表上，红色接线柱为"＋"接线柱，黑色（或蓝色）接线柱为"－"接线柱，在使用时要保证接线正确。

（3）万用表。万用表是电工电子最基本、最常用的仪表，它能够测量直流电压、交流电压、直流电流、电阻阻值等。万用表有指针式万用表和数字式万用表两种。

1）指针式万用表。指针式万用表就是用指针来指示测量数据的万用表。图1.1.6所示是常用的MF47型指针式万用表。当用万用表测试不同的物理量时，可以通过它的转换开关来进行切换。指针式万用表是传统的、常用的万用表，其读数方法与传统的电压表、电流表相似，使用简单方便，在实际中应用较多。

2）数字式万用表。数字式万用表就是用数字显示方式来指示测量数据的万用表。数字式万用表的种类繁多，图1.1.7为HD6508型数字式万用表。

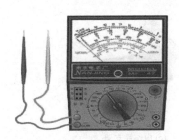　　　　　

图1.1.6　指针式万用表　　　　　　　图1.1.7　数字式万用表

与指针式万用表相比，数字式万用表具有以下特点。

① 检测精确度更高，指针式万用表的检测误差一般为3％左右，数字式万用表的检测误差小于1％。

② 内阻高，检测损耗小。

③ 无读取误差。指针式万用表存在视角差和使用者读取误差，而数字式万用表不存在这两种误差。

④ 功能更多。数字式万用表除了测量直流电压、交流电压、直流电流、电阻外，一般还可以测量电容量、温度、频率等。

（4）钳形电流表。钳形电流表简称钳形表，它是测量交流电流的常用仪表，有指针式和数字式两种。如图1.1.8、图1.1.9所示。

钳形表测量交流电流很方便，不用断开电线（电路），直接将被测电线放入钳形表的钳口内即可。用钳形表测量交流电流时，有一定的误差，因此只能用于精确度要求不太高的场合。

图 1.1.8　指针式钳形　　　图 1.1.9　数字式钳形　　　　图 1.1.10　手摇式兆欧表的外形
　　　　　电流表　　　　　　　　　电流表

（5）兆欧表。兆欧表可以测量电阻值较大的电阻，常用于测量设备的绝缘电阻。兆欧表有手摇式和数字式两种，手摇式兆欧表的外形如图 1.1.10 所示。

手摇式兆欧表在进行测量时会产生 250～1000V 的电压，所以要注意安全。数字式兆欧表测量电阻的范围更宽。

2. 常用电工工具

电工工具的种类很多，这里只介绍常用的几种。

（1）电烙铁。电烙铁用于对导线、电路元件等进行焊接连接，其外形如图 1.1.11 所示。

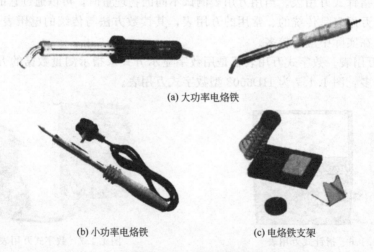

(a) 大功率电烙铁

(b) 小功率电烙铁　　　　　　　(c) 电烙铁支架

图 1.1.11　电烙铁外形

除了常用的外热式电烙铁和内热式电烙铁外，根据不同的焊接要求，还有恒温电烙铁、热风枪等焊接工具。

（2）螺钉旋具。常用的螺钉旋具有十字螺钉旋具和一字螺钉旋具两种，大小有多种规格。螺钉旋具俗称改锥、螺丝刀。

（3）试电笔。试电笔是检查线路是否带电的重要工具。在使用中，要注意手不能接触试电笔笔尖的金属部分，以防触电。

（4）电工刀。电工刀用于剥离导线的绝缘层、切削木塞等。

（5）钢丝钳。钢丝钳也称老虎钳，用于剪断铁丝、导线，或者用于夹持物品、工件等。

（6）尖嘴钳。尖嘴钳用于切断较细的导线，或者夹持较小的物件。

（7）斜口钳。斜口钳专门用于对较细线径导线的绝缘层进行剥离。

（8）活动扳手。活动扳手用于旋动螺杆和螺母，它的钳口大小可以调节。电工常用的有

200mm、250mm 等，使用时应根据螺母的大小选配。

三、任务实施

任务名称：电工常用工具的使用与导线的连接

（1）任务要求

① 会使用合适的工具对导线进行剥线。

② 会正确使用工具对导线进行连接。

（2）仪器、设备、元器件及材料。电工刀、钢丝钳（或尖嘴钳）、剥线钳、绝缘胶带；常见连接导线（塑料硬线、塑料软线、护套线、橡胶软线、漆包线等）。

（3）任务内容及步骤

① 用电工常用工具对导线的线头剥离。导线有多种种类和型号，常用的有塑料硬线、塑料软线、护套线、橡胶软线、漆包线等，先来认识几种导线，并学习线头剥离的方法。用电工常用工具对导线的线头剥离的方法如表 1.1.1 所示。

表 1.1.1　用电工常用工具对导线的线头剥离的方法

导线种类	导线特点	工具选用	线头剥离方法
塑料硬线	单根铜芯或铝芯金属线，外包有一层绝缘层（现在铝芯线用得越来越少了）	方法① 剥线钳 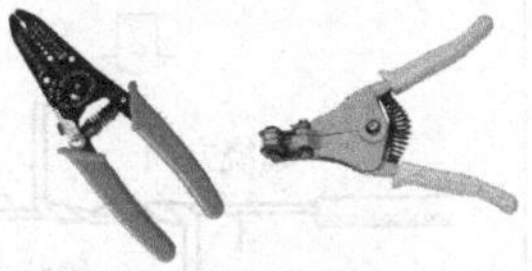	将线头放入剥线钳对应孔径位置，用力捏一下剥线钳手柄即可
		方法② 钢丝钳 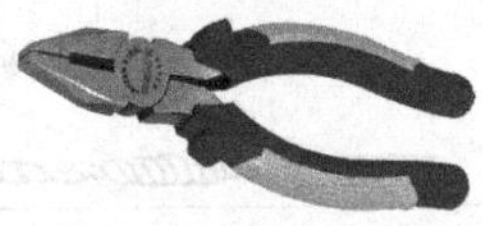	先用钢丝钳轻轻切破线头的绝缘层，然后左手推拉线，右手握住钢丝钳头部往外勒线，从而去掉线头绝缘层 此法适用于 $2.5mm^2$ 及以下的导线
		方法③ 电工刀 	电工刀刀口对导线成 45°切入绝缘层，向前平推切削出切口，然后将绝缘层外翻后齐根切去 此法适用于 $2.5mm^2$ 及以下的导线
塑料软线	芯线为多股铜芯线，外包裹一层绝缘层	剥线钳	将线头放入剥线钳对应孔径位置，用力捏一下剥线钳手柄即可
		钢丝钳	先用钢丝钳轻轻切破线头的绝缘层，然后左手拉线，右手握住钢丝钳头部往外勒线，从而去掉线头绝缘层 此法适用于 $2.5mm^2$ 及以下的导线
塑料护套线	芯线为单根或多股铜线，每根芯线有一层绝缘塑料层，整根护套线包含两根或多根线，外有一层公共的绝缘层	电工刀、剥线钳、钢丝钳	对公共护套层，采用电工刀剥离：由中缝切破护套层，再外翻切去 对芯线绝缘层：采用塑料硬线的①、②、③中合适的方法剥离

续表

导线种类	导线特点	工具选用	线头剥离方法
橡套软线（橡套电缆）	芯线为多股铜线，每根芯线有橡胶绝缘层，多根芯线外有公共橡胶护套层	电工刀、剥线钳、钢丝钳	对公共护套层，采用电工刀剥离：由中缝切破护套层，再外翻切去。对芯线绝缘层：采用塑料硬线的①、②、③中合适的方法剥离
漆包线	单根铜芯线上喷涂有绝缘漆层，主要用于绕制电机或变压器的线圈等	细砂纸、小刀子	用细砂纸擦除线头的绝缘漆层；对于直径在 0.6mm 以上的漆包线，也可用小刀子小心刮去线头绝缘漆

② 导线的连接。常用电力线的芯线有单股、7 股和 19 股等多种，连接方法也应随芯线股数的不同而异。几种常用的导线连接方法见表 1.1.2。

表 1.1.2 几种常用的导线连接方法

导线种类	连接方法	连接示意图	手法及要点
	绞接（适用于横截面较小的导线）	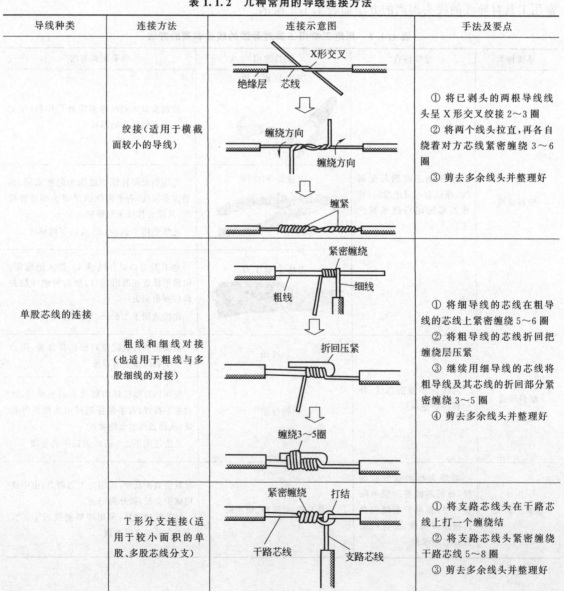	① 将已剥头的两根导线线头呈 X 形交叉绞接 2～3 圈 ② 将两个线头拉直，再各自绕着对方芯线紧密缠绕 3～6 圈 ③ 剪去多余线头并整理好
单股芯线的连接	粗线和细线对接（也适用于粗线与多股细线的对接）		① 将细导线的芯线在粗导线的芯线上紧密缠绕 5～6 圈 ② 将粗导线的芯线折回把缠绕层压紧 ③ 继续用细导线的芯线将粗导线及其芯线的折回部分紧密缠绕 3～5 圈 ④ 剪去多余线头并整理好
	T 形分支连接（适用于较小面积的单股、多股芯线分支）		① 将支路芯线头在干路芯线上打一个缠绕结 ② 将支路芯线头紧密缠绕干路芯线 5～8 圈 ③ 剪去多余线头并整理好

6

续表

导线种类	连接方法	连接示意图	手法及要点
多股芯线的连接	对接（交叉分组缠绕法）		① 将两根已经剥好线头的多股芯线拉直，线头后 1/3 部分拧紧，前 2/3 部分呈伞状张开 ② 将两根线的伞状部分交叉插入，并将线抚平捏紧 ③ 把一边的线平均分成三组，先将第一组翘起进行紧密缠绕，然后将第二组翘起进行紧密缠绕，再将第三组翘起进行紧密缠绕 ④ 对另一边的线也分成三组，按第③步的方式进行紧密缠绕；最后剪去多余线头并整理好
	T形分支连接		① 将支路线剥好线头并把芯线拉直拧紧，然后将支路芯线平均分为两组，并将一组芯线从干路芯线的中间插入 ② 未插入的那一组支路芯线对干路芯线进行紧密缠绕，缠绕 5 圈左右 ③ 将插入的那一组支路芯线对干路芯线进行相反方向的紧密缠绕，也缠绕 5 圈左右 ④ 剪去多余线头并整理好

四、任务考评

评分标准见表 1.1.3。

表1.1.3 评分标准

序号	考核项目	考核内容	评分标准	配分	得分
1	电工工具的使用	能正确选择电工工具,电工工具操作规范	1. 电工工具选择错误扣5分 2. 电工工具操作不规范扣10分	20分	
2	导线绝缘层的剥削	能正确剥削导线绝缘层,导线无芯线断丝、受损现象	1. 导线绝缘层的剥削不当扣5~10分 2. 导线芯线有断丝、受损现象扣5分	20分	
3	导线的连接	导线缠绕方法正确,缠绕紧密、整齐,导线缠绕时无芯线断丝、受损现象	1. 缠绕方法不正确扣10分 2. 不紧密、不整齐扣10~20分 3. 缠绕时导线芯线有断丝、受损现象扣5分	50分	
4	安全文明操作	遵守文明操作规程,保持工作台整洁,工具有序放置	有不文明操作行为,或违规、违纪出现安全事故,工作台上脏乱,酌情扣3~10分	10分	
		合计		100分	

任务二　了解安全用电的基础知识

一、任务分析

在工业生产与日常生活中,为了防止发生触电及其他电气的危害,确保人身安全和电气设备的正常运行,必须有相应的安全组织措施和技术措施。电气设备除必须有正规的设计外,电气从业人员还应该具备一定的条件,明确从业电工的基本职责,还必须了解使用中的安全技术,以防止触电及设备事故的发生。本任务主要讲触电事故的种类和规律,电流对人体的作用,触电急救,安全用电及防触电的技术措施,安全标志等电气安全基础知识。

二、相关知识

（一）电气事故

电气事故主要是与电有关而发生的事故,能量是造成事故的基本因素,可以按照能量形式和能量来源进行分类,在划分时将自然现象造成的电气事故也算为电气事故。

1. 电气事故的种类

（1）触电事故。触电事故是人体触及带电体,有电流流过人体,由电流的能量所造成的伤害事故。在高压触电事故中,有时人体并未触及带电体,而是人体进入到带电体周围的一定范围内,空气介质被击穿形成对人体放电造成的伤害。

（2）雷电事故。雷电是一种自然的现象,雷电放电具有电流大、电压高等特点。在其能量释放时就可能会产生极大的破坏力,雷电除可能直接造成人、畜的伤亡外,还可能毁坏建筑物、重要的电力设备,还有可能引起火灾和爆炸等严重灾害。

（3）静电事故。静电事故是电力运行和工业生产中,产生的静电所引发的事故,静电的电压可能高达数万乃至数十万伏,在工作的场所会产生静电的火花放电,会妨碍生产及造成人体被电击而造成二次的事故。在火灾和爆炸的危险场所,静电火花是一个十分危险的因素。

（4）电磁场伤害事故。电磁场伤害事故，是人体在高频电磁场的作用下，吸收激光能量，使人受到不同程度的伤害。电磁场伤害主要是引起中枢神经系统功能失调，表现为神经衰弱症候群，如头痛、乏力、睡眠失调、记忆力衰退等，还对心血管系统的正常工作有一定影响。

（5）电路故障。电路故障本身原是属于设备或线路的故障，但这类事故往往又与人身的伤害事故联系在一起。由故障引起可能影响到人身安全的事故，某些电路故障不仅仅是电力系统内的故障。例如电线短路或油开关爆炸，就可能引起火灾或重大的人身安全事故。另外，电力线路的故障，就会引起大地在一定范围带电，造成跨步电压就会使人体有电流通过，从而引起触电事故。

2. 电击和电伤的概念

触电事故有两种类型，就是"电击"与"电伤"。通常说的触电事故指的就是电击，绝大多数电击触电死亡事故都是由电击造成的。它是指电流通过人体内部，使肌肉非自主地发生痉挛性收缩造成的伤害；严重时会破坏人的心脏、肺部以及神经系统的工作，直至造成危及生命的伤害。

（1）电击。电击是指电流通过人体的内部，破坏人的心脏、肺部以及神经系统的正常工作，直至危及人的生命。50mA 左右的工频电流即可使人遭到致命电击，神经系统受到电流强烈刺激，引起呼吸中枢衰竭，使肌肉非自主地发生痉挛性收缩，严重时心室纤维性颤动，以至引起昏迷和死亡。电击是电流对人体内部组织的伤害，绝大多数触电死亡事故都是由电击造成的，是最危险的一种伤害。电流引起人的心室颤动是电击致死的主要原因，约 85% 以上的触电死亡事故，都是由电击造成的，电击的主要特征有：①伤害人体内部；②在人体的外表没有显著的痕迹；③致命电流较小。电击又分为直接电击和间接电击。

（2）电伤。电伤是指由电流的热效应、化学效应或机械效应，对人体外部造成的局部伤害，包括电烧伤、烫伤、电烙印、皮肤金属化、电气机械伤害、电光眼等不同形式的伤害。

① 电烧伤是指电流通过人体产生热电效应、电生理效应、电化学效应和电弧、电火花等致人体皮肤、皮下组织、深层肌肉、血管、神经、骨关节和内部脏器的广泛损伤。分为电流灼伤和电弧烧伤。电流灼伤一般发生在低压设备或低压线路上，是指人体与带电体相接触，电流通过人体由电能转化成热能所造成的伤害。电弧烧伤是由于弧光的放电而造成的伤害，分为直接电弧烧伤和间接电弧烧伤。直接电弧烧伤是指带电体与人之间发生电弧，有电流流过人的肌体的烧伤；间接电弧烧伤是指电弧发生在人体的附近对人体的烧伤，包含熔化了的炽热金属溅出造成的烫伤。

② 电烙印是指在人体与带电体接触的部位留下永久性的斑痕。斑痕处皮肤失去原有的弹性、色泽并变硬，形成肿块如同烙印一样。

③ 皮肤金属化是指在电弧高温的作用下，金属熔化、汽化，金属微粒渗入皮肤，使皮肤变得粗糙和坚硬的伤害，皮肤金属化多与电弧烧伤同时发生。

④ 电光眼是指在发生弧光放电时，红外线、可见光、紫外线对眼角膜所造成的伤害。

（二）触电事故的类型

触电事故多种多样，有轻微的也有严重的。触电事故就是因为各种原因，人体触及带电体，有电流流过人体所造成的伤害。

1. 人体触电的几种主要方式

人体触电的方式，按照人体触及带电体的方式和电流留过人体的途径，可分为以下几种。

（1）单相触电。当人站在地面上，人体的某一部位触及一相带电体时，电流通过人体流入大地（或中性线），或单相电流从人体形成回路，这种触电的现象就称为单相触电。对于高压的单相触电，人体虽未直接接触到高压的带电体，但由于超过了安全的距离，高压电对人体放电，造成单相接地而引起的触电，也属于单相触电。

（2）两相触电。两相触电是指人体的两个部位，同时接触带电设备或线路中的两相带电体，两相触电加在人体上的电压为线电压，其触电的危险性最大，或在高压系统中，人体离高压带电体的距离小于规定的安全距离，造成电弧放电时，电流从一相带电体流入另一相带电体的触电方式。

（3）跨步电压触电。当电气设备发生接地故障时，接地电流通过接地的带电体向大地流散，在以接地点为圆心、半径为 20m 的圆周面积内，形成渐弱分布的不同电位。人在接地点的周围行走时，其两脚之间就有电位差，这个电位差就是跨步电压。接地体向大地流散，在地面上形成电位分布时，若由跨步电压引起的人体触电，称为跨步电压触电。

（4）接触电压触电。运行中的电气设备由于绝缘损坏或其他原因造成的漏电，当人触及漏电的设备时，人的手和脚两个部位同时接触到具有不同电位的两处，电流通过人体和大地形成回路，造成的触电事故就称为接触电压触电。

（5）感应电压触电。当人触及带有感应电压的设备和线路时，所造成的触电事故称为感应电压触电。

（6）剩余电荷触电。当人接触带有剩余电荷的设备时，电荷对人体放电所造成的事故称为剩余电荷触电。

（7）人体回路触电。是指通过人体的某些部位，与电路形成了回路而造成的触电。

（8）静电触电。是指绝缘的导体上积累的静电电荷，对人体放电所造成的触电。

（9）雷电触电。是指雷电对地面放电时，所产生的高压对人体的雷击触电。

2. 单相触电

单相触电是指当人站在地面上，并直接碰触带电设备其中的一相时，因大地能导电并呈现为零电位，对于接地的电力系统，其中性点与大地相连接；或者如果站在大地上的人手触及相线，电流从电源的相线通过人体流向大地，这种触电现象称为单相触电，如图 1.2.1 所示。

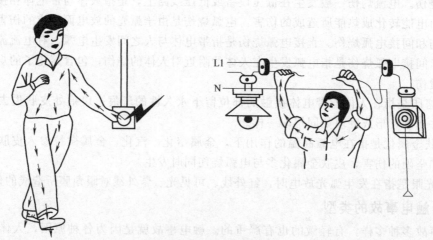

图 1.2.1　单相触电

我国大部分的低压电网通常采用变压器低压侧中性点直接接地，在这种接地的系统中发生单相触电时，相当于电压的相电压是直接加在人体上的，就相当于人体的电阻与接地的电阻形成串联电路。由于接地电阻较人体电阻小很多，所以加在人体上的电压值接近于电源的相电压，在低压为380/220V的供电系统中，人体将承受约220V的电压，单相触电是很危险的。

在大地上的人，因为各种原因，超过了高压带电体安全距离，这时人体虽未直接接触到高压的带电体，但由于人体的某一部位超过了安全距离，高压电就会击穿空气的绝缘而对人体电弧放电，造成单相接地而引起人体的触电，这也属于单相触电。

对于电力变压器的中性点不接地供电系统的单相触电，电流通过人体、大地和输电线间的分布电容构成回路，如果线路的长度较短、分布电容较小，人体接触到单相带电体触电时，只会有较小的电流通过人体，对人体不会造成较大的伤害。如果线路的长度较长、分布电容较大，人体接触到单相带电体触电时，就会有较大的电流通过人体，会对人体造成较大的伤害。在实际应用过程中，我国只有在极少的地方使用这种中性点不接地的供电系统，如在煤矿、矿山、部分农村和部分医院及特别潮湿的游泳场所等。但要引起注意的是，这种中性点不接地的供电系统虽说使用的范围较小，但不能有这种不接地电网在单相接触时是安全的错误认识，要针对不同的环境进行判断和使用。

3. 两相触电

人体同时接触带电设备或线路中不同相的两导体，当人体的两处，如两手或手和脚，同时触及电源的两根相线发生触电的现象，称为两相触电。因人可看作是导体，电流从一相的导体上，通过人体流到了另外一相的导体上，形成一个电流的回路而使人触电，如图1.2.2所示。

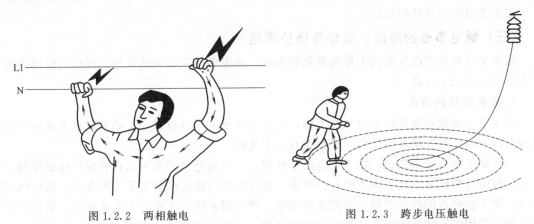

图1.2.2 两相触电　　　　　图1.2.3 跨步电压触电

发生两相触电时，作用于人体上的电压等于线电压，这种触电是最危险的。在两相触电时和两根相线接触，人体处于电源线电压下，在电压为380/220V的供电系统中，人体受380V电压的作用，并且电流大部分通过心脏，因此是最危险的。如果在高压系统中，人体同时接近不同相的两相带电导体而发生电弧放电，电流从一相导体通过人体流入另一相导体，构成一个闭合回路，这种触电方式也称为两相触电。

4. 跨步电压触电

在高压接地故障的接地处、雷击时的接地处、导线断落发生单相接地故障时、外壳接地的电气设备绝缘损坏而使外壳带电接地、有大电流流过的接地装置附近接地时等，在接地处、接地点、断落导线接地点处，就有电流流入地下向四周扩散，电流在接地带及周围土壤中产生电压降。如果此时人站立在接地点的附近地面上，两脚之间就会承受一定电压，此电压就称为跨步电压，如图1.2.3所示。

跨步电压的大小与接地的电流、土壤的电阻率、设备的接地电阻及人体所处的位置有关。当接地的电流较大时，跨步电压就会超过允许值，发生人身触电事故，特别是在发生高压接地故障或雷击时，会产生很高的跨步电压，跨步电压触电也是危险性较大的一种触电方式。《电业安全工作规程》第十五条规定，高压设备发生接地时，室内不得接近故障点4m以内，室外不得接近故障点8m以内。进入上述范围的人员必须穿绝缘靴，在接触设备的外壳和构架时，应戴绝缘手套。如果人处在跨步电压区域时，应采用双脚并拢或单足跳跃的方式脱离，千万不可大步地跑出，因双脚距离越大，双脚所承受的电压就越高，人的危险性就越大。当人体受到跨步点的电击时，电流流经人体的双腿，会使人双腿抽筋后跌倒直至死亡。

另外，当电气设备发生接地故障，接地电流通过接地体向大地流散，流入地中的电流在土壤中形成电位、在地面上形成电位分布时，地表面也形成以接地点为圆心的径向电位差分布。若人在接地短路点周围行走，其两脚之间（一般按0.8m计算）的电位差，就是跨步电压。特别是高压导体的故障接地处，流散电流在地面各点产生的电位差造成跨步电压电击；接地装置流过故障电流时，流散电流在附近地面各点产生的电位差造成跨步电压电击；正常时有较大工作电流流过的接地装置附近，流散电流在地面各点产生的电位差造成跨步电压电击。人距离接地点越近，跨步电压越高，危险性越大。一般在距接地点20m以外，可以认为地电位为零。

防雷装置、高大的构（建）筑物或高大树木遭受雷击时，极大的雷电流散电流在附近地面各点产生的电位差，也会造成跨步电压电击。

接触电压触电、剩余电荷触电、感应电压触电等，电工接触得不是很多，这里就不多解释了，需要者可参考其他的资料。

（三）触电事故的原因、规律及保护措施

触电事故是各类电气事故中最为常见的事故。触电事故往往突然发生，在极短时间内造成严重后果，死亡率极高。

1. 触电事故的原因

为了更好地做好电气的安全生产工作，防止人身触电的事故发生，必须对发生触电事故的原因进行分析。发生触电事故的主要原因有以下几种。

（1）缺乏电气安全知识。缺乏安全用电常识，安全用电意识和用电自我保护意识淡薄。如在高压线附近放风筝，爬上高压电杆掏鸟巢；低压架空线路断线后用手去拾火线；带电拉高压开关；用手摸破损的胶盖刀闸，私拉乱接用电；用电图省事，不找电工安装接线，自己随意乱拉乱扯；误用湿布抹灯泡或擦抹带电的家用电器；在线路下盖房、打井；在电线上晾晒衣服；私设低压电网，用电捕鱼等。

（2）违反操作规程。存有侥幸心理和麻痹思想，工作人员在检修用电设备时，违反规程，不办理工作票、操作票，擅自拉合刀闸；未确认现场情况，用电话通知、约时停送电；在工作现场和配电室不验电、不装设接地线、不挂标示牌等。违章在高压线下施工或在高压线下施工时不遵守操作规程，使金属构（建）筑物接触高压线路而造成触电；导线间的交叉跨越距离不符合规程要求；电力线路与弱电流线路同杆架设；导线与构（建）筑物的水平或垂直距离不够，拉线不加装绝缘；用电设备的接地不良造成漏电；电灯开关未控制火线及临时用电不规范；检修工作中，保证安全的组织措施、技术措施不完善，误入带电间隔，误登带电设备，误合开关等造成触电事故；由于操作失误，带负荷拉刀闸、未拆除接地线合刀闸均会导致电弧引起触电；在高压线附近施工或运输大型货物，施工工具或货物碰击高压线；带电接临时电源；火线误接在电动工具外壳上；带电连接线路或电气设备而又未采用必要的安全措施；在维护检修时，不严格遵守电工操作规程、麻痹大意，造成事故；接线错误，乱拉乱接电线，特别是插座接错线，触及绝缘损坏的设备或导线；误登

带电设备；带电接照明灯具；带电修理电工工具；用"一线一地"安装电灯；广播线与电力线相碰；带电移动电气设备；用湿手拧灯泡等。

（3）设备不合格。由于电气线路设备安装不符合要求，会直接造成触电事故；高压或低压线路架设的安全距离不符合规范的要求；二线一地制系统缺乏安全措施或接地电阻过大，安装、检修及电工器材选用时，不符合电气安全技术和标准要求；由于电气设备损坏或不符合规格，又没有定期检修，以至绝缘老化、破损而漏电，酿成事故；电气设备外壳没有接地而带电；刀闸开关或磁力启动器缺少护壳；接地线不合格或接地线断开；电线或电缆绝缘因磨损或腐蚀，破坏导线的绝缘而带电体裸露在外等。

（4）维修不善。由于电气设备运行检修管理不当、维护不及时，设备带病运行。如触电保护器失灵，强行送电；绝缘电线破皮露芯；电机受潮，绝缘值降低，致使外壳带电；电杆严重龟裂，导线老化松弛，大风刮断的低压线路或刮断电杆未及时修理；胶盖刀闸的胶木损坏未及时更换；电动机导线破损使外壳长期带电；瓷瓶破裂后使相线与拉线短接，设备外壳带电；移动电动工具的引线和触头明知已破损还不更换；漏电保护器早已失效，线路老化未及时更换；开关、插座、灯头等日久失修；电线脱皮，家用电器或电动机受潮，外壳破裂塑料老化漏电等。

（5）其他偶然原因。高压线断落地面可能造成跨步电压触电；大风刮断电力线落到人体上，夜间行走触碰断落在地面上的带电导线等。

应当注意，很多触电事故都不是由单一原因，而是由多方面的原因引起的，大多数是由于轻视电的危险、缺乏用电常识，以及设备不合格或忽视设备缺陷的危险性，造成了触电伤亡事故的屡屡发生。无数触电伤亡事故的教训，不得不引起人们的关注和重视，希望人们提高警觉，严格遵守安全用电规范，减少和避免触电事故的发生。

除了少量的是意外原因引起的，触电事故的发生，总的来说是违反操作规程而造成的。可以这样说，如果按照电业操作规程来进行操作，是不可能发生触电事故的。从事故发生的实践经验来看，触电事故都是违反了几条操作规程才会发生的，单纯违反一条操作规程，也是不可能发生触电事故的。如果是变电站或发电厂，那保证安全的组织措施和技术措施就更加严格了，只要执行了是不可能发生触电事故的。

触电事故的发生，由于不可抗拒的原因引起的是相当少见的。所以，可以说触电事故的发生都是人为的，也都是可以预防和避免的，关键就在于要严格按照电业操作规程的要求来进行操作，就可以做到万无一失。

2. 触电事故的规律

触电事故虽说有其意外性和偶然性，但还是有一定规律的。据分析，触电事故有以下规律。

（1）触电事故的季节性明显。据统计资料表明，每年的二、三季度触电的事故较集中，特别是 6～9 月，事故最为集中。主要原因为，一是这段时间天气炎热、人体衣单而多汗，操作人员大多数没有穿戴绝缘保护用具，触电的危险性较大；二是这段时间多雨、潮湿，地面导电性增强，电气设备的绝缘性能因潮湿等原因而降低，容易构成电击电流的回路，增加了触电的危险性；再次，这段时间在大部分农村都是农忙季节，农村用电量增加，触电事故因而增多。

（2）低压设备触电事故多于高压设备。国内外的统计资料表明，低压触电事故远远多于高压触电事故。其主要原因是低压设备远远多于高压设备，接触低压设备的人，比接触高压设备的人多得多，低压设备简陋、管理不严、思想麻痹，很多人缺乏电气安全的知识。应当指出，在专业电工中，情况是相反的，即高压触电事故比低压触电事故多，这也说明了高压触电的后果要大于低压触电。

（3）农村触电事故多于城市。据部分省、市统计资料表明，农村触电事故为城市的 6 倍。这主要是由于农村的电气操作人员和用电人员在文化水平、安全意识、防护措施等方面，要比城市的电气操作人员和用电人员相对差一些，还有农村用电条件较差、资金投入不足、使用不合格的电器、电气设备老化、平时保养不善、电气设备简陋、操作人员技术水平较低、安全防护用具不全、违规用电与操作、线路随意乱拉乱挂、安全管理措施不到位、电气安全知识缺乏等原因。

（4）青年人、中年人及非电工事故较多。这些人大多是电气设备的操作者，经常接触电气设备，操作的知识多于安全的知识，经验操作代替了安全操作，较缺乏电气安全知识，安全意识和自我保护意识不强，造成了触电事故的频发。

（5）单相的触电事故较多。据相关资料表明，单相触电事故的数量，占总触电事故的70％以上。

（6）电气连接部位的触电事故多。大量触电事故的统计资料表明，电气事故发生点多在分支线、接户线、接线端子、缠接接头、压接接头、焊接接头、电线接头、电缆头、灯座、插销、插头、插座、控制器、控制开关、接触器、熔断器等的分支、接线处，还有振动较大的电气设备的电气连接部位。主要是由于这些连接部位机械牢固性较差、接触电阻较大、绝缘强度较低、电气可靠性也较差，容易出现短路、接地、闪络、爬电、漏电等故障的缘故。

（7）携带式设备和移动式设备触电事故多。携带式设备和移动式设备触电事故多的主要原因，是这些设备是在人的紧握之下运行，不但接触电阻小，而且一旦触电就难以摆脱电源；另一方面，这些设备需要经常移动，工作条件差，设备和电源线都容易发生故障或损坏，接地、接零、漏电的保护很容易缺少。此外，单相携带式设备的保护零线与工作零线容易接错，也会造成触电事故。

（8）临时用电的事故多。临时用电是电工及操作人员违规操作最多的地方，临时用电因使用时间较短，使用的线路和电器大多数是临时找来的，很多的线路和电气都不符合安全的要求。但都认为只是临时用一下，没有办理相关手续，就存在侥幸的心理，安全措施往往就不到位，违规进行安装与使用，造成触电事故的发生。

（9）环境恶劣行业触电事故多。建筑、焊接、冶金、矿业、机械行业的触电事故多。由于这些行业的生产现场经常有大面积的金属体、狭窄的空间、潮湿的场所、高温的环境、混乱的现场、复杂的结构、移动式设备和携带式设备多以及金属设备多等诸多不安全因素的存在，以致触电的事故较多。

从造成事故的原因上看，电气设备或电气线路的安装不符合安全的要求，会直接造成触电的事故；电气设备的维护管理不完善，使电气线路与电气设备带病运行，又没有切实有效的安全措施，也会造成触电的事故。制度不完善或违章作业，特别是非电工擅自进行电气操作极容易发生触电的事故；操作水平较低，操作中发生接线错误，特别是插头、插座接线的错误，也容易造成触电的事故。应当注意的是，触电事故的规律不是一成不变的，在一定的条件下，触电事故的规律也会发生一定的变化。例如，低压触电事故多于高压触电事故在一般情况下是成立的，但对于专业电气工作人员来说，情况往往是相反的。因此，应当在实践中不断分析和总结触电事故的规律，为做好电气安全工作积累经验。

3. 防止触电的保护措施

（1）加强绝缘性。加强带电体的绝缘，保证设备正常运行，必要时还可采取对电气设备的隔离措施。电气工作人员在进行操作时，要加强自身的绝缘保护。

（2）加强自动断电保护。对用电设备和场所，要加强自动保护功能，如短路保护、漏电保护、过流保护、过压保护和欠压保护等。当发生触电等事故时，能自动断开电源，实现自动保护功能。

（3）接地或接零保护。对设备采取接地或接零保护措施。

（4）加强警示。在施工区和电气维修场所等处，要加强警示。如进行线路维修时，在刀闸处要挂警示牌，标注"电路维修中，严禁合闸"。

（四）电流对人体的作用

人体是功能完善且复杂的有机体。各个组织器官和各种物质成分之间并不是孤立存在的，而是相互联系、相互制约的，这样人才能称为一个有序的整体，才能够完成各种复杂的生命活动。人类完成感觉、思维和运动等正常活动时的信息传递和指挥主要依赖于人体的神经系统和各种器官所产生的极其微弱的生物化学电流作用。人体在被电击时，大量的外部电流侵入人体，必将对人体正常生活活动造成干扰和破坏。

电流通过人体内部，会对神经系统和循环系统的功能产生严重的伤害。能使肌肉产生突然收缩效应，产生针刺感、压迫感、痉挛、疼痛、血压升高、昏迷、心律不齐、心室颤动等症状，使触电者无法摆脱带电体，而且还会造成机械性损伤。更为严重的是，通过人体的电流还会产生热效应和化学效应，从而引起一系列急剧、严重的病理变化。热效应可使肌肉组织烧伤，特别是高压触电，会使身体燃烧。电流对心跳、呼吸的影响更大，几十毫安的电流通过呼吸中枢可使呼吸停止；流过心脏的电流只需达到几十微安就可使心脏形成心室纤维性颤动，心室颤动是电流影响循环系统的最主要的伤害。

电流通过人体内部时，对人体伤害的严重程度与通过人体电流的大小、种类、时间长短、电流流经人体的途径以及人体的状况等多种因素有关系。而各种因素中，以通过人体电流的大小、时间长短最为关键和重要。

触电的危险程度同很多因素有关，而这些因素是互相关联的，只要某种因素突出到相当程度，都会使触电者处于危险之中。

1. 电流的大小与伤害程度的关系

一般通过人体的电流越大，人的生理反应越明显，感觉就越强烈，引起心室颤动所需的时间就越短，死亡的危险性也越大。

通过人体的电流强度取决于触电电压和人体电阻。人体电阻主要由表皮电阻和体内电阻构成，体内电阻一般较为稳定，约在 500Ω，表皮电阻则与表皮湿度、粗糙程度、触电面积等有关，一般人体电阻在 $1\sim2k\Omega$ 之间。

但人体是复杂的有机体，其电阻与人的体质、皮肤的潮湿程度、年龄、性别乃至工作的职业都有关系，因而在触电电压大小相同的情况下，通过人体的电流值会相差很大，所引起的触电危险程度也会大不相同。

人体电阻也不是一个固定的数值，人的电阻以皮肤的电阻为最大，肌肉次之，血液等液体为最小。在一般的干燥环境中，人体的皮肤电阻大约在 $2k\Omega\sim20M\Omega$ 范围以内；皮肤出汗时，人体电阻约为 $1k\Omega$；浸在水中皮肤的电阻会与干燥时皮肤的电阻相差 10 倍左右。人体的电阻与接触电压呈复杂的反比关系，接触电压越高，人体的电阻就越小；人体触电时，皮肤与带电体的接触面积越大，人体的电阻就越小。

就工作职业而言，体力劳动者的电阻要大于脑力劳动者，因粗糙皮肤的角质层电阻值较大，与细腻皮肤电阻有 10 倍之差。老年人的皮肤电阻与儿童相比也有 10 倍之差，男性的电阻要比女性的电阻大，完好的皮肤电阻要比表皮受损的皮肤电阻大，人体在水中的电阻为最小。

对于工频交流电，按照通过人体的电流大小而使人呈现不同的状态，可将作用于人体的电流划分为三级。

(1) 感知电流。引起人的感觉的最小电流称为感知电流，人接触这样的电流会有轻微麻感。任何人对电流最初的感觉，是轻微的麻抖感和微弱的刺痛感。大量试验资料表明，对于不同的人，感知电流是不相同的，感知电流与人体生理特征、人体与电极的接触面积等因素有关。成年男子的平均感知电流约为 1.1mA，成年女子约为 0.7mA。

感知电流一般不会对人体造成伤害，但接触时间较长，当表皮被电解后电流增大时，感觉增强，反应变大，可能导致坠落等二次的间接事故。

(2) 摆脱电流。通过人体的电流超过感知电流时，发热、刺痛的感觉增强，肌肉的收缩增加。当电流增大到一定程度时，触电者会将因肌肉的收缩、产生痉挛而抓紧带电体，不能自行地摆脱带电体，人触电后能自行摆脱带电体的最大电流称为摆脱电流。对于不同生理特征的人，摆脱电流值也是不相同的，成年男子的摆脱电流约为 9mA，成年女子约为 6mA，儿童的摆脱电流值要较成人的小一些。

摆脱电流是人体可以忍受，一般不会造成危险的电流。若通过人体的电流超过摆脱电流且时间过长，会造成昏迷、窒息，甚至死亡。因此，人自行摆脱带电体的能力，将随着触电时间的延长而降低。

(3) 致命电流。在较短的时间内，危及生命的电流称为致命电流。电击致死的原因是比较复杂的。通过人体数十毫安以上的工频交流电流，即可能引起心室颤动或心脏停止跳动，也可能导致呼吸终止。但是，由于心室颤动的出现比呼吸中止早得多，因此，引起心室颤动是主要的致死原因。如果通过人体的电流只有 20～25mA，一般不会直接引起心室颤动或心脏停止跳动。但如时间较长，仍可导致心脏停止跳动。这时，心室颤动或心脏停止跳动，主要是由于呼吸中止导致机体缺氧引起的。通过人体的电流达到 50mA 以上，就会引起心室颤动，有生命危险，100mA 以上的电流则足以致人死亡。当通过人体的电流超过数百毫安时，由于强烈的刺激，也可能导致呼吸和心跳中止。数百毫安的电流通过人体，还可能导致严重的烧伤直至死亡。在电流超过数百毫安的情况下，电击致命的主要原因，仍是电流引起心室颤动。因此可以认为心室的颤动电流是最小的致命电流。

2. 电流持续时间与伤害程度的关系

通电时间越长，越容易引起心室的颤动，电击伤害程度就越严重。因为电流通过人体时间越长，触电面要发热出汗，而且电流对人体组织有电解作用，引起人体电阻的降低，导致电流很快地增加；另外，人体的心脏每收缩扩张一次有 0.1s 的间歇，在这 0.1s 内，心脏对电流最敏感，若电流在这一瞬间通过心脏，即使电流较小，也会引起心室颤动而造成危险。

不同电流及持续时间对人体的影响见表 1.2.1。

表 1.2.1　不同电流及持续时间对人体的影响

电流/mA	通电时间	人体反应	
		工频电流	直流电流
0～0.5	连续通电	无感觉	无感觉
0.5～5	连续通电	有麻刺感、疼痛、无痉挛	无感觉
5～10	数分钟	痉挛、剧痛、但可摆脱电源	有针刺感，有压迫及灼热感
10～30	数分钟	迅速麻痹、呼吸困难、血压升高、不能摆脱电源	压痛、刺痛、灼热强烈、有抽搐

续表

电流/mA	通电时间	人体反应	
		工频电流	直流电流
30～50	数秒钟～数分钟	心跳不规则、昏迷、强烈痉挛、心室开始颤动	感觉强烈、有剧痛、痉挛
50 至数百	低于心脏搏动周期	受强烈冲击,但没发生心室颤动	剧痛、强烈痉挛、呼吸困难或麻痹
	超过心脏搏动周期	昏迷、心室颤动、呼吸麻痹、心脏停跳	

3. 电流的途径与伤害程度的关系

电流通过心脏会引起心室颤动,使心脏停止跳动,中断血液循环,导致死亡。电流通过头部会使人昏迷,甚至死亡;电流通过脊椎,会导致半截肢体瘫痪;电流通过中枢神经或有关部位时,会引起中枢神经强烈失调,造成呼吸窒息而导致死亡,所以电流通过心脏、呼吸系统和中枢神经系统时,危险性最大。从外部来看,从左手到胸部的途径,电流途经心脏而且途径也最短,是最危险的电流途径;从左手至脚的电流途径,也是触电最危险的电流途径;从脚到脚的电流是危险性较小的电流途径,但可能因痉挛而摔倒,导致电流通过全身或出现摔伤、坠落等二次事故。

4. 电流的频率与伤害程度的关系

直流电流、交流电流、脉冲电流、高频电流和静电电荷对人体都有伤害的作用。工厂企业和日常生活中,常用的 50～60Hz 的工频交流电对人体伤害最严重,频率低于 20Hz 时,对人体的危险性相对减小;频率在 2000Hz 以上时,对人体的死亡危险性降低,但容易引起皮肤灼伤。直流电的危险性比交流电小得多。

5. 人体健康状况与伤害程度的关系

触电的伤害程度与人的身体状况有密切关系。人体状况除人体电阻外,还与性别、健康状况和年龄等因素有关。主要表现为儿童、妇女,患有心脏病或中枢神经系统疾病的人,瘦小的人遭受电击后的危险性则会较大。人体健康状况越好,在相同条件下,触电危险程度就越轻。除了人体电阻各有区别外,女性比男性对电流敏感性高,女性的感知电流和摆脱电流约比男性低三分之一。遭电击时小孩比成年人严重;身体患心脏病、结核病、精神病、内分泌器官疾病或醉酒的人,由于自身抵抗力差,触电的后果会更为严重。另外,对触电有心理准备的,触电的伤害较轻。

(五) 触电急救

触电急救救护原则为:迅速、就地、准确、坚持。根据原国家安全生产监督管理总局《电工作业人员安全技术培训大纲和考核标准》的相关规定,电工操作人员必须要学会和掌握触电急救操作。

① 掌握使低压触电者正确脱离电源的方法。

② 掌握触电人脱离电源后的抢救方法。

③ 熟练掌握利用模拟人进行心肺复苏法的触电急救操作。

国家规定所有的电力行业的从业人员,都必须具备触电急救的知识和能力,掌握和正确实施触电急救,是电工义不容辞的职责。触电急救的要点是动作迅速、救护得法、动作熟练、操之有素。

电力行业各企业单位应普及现场紧急救护的知识，努力提高职工自救、互救的能力。

现场紧急救护培训是电力行业安全教育必修内容之一，是加强事故防范意识、提高伤员现场抢救成功率的有效手段。

1. 脱离电源

触电急救的关键，第一是使触电者尽快脱离电源，这是救活触电者的首要因素；第二是在最短的时间内，根据触电者的症状，采取相应的触电急救措施。触电急救的要点是动作迅速，救护得法。切不可惊慌失措、胆怯怕事。发现有人触电要尽快地使触电者脱离电源。

如果触电地点附近有电源开关或电源插座，可立即拉开开关或拔出插头、断开电源，但应注意只控制一根线的开关可能因安装问题，只能切断中性线而没有断开电源的相线。如果此时离电源开关较近，应立即拉下控制电源的断路器，不可拉隔离开关（刀闸）。如果此时离开关较远，千万不可舍近求远地去断开电源的开关，要立即在现场想办法使触电者脱离电源，在脱离电源前，救护人不可直接用手或其他金属及潮湿的物体作为救护工具，必须使用适当的绝缘工具，以免救护者同时触电。救护人最好用一只手操作，以防自己触电，总之是在保证自己安全的前提下，使触电者尽快地脱离电源。

脱离电源就是要把触电者接触的那一部分带电设备的开关或其他带电设备断开，或设法将触电者与带电设备脱离。救护人员不得直接用手触及伤员，在脱离电源的过程中，救护人员要注意保护自身安全。

低压触电可采用下列方法使触电者脱离电源：如采用绝缘工具、木棒、木板、绳索等不导电的绝缘材料，将触电者与接触的带电体分离开来；用干木板等绝缘物插到触电者的身下，以隔离电源；用有绝缘柄的电工钳或干燥木柄的斧头切断电源线；如果触电者的衣服是干燥的，又没有紧缠在身上，可以用手抓紧触电者的衣服，拉离电源（切记要避免碰到金属物体和触电者的裸露身躯），还可戴绝缘手套，将手用干燥衣物等包裹绝缘后解脱触电者。触电者在高处时，应考虑防摔的措施，以防止二次事故的发生。如果事故发生在夜间，应迅速解决临时照明问题，以利于抢救，并避免扩大事故。另外，救护人员可站在绝缘垫上或木板上，使触电者与导电体解脱，在操作时最好用一只手进行操作。

如果电流通过触电者入地，并且触电者紧握电线，可设法用干木板塞到其身下，与地隔离，也可用干木把斧子或有绝缘柄的钳子等将电线弄断。用钳子剪断电线，最好要分相，一根一根地剪断，并尽可能站在绝缘物体或干木板上操作。

如果触电发生在低压带电架空线配电台架、护线上，若能立即切断线路电源，应迅速切断电源，或者由救护人员迅速登杆至可靠的地方，束好自己的安全带后，用带绝缘胶柄的钢丝钳、干燥的绝缘物体将触电者拉离电源。

如果是高压触电事故可采用下列方法之一使触电者脱离电源：①要立即通知有关供电单位或者用电单位；②戴上绝缘手套，穿上绝缘靴，用适合该电压等级的绝缘工具，按顺序拉开电源开关或熔断器；③抛掷裸金属线使线路短路接地，迫使保护装置动作，断开电源。注意抛掷金属线之前，应先将金属线的一端固定可靠接地，另一端系重物抛掷，注意抛掷的一端不可触及触电者和其他人。另外，抛掷者抛出线后，要迅速离开至接地的金属线 8m 以外或者双腿并拢站立，防止跨步电压伤人。在抛掷短路线时，应注意防止电弧伤人或断线危及人员安全。

如果触电者触及断落在地上的带电高压导线，要先确认线路是否无电，确认线路已经无电时，才可在触电者离开触电导线后立即就地进行急救。如发现有电时，救护人员应做好安全措施（如穿绝缘靴或临时双脚并紧跳跃以接近触电者），才可以接近以断线点为中心的 8～10m 的范围内（以防止跨步电压伤人）。救护人员将触电者脱离带电导线后，应迅速将其带至 8～

10m 以外，再开始心肺复苏急救。

救护人员在抢救过程中应注意保持自身与周围带电部分必要的安全距离。不论是在何级电压线路上触电，救护人员在使触电者脱离电源时，要注意防止从高处坠落和再次触及其他有电线路。

救护触电伤员切除电源时，有时会同时使照明失电，因此应考虑事故照明、应急灯等临时照明，新的照明要符合使用场所的防火、防爆要求，但不能因此延误切除电源和进行急救。

人触电以后，会出现神经麻痹、呼吸中断、心脏停止跳动等征象，表面上呈现昏迷不醒的状态，但不一定就是已经死亡，多数的情况是触电后的假死现象，这时应该迅速地进行持久的触电急救。有触电者在经过几小时或者更长时间的紧急抢救而得以救活的案例。统计资料表明，在实践救护的过程中，要以快为原则，从触电后 1min 开始救治者，90％有良好的效果；从触电后 6min 开始救治者，10％有良好的效果；而从 12min 开始救治者，救活的可能性就相当小了。所以触电急救的关键，就是以最快的速度在第一时间进行急救。

2. 迅速判断触电程度的轻重

当触电者脱离电源后，必须迅速地判断触电者触电程度的轻重，以便于对症进行急救，触电者触电程度的轻重，大体可分为以下三种情况。

（1）程度较轻。其主要的体征为神志清醒，但有些心慌、四肢发麻、全身无力，即眼能看、耳能听、口能言。

（2）程度较重。其主要的体征为已失去知觉，但还有心脏的跳动和自主的呼吸。

（3）程度严重。其主要的体征为呼吸停止或心脏跳动停止。

施救者必须在 1min 之内作出判断，根据触电者的具体情况，迅速对症进行救护，急救措施按以下三种情况分别进行处理。

（1）对于触电程度较轻者，应使触电者安静地休息，不要到处走动。严密观察其症状，如果症状有变化，可请医生前来诊治或送往医院。

（2）对于触电程度较重者，应使触电者舒适、安静地平卧，周围不围人，使空气流通，解开他的衣服以利呼吸，特别要注意他的呼吸和心跳的情况，如果天气寒冷，还要注意保温，并应迅速请医生诊治或送往医院。在此期间要密切地注意观察，一旦发现触电者的心脏跳动或呼吸停止时，要立即进行人工呼吸法和胸外心脏按压法的急救。

（3）对于触电程度严重者，呼吸停止或心脏跳动停止，或二者都已停止，应立即施行人工呼吸和胸外心脏按压，同时请医生诊治或送往医院，但不能坐等医生的到来，要立即进行急救，在送往医院的途中，也不能中止急救，不能延误急救的宝贵时间。

根据《电力行业紧急救护技术规范》（DL/T 692—2018）中的相关规定，电力行业各企业单位应组建相应的院外急救网络，形成现场急救—转送急救—医院急救的急救链，以提高伤员抢救的成功率。

电力行业各企业单位的院外紧急救护小组应明确任务，熟练掌握各种急救技术，并负责对本单位人员进行紧急救护技术培训，紧急救护小组应经常处于应急状态，接到急救通知后，应以最快的速度到达现场开展救护工作，在现场紧急救护的同时，应立即与当地急救中心或就近医院取得联系，以得到下一步的急救指导。

院外急救小组应准备随时接受重大急救指令或现场紧急救护人员的咨询，并负责和指导伤员转送。

现场事故发生后，在现场的工作人员应在班组安全员或受过紧急救护培训人员的带领下，迅速地开展现场紧急救护工作，并及时向有关部门报告，请求急救医疗支援。

3. 人工呼吸法操作要点

对需要进行心肺复苏的伤员，将其就地躺平，颈部与躯干始终保持在同一个轴面上，解开伤员领扣和皮带，去除或剪开限制呼吸的胸腹部紧身衣物，立即就地迅速进行有效心肺复苏抢救。

（1）开放气道。用仰头抬颏的手法开放气道，一只手放在伤员前额，用手把额头用力向后推，另一只手的食指与中指置于下颊骨处，向上抬起下颚（对颈部有损伤的伤者不适用）两手协同将头部推向后仰，如图1.2.4所示；舌根随之抬起，气道即可通畅，如图1.2.5所示。严禁用枕头或其他物品垫在伤员头下，这样会使头部抬高前倾，加重气道阻塞，并且会使胸外心脏按压时流向肺部的血液减少，甚至消失，如发现伤员口内有异物，要清除伤者口中的异物和呕吐物，可用指套或指缠纱布清除口腔中的液体分泌物，清除固体异物时，一手按压开下颌，迅速用另一手食指将固体异物钩出或用两手指交叉从口角处插入，取出异物，操作中要注意防止将异物推到咽喉深处。

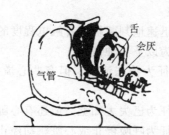

<table>
<tr><td>图1.2.4　仰头抬头方法</td><td>图1.2.5　气道开放示意图</td></tr>
</table>

（2）呼吸判断。触电伤员如意识丧失，应在10s内用看、听、试的方法判定伤员有无呼吸，如图1.2.6所示。

1）看。伤员的胸部、上腹部有无呼吸起伏动作。

2）听。用耳贴近伤员的口鼻处，听有无呼吸声。

3）试。用颜面部的感觉测试口鼻有无呼气气流，也可用毛发等物放在口鼻处测试。

若无上述体征可确定无呼吸。确定无呼吸后，应立即进行两次人工呼吸。

口对口（鼻）人工呼吸法如下所述。

① 在保持伤员气道通畅的同时，救护人员用放在伤员额头上的手捏住伤员鼻翼，救护人员吸气后，与伤员口对口紧合，在不漏气的情况下，先连续吹气两次。口对口人工呼吸方法如图1.2.7所示。

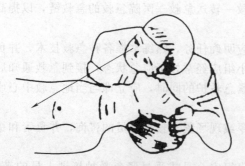
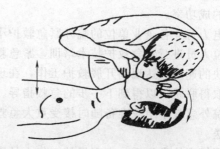

图1.2.6　检查呼吸的方法　　　　　图1.2.7　口对口人工呼吸方法

② 每次吹气时间 1s 以上，如果吹气量足够的话，能够看见胸廓起伏，吹气时如有较大阻力，可能是头后仰不够，应及时纠正，在吹气时应避免过快、过强。

③ 触电伤员如牙关紧闭，可口对鼻人工呼吸，口对鼻人工呼吸吹气时，要将伤员嘴唇紧闭，防止漏气，每分钟吹气 10～12 次。

④ 如有条件的话，用简易呼吸面罩、呼吸隔膜进行隔式人工呼吸，以避免直接接触引起交叉感染。

4. 胸外心脏按压法操作要点

如果触电者的心跳停止跳动时，要立即对触电者进行胸外心脏按压法的急救。开始的步骤基本同上，使触电者仰面躺在平整坚实的地方，救护人员跪在伤员的一侧，或骑跨在其腰部的两侧，胸外心脏按压法的操作步骤如下。

（1）未进行按压前，先手握空心拳，快速垂直击打伤员胸前区胸骨中下段 1～2 次，每次 1～2s，力量中等，捶击 1～2 次后，若无效，则立即进行胸外心脏按压，不能耽搁时间。

（2）正确按压位置是保证胸外按压效果的重要前提，可用以下两种方法之一来确定，如图 1.2.8 所示。

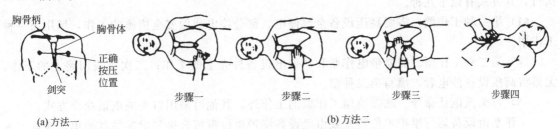

图 1.2.8　正确的胸外心脏按压法

方法一：胸部正中，双乳头之间胸骨的下半部即为正确的按压位置。

方法二：沿触电伤员肋弓下缘向上找到肋骨和胸骨接合处的中点，两手指并齐，中指放在切迹中点（剑突底部），食指平放在胸骨上部，另一只手的掌根紧靠食指上缘，置于胸骨上，即为按压位置，正确的按压姿势是达到胸外按压效果的基本保证，如图 1.2.9 所示。

① 使触电伤员仰面躺在平硬的地方，救护人员跪在伤员一侧胸旁，救护人员的两肩位于伤员正上方，两臂伸直，肘关节固定不屈，两手掌根相叠，手指翘起，将下面手的掌根置于伤员按压位置上。

② 以髋关节为支点，利用上身的重力，垂直将正常成人胸骨压陷 5～6cm（瘦弱者酌减）。

③ 压至要求的程度后，立即全部放松，但放松时救护人员的掌根不得离开胸壁。

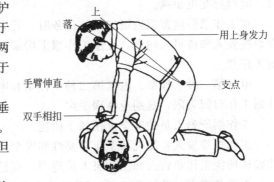

图 1.2.9　胸外心脏按压示意图

（3）按压操作频率要求。胸外按压要以均匀的速度进行，每分钟 100 次左右，每次按压和放松的时间相等。

注意：电工在进行触电急救时，要特别注意切断触电电源和在最短的时间内进行急救，这是电工进行急救的第一任务。并要注意以口对口（鼻）人工呼吸法和胸外心脏按压法进行急救时要坚持不懈，切不可中途停止，在送医院的过程中也不能中止急救。在急救过程中，要慎重地使用肾上腺素，一般严禁使用，因为打强心针救活率是相当小的。

（六）保证安全的组织措施

保证电气工作的安全措施分为组织措施和技术措施两个方面，在《电力安全工作规程》（发电厂和变电站电气部分)(GB 26860—2016）和《电力安全工作规程》（电力线路部分)(GB 26859—2016）中，对保证安全的组织措施和技术措施，进行了详细的规定。

安全组织措施作为保证安全的制度措施之一，包括工作票以及工作的许可、监护、间断、转移和终结等。工作票签发人、工作负责人（监护人）、工作许可人、专责监护人和工作班成员在整个作业流程中要履行各自的安全职责。

保证安全的组织措施分为四项制度：①工作票制度；②工作许可制度；③工作监护制度；④工作间断、转移和终结制度。

1. 工作票制度

工作票是准许在电气设备上工作的书面安全要求之一，可包含编号、工作地点、工作内容、计划工作时间、工作许可时间、工作终结时间、停电范围和安全措施以及工作票签发人、工作许可人、工作负责人和工作班成员等内容。在电气设备上工作，应填写工作票或按照命令执行，其方式有以下几种。

（1）第一种工作票。需要高压设备全部停电、部分停电或做安全措施的工作，填用第一种工作票。

（2）第二种工作票。需要带电作业和在带电设备外壳上的工作；二次接线回路上的工作，无需将高压设备停电者，填写第二种票。

（3）口头或电话命令。除需填用工作票的工作外，其他可采用口头或电话命令方式。

工作票由设备运行维护单位签发或由经设备维护单位审核合格并批准的其他单位签发。承发包工程中，工作票可实行双方签发形式。工作票一份交给负责人，另一份交给工作许可人。一个工作负责人不应同时执行两张以上工作票。

持线路工作票进入变电站进行架空线路、电缆等工作，应得到变电站工作许可人许可后方可开始工作。同时停送电的检修工作填用一张工作票，开工前完成工作票内的全部安全措施。如检修工作无法同时完成，剩余的检修工作应填用新的工作票，变更工作班成员或工作负责人时，应履行变更手续。

在工作票停电范围内增加工作任务时，若无需变更安全措施范围，应和工作负责人征得工作票签发人和许可人同意，在原工作票上增添工作项目，若需变更或增设安全设施，应填用新的工作票。

电气第一种工作票、电气第二种工作票和电气带电作业工作票的有效时间，按批准的检修计划工作时间为限，延期应办理手续。

工作票所列人员的安全责任如下所述。

工作票签发人：①确认工作必要性和安全性；②确认工作票上所填安全措施正确、完备；③确认所派工作负责人和工作班人员适当、充足。

工作负责人（监护人）：①正确、安全地组织工作；②确认工作票所列安全措施正确、完备，符合现场实际条件，必要时予以补充；③工作前向工作班全体成员告知危险点；④督促、监护工作班成员执行现场安全措施和技术措施。

工作许可人：①确认工作票所列安全措施正确、完备，符合现场条件；②确认工作现场布置的安全措施完善，确认检修设备无突然来电的危险；③对工作票所列内容有疑问，应向工作票签发人询问清楚，必要时应要求补充。

专责监护人：①明确被监护人员和监护范围；②工作前对被监护人员交代安全措施，告知危险点和安全注意事项；③监督被监护人员执行本标准和现场安全措施，及时纠正不安全行为。

工作班成员：①熟悉工作内容、工作流程，掌握安全措施，明确工作中的危险点，并履行确认手续；②遵守安全规章制度、技术规程和劳动纪律，执行安全规划和实施现场安全措施；③正确使用安全工器具和劳动防护用品。

2. 工作许可制度

工作许可人在完成施工作业现场的安全措施后，还应完成以下手续：

① 会同工作负责人到现场再次检查所做的安全措施。

② 向工作负责人指明带电设备的位置和注意事项。

③ 会同工作负责人在工作票上分别确认，签名。

④ 工作许可后，工作负责人、工作许可人任何一方不应擅自变更安全措施。带电作业工作负责人在带电作业工作开始前，应与设备运行维护单位或值班调度员联系并履行有关许可手续。带电作业结束后应及时汇报。

3. 工作监护制度

工作许可后，工作负责人、专责监护人应向工作班成员交代工作内容和现场安全措施，工作班成员履行确认手续后方可开始工作。

工作负责人、专责监护人应始终在工作现场，对工作班成员进行监护。工作负责人在全部停电时，可参加工作班工作；部分停电时，只有在安全措施可靠、人员集中在一个工作地点、不致误碰有电部分的情况下，方可参加工作。

工作票签发人或工作负责人，应根据现场的安全条件、施工范围、工作需要等具体情况，增设专责监护人并确定被监护的人员。

4. 工作间断、转移和终结制度

工作间断时，工作班成员应从工作现场撤出，所有安全措施保持不变。隔日复工时，应得到工作许可人的许可，且工作负责人应重新检查安全措施。工作人员应在工作负责人或专责监护人的带领下进入工作地点。

在工作间断期间，若有紧急需要，运行人员可在工作票未交回的情况下合闸送电，但应先通知工作负责人，在得到工作班全体人员已离开工作地点、可送电的答复，并采取必要措施后方可执行。检修工作结束以前，若需将设备试加工作电压，应按以下要求进行：

① 全体工作人员撤离工作地点。

② 收回该系统的所有工作票，拆除临时遮栏、接地线和标示牌，恢复常设遮栏。

③ 应在工作负责人和运行人员全面检查无误后，由运行人员进行加压试验。

在同一电气连接部分依次在几个工作地点转移工作时，工作负责人应向工作人员交代带电范围、安全措施和注意事项。

全部工作完毕后，工作负责人应向运行人员交代所修项目状况、试验结果、发现的问题和未处理的问题等，并与运行人员共同检查设备状况、状态，在工作票上填明工作结束时间，经双方签名后表示工作票终结，一般只有在同一停电系统的所有工作票都已终结，并得到值班调度员或运行值班员的许可指令后，方可合闸送电。

（七）保证安全的技术措施

在电气设备上应有停电、验电、装设接地线、悬挂标示牌和装设遮栏（围栏）等保证安全的技术措施。

安全技术措施分为四项：①停电；②验电；③装设接地线；④悬挂标示牌和装设遮栏。

在电气设备上工作，保证安全的技术措施由运行人员或有操作资格的人员执行。

1. 停电

（1）符合下列情况之一的设备应停电：①检修的设备；②与工作人员在进行工作中正常活动的最大范围的距离，小于表1.2.2规定的带电设备；③在35kV及以下的设备上进行工作，上述距离虽大于表1.2.2规定，但小于表1.2.3规定，同时又无绝缘隔板、安全遮栏等措施的设备；④带电部分邻近工作人员，且无可靠安全措施的设备；⑤其他需要停电的设备。

（2）停电设备的各端应有明显的断开点，或应有能反映设备运行状态的电气和机械等指示，不应在只经断路器断开的设备上工作。

（3）停电后，应检查停电设备各断路器（开关）、隔离开关（刀闸）和熔断器（保险）是否在断开位置；断路器（开关）、隔离开关（刀闸）的操作机构应加锁；跌落式熔断器（保险）的熔断管应摘下；应在熔断器（开关）或隔离开关（刀闸）操作机械上悬挂"禁止合闸，线路有人工作"的标示牌。

2. 验电

（1）直接验电应使用相应电压等级的验电器在设备的接地处逐相验电，验电前，验电器应先在有电设备上确证验电器良好。在恶劣气象条件时，对户外设备及其他无法直接验电的设备，可间接验电，330kV及以上的电气设备可采用间接验电方法进行验电。

（2）高压验电应戴绝缘手套，人体与被验电设备的距离应符合表1.2.2、表1.2.3的安全距离要求。

表1.2.2　人员工作中与设备带电部分的安全距离

电压等级/kV	安全距离/m	电压等级/kV	安全距离/m
10及以下	0.35	750	8.00
20、35	0.60	1000	9.50
66、110	1.50	±50及以下	1.50
220	3.00	±500	6.00
330	4.00	±660	9.00
500	5.00	±800	10.10

表1.2.3　设备不停电时的安全距离

电压等级/kV	安全距离/m	电压等级/kV	安全距离/m
10及以下(13.8)	0.70	220	3.00
20～35	1.00	330	4.00
60～110	1.50	500	5.00

3. 接地

① 装设接地线不宜单人进行。

② 人体不应碰触未接地的导线。

③ 当验明设备确无电压后，应立即将检修设备接地（装设接地线或合接地刀闸）并三相短路。电缆及电容接地前应逐相充分放电，星形接线电容器的中性点应接地。

④ 可能送电至停电设备的各侧都应接地。

⑤ 装、拆接地线导体端应使用绝缘棒，人体不应碰触接地线。

⑥ 不应用缠绕的方法进行接地或短路。

⑦ 接地线采用三相短路式接地线，若使用分相式接地线时，应设置三相合一的接地端。

⑧ 成套接地线应由有透明护套的多股软铜线和专用线夹组成，接地线截面不应小于 $25mm^2$，并应满足装设地点短路电流的要求。

⑨ 装设接地线时，应先装接地端，后装接导体端，接地线应接触良好、连接可靠，拆除接地线的顺序与此相反。

⑩ 在配电装置上，接地线应装在该装置导电部分的适当部位。

⑪ 已装设接地线发生摆动，其与带电部分的距离不符合安全距离要求时，应采取相应措施。

⑫ 在门型构架的线路侧停电检修，如工作地点与所装接地线或接地刀闸的距离小于 10m，工作地点虽在接电线外侧，也可不另装接地线。

⑬ 在高压回路上工作，需要拆除部分接地线应征得运行人员或值班调度员的许可，工作完毕后立即恢复。

⑭ 因平行或邻近带电设备导致检修设备可能产生感应电压时，应加装接地线或使用个人保安线。

4. 悬挂标示牌和装设遮栏

① 在一经合闸即可送电到工作地点的隔离开关操作把手上，应悬挂"禁止合闸，有人工作"或"禁止合闸，线路有人工作"的标示牌。

② 在计算机显示屏上操作的隔离开关操作处，应设置"禁止合闸，有人工作"或"禁止合闸，线路有人工作"的标记。

③ 部分停电的工作，工作人员与未停电设备安全距离不符合表 1.2.2 规定时应装设临时遮栏，其与带电部分的距离应符合表 1.2.3 的规定，临时遮栏应装设牢固，并悬挂"止步，高压危险！"的标示牌，35kV 及以下设备可用与带电部分直接接触的绝缘隔板代替临时遮栏。

④ 在室内高压设备上工作，应在工作地点两旁及对侧运行设备间隔的遮栏上和禁止通行的过道遮栏上悬挂"止步，高压危险！"的标示牌。

⑤ 高压开关柜内手车开关拉至"检修"位置时，隔离带电部位的挡板封闭后不应开启，并设置"止步，高压危险！"的标示牌。

⑥ 在室外高压设备上工作，应在工作地点四周装设遮栏，遮栏上悬挂适当数量朝向里面的"止步，高压危险！"的标示牌，遮栏出入口要围至临近道路旁边，并设有"从此进出！"的标示牌，若室外只有个别地点设备带电，可在其四周装设全封闭遮栏，遮栏上悬挂适当数量朝向外面的"止步，高压危险！"的标示牌。

⑦ 工作地点应设置"在此工作！"的标示牌。

⑧ 室外构架上工作，应在工作地点邻近带电部分的横梁上，悬挂"止步，高压危险！"的标示牌。在工作人员上下的铁架或梯子上，应悬挂"从此上下！"的标示牌，在邻近其他可能误登的带电构架上，应悬挂"禁止攀登，高压危险！"的标示牌。

⑨ 工作人员不应擅自移动或拆除遮栏、标示牌。

（八）安全标志

根据《安全标志及其使用导则》（GB 2894—2008）中的规定，安全标志是用以表达特定安全信息的标志，由图形符号、安全色、几何形状（边框）或文字构成。使用安全标志的目的是提醒人们注意不安全的因素，用以表达特定的安全信息，起到一定的保障安全的作用。安全标志的作用是引起人们对不安全因素的注意，它以形象而醒目的信息语言向人们提供表达禁止、警告、指令、提示等的安全信息，是表达特定安全信息含义的颜色和标志，有助于防止事故发生。但安全标志本身不能消除任何危险，不能取代预防事故的相应设施，也不能代替安全操作规程和防护的措施，它只能以几何图形符号来表达特定的安全信息，以形象而醒目的方式来吸引人们的注意，以预防事故的发生。

作为新一代的电工作业人员，对于安全色和安全标志要有一定的了解，特别是在工厂企业内，对一些常用安全标志的禁止标志、警告标志、指令标志和提示标志等，要有一定的认识，特别是电力、消防、机械、危险化学品的安全标志，这些安全标志很多与电气的安全是有密切关系的。

1. 安全标志的种类和含义

安全标志可分为禁止标志、警告标志、指令标志和提示标志四类。

（1）禁止标志。禁止标志是禁止人们不安全行为的图形标志，其含义是不准许或禁止人们的某种行为，基本形式为带斜杠的圆形边框，白底、红圈、红杠、黑图案。人们习惯用符号"×"来表示禁止或不允许，但是，如果在圆环内画上一个"×"以后会使图像不清晰，影响安全标志的视认效果。因此改用"\"的符号，如"×"的一半符号来表示"禁止"，这样做也与国际标准化组织规定是一致的，如在变配电的设备上，要安装"禁止靠近"的禁止标志，提示此处有危险，不得靠近此带电的设备，以免发生安全事故。

（2）警告标志。警告标志是提醒人们对周围环境引起注意，以避免可能发生危险的图形标志。其含义是使人们注意可能发生危险，基本形式是正三角形边框，黄底、黑边图案，"△"是警告标志的几何图形，三角形的边框和图形符号为黑色，其背景为有警告意义的黄色，三角形引人注目，即使光线不佳时也比圆形清楚。例如在电气开关箱、控制箱的箱门上，要安装"当心触电"指令标志，提示电气操作人员此处有电，要按照规定进行操作，同时，告诉和提醒非电的操作人员此处带电，在此处工作要采用相应的防范措施。

（3）指令标志。指令标志是强制人们必须做出某种动作或采取防范措施的图形标志，其含义是表示必须遵守的规定，基本形式是圆形边框，蓝底、白图案，"○"是指令标志的几何图形，其背景为具有指令含义的蓝色，图形符号为白色。标有"指令标志"的地方，就是要求人们到达这个地方，必须遵守"指令标志"的规定，在需要登高的地方，如电力线路铁塔的楼梯处、较高的电气设备外部，安装"必须系安全带"的指令标志，提示需要登高的操作人员，在登高前要按照要求系上安全带，以保证登高人员的人身安全。

（4）提示标志。提示标志是向人们提供某种信息的图形标志，其含义是示意目标方向。基本形式是正方形边框，绿底、白图案，"□"是指示标志的几何图形，其背景为绿色，图形符号及文字为白色。长方形给人以安全感，另外提示标志也需要有足够的地方书写文字和画出箭头以提示必需的信息，所以用长方形是适宜的。在工厂企业、公共场所、人员密集场所等紧急出口处，也称为安全出口处，必须要安装"紧急出口"提示标志。

2. 我国安全标志的具体划分

（1）我国规定的禁止标志共有 40 个。按照编号排列为：禁止吸烟、禁止烟火、禁止带火种、禁止用水灭火、禁止放置易燃物、禁止堆放、禁止启动、禁止合闸、禁止转动、禁止叉车和厂内机动车辆通行、禁止乘人、禁止靠近、禁止入内、禁止推动、禁止停留、禁止通行、禁止跨越、禁止攀登、禁止跳下、禁止伸出窗外、禁止倚靠、禁止坐卧、禁止蹬踏、禁止触摸、禁止伸入、禁止饮用、禁止抛物、禁止戴手套、禁止穿化纤服装、禁止穿戴钉鞋、禁止开启无线移动通信设备、禁止携带金属物或手表、禁止佩戴心脏起搏器者靠近、禁止植入金属材料者靠近、禁止游泳、禁止滑冰、禁止携带武器及仿真武器、禁止携带托运易燃及易爆物品、禁止携带托运有毒物品及有害液体、禁止携带托运放射性及磁性物品。

（2）我国规定的警告标志共有 39 个，按照编号排列为：注意安全、当心火灾、当心爆炸、当心腐蚀、当心中毒、当心感染、当心触电、当心电线、当心自动启动、当心机械伤人、当心塌方、当心冒顶、当心坑洞、当心落物、当心吊物、当心碰头、当心挤压、当心烫伤、当心伤手、当心夹手、当心扎脚、当心有犬、当心弧光、当心表面温度、当心低温、当心磁场、当心电离辐射、当心裂变物质、当心激光、当心微波、当心叉车、当心车辆、当心火车、当心坠落、当心障碍物、当心跌落、当心滑倒、当心落水、当心缝隙。

（3）我国规定的指令标志共有 15 个，按照编号排列为：必须戴防护眼镜、必须戴防尘口罩、必须戴防毒面具、必须戴护耳器、必须戴安全帽、必须戴防护帽、必须系安全带、必须穿救生衣、必须穿防护服、必须戴防护手套、必须穿防护鞋、必须洗手、必须加锁、必须接地、必须拔出插头。

（4）我国规定的提示标志共有 13 个，其中一般提示标志（绿色背景）有 6 个，为安全通道、紧急出口、应急避难场所、急救点、应急电话、紧急医疗站；消防设备提示标志（红色背景）有 7 个，为消防警铃、火警电话、地下消火栓、地上消火栓、消防水带、灭火器、消防水泵结合器。

（5）补充标志。补充标志是对前述四种标志的补充说明，以防误解。补充标志分为横写和竖写两种。横写的为长方形，写在标志的下方，可以和标志连在一起，也可以分开；竖写的写在标志杆上部。补充标志的颜色：竖写的，均为白底黑字；横写的，用于警止标志的用红底白字，用于警告标志的用白底黑字，用于指令标志的用蓝底白字。

3. 电气作业安全标志

作为电工就要了解常用的几种安全标志牌，也称为电气作业的安全警告牌。电工在进行带电设备和停电作业时，都要按照国家的规定正确悬挂和使用安全标志牌，以保证自己和他人的人身安全，保证电气线路和电气设备的正常运行。

在工作地点或电气维修设备处，即可送电到工作地点或施工设备的开关和刀闸的操作把手上，均应悬挂"禁止合闸，有人工作"标志牌。"禁止合闸，有人工作"和"禁止合闸，线路有人工作"的标志牌分别有两种情况，较大的标志牌挂在隔离开关操作把手上，较小的标志牌挂在电动操作把手上。

若线路上有人工作，必须在线路开关和刀闸操作把手上悬挂"禁止合闸，线路有人工作"的标志牌。标志牌的悬挂和拆除，应按调度员命令执行。

在室内高压设备上工作，应在工作地点两旁间隔和对面间隔的遮栏上和禁止通行的过道上悬挂"止步，高压危险！"标志牌。

在室外地面高压设备上工作，应在工作地点四周用绳子做好围栏，并在围栏上悬挂适当数量的"止步，高压危险！"标志牌。标志牌应朝向围栏里面。

安全标志必须符合国家设置的标准，严禁工作人员在工作中移动或拆除遮栏。

有触电危险的场所，标志牌应使用绝缘材料来制作，电器开关箱、控制箱等必须在门或盖板上装有黑边黄底黑字闪电符号的三角形标志。

4. 使用安全标志的相关规定

安全标志在安全管理中的作用非常重要，它使人们能够时刻清醒认识到所处环境的危险，加强自身的自我保护意识，对于避免事故发生将起到积极的作用。如果不采取一定的措施加以提醒，就有可能造成严重的后果。

安全标志应放置在醒目、与安全有关的地方，并使人们看到后有足够的时间来注意它表示的内容，安全标志不宜设在门、窗、架等可移动的物体上，防止这些物体移动后人们看不见标志。

安全标志应用坚固耐用的材料制作，一般不宜使用遇水变形、变质或易燃的材料，如金属板、塑料板、木板等，且无毛刺和洞孔，也可直接画在墙壁或机具上。

危险作业场所、丙类以上的仓库、配电室、易燃易爆有毒危险物品存放场所，电镀场所、木器加工厂、喷漆场所等禁止烟火场所等，应设置相应的禁止提示、警示标志。危险和警示标志应设立在危险源前方足够远处，以保证观察者在首次看到标志及注意到此危险时有充足的时间，这一距离随不同情况而变化。

安全标志上显示的信息不仅要正确，而且对所有观察者要清晰易读，安全标志牌设置的高度，应尽量与人眼的视线高度一致。标志牌的平面与视线夹角应接近 90°，观察者位于最大距离时，最大夹角不低于 75°，已安装好的标志不应被任意移动，除非位置的变化有益于标志的警示作用。

为了有效地发挥标志的作用，应对其定期检查、定期清洗，安全标志牌每年至少要检查一次，发现有变形、破损、亮度老化或图形符号脱落及变色不符合安全色的范围，应及时整修或更换，使之保持良好状况。

（九）安全电压及安全用电

1. 安全电压

人体是导体，当有电压加在人体上时，会有电流流过人体，对人体造成一定的伤害。电伤害人体的程度与电压的高低有关，电压越高，流过人体的电流越大，对人体的伤害就越严重。当电压很低时，就不会对人体造成伤害，这种不会对人体造成伤害的电压称为安全电压。一般规定 42V 以下的电压为安全电压。

不过，根据用电场所环境和条件的不同，对安全电压的要求也不一样，国家标准规定了五个安全电压等级，在不同的场所下要求采用不同的安全电压等级，见表 1.2.4。

表 1.2.4　安全电压等级及使用场所

安全电压等级	使用场所
42V	较干燥的环境，或者一般场所使用的安全电压
36V	一般场所使用的安全电压
24V	用在一般手提明灯具上，或者在环境稍差、高度不足的地方做照明
12V	使用在湿度大、有较多金属导体场所的手提照明灯等（如矿井照明灯）
6V	水下作业所采用的安全电压

注意：即使是安全电压，当环境和条件发生变化时（比如身体素质很差、人体电阻太小、接触时间太长等），也会产生不安全因素，所以要随时保持警惕性。

2. 安全用电

安全用电是指在既定条件下，采取一定的措施和手段，在保证人身安全和设备安全的前提下正确用电。安全用电的原则是：不接触低压带电体，不靠近高压带电体。在具体的生活和工作中，安全用电要注意以下两个方面。

（1）建立完善的安全用电制度，树立安全用电意识。一个企业或工厂，要建立起安全用电制度，将用电安全规程上墙，并组织员工认真学习，树立安全用电意识，让安全用电深植于人们的心中。

（2）操作规范，养成安全用电习惯。用电操作规范涉及很多方面，安全用电习惯的养成则深入到生活和工作的很多细节中，例如：

① 总电源应装漏电保护开关；

② 检查和检修电路电器时，应先关电源并拔下电源插头；

③ 用电使用完后，养成关电源、拔插头的习惯（比如电视等）；

④ 要定时检查电气设备的插头、插座、电源线等，发现损坏或老化的要及时更换；

⑤ 电烙铁焊接完后，要置于烙铁架上，防止烫伤其他设备或引起火灾；

⑥ 不要用湿手去接触电源开关和导线。

三、任务实施

任务名称：心肺复苏模拟人操作实训

1. 任务要求

通过对心肺复苏模拟人的操作，能熟练地掌握人工呼吸的方法和技能；撰写测试报告。

2. 仪器、设备、元器件及材料

BIX/CPR780 心肺复苏模拟人，计算机，CPR 安装软件，复苏操作垫。

3. 任务原理与说明

在发现有人心脏骤停后首先进行胸外心脏按压，按压位置为胸骨下段，以掌根接触，双手重叠，指尖翘起，手臂垂直于胸壁进行按压，按压频率需要达到每分钟 100～120 次，按压深度 5～6cm，连续按压 30 次后以压额抬颌法开放气道，进行人工呼吸 2 次。人工呼吸时捏住患者鼻子，普通吸气后以自己的嘴包住患者的嘴吹气超过 1s。如此以 30∶2 的按压通气比进行反复操作。其中人工呼吸是最常用的急救方法，是紧急情况下救治最有效的方法。如发生心脏疾病、心肌梗死、触电、溺水、中毒、矿难、高空作业交通事故、旅游意外、自然灾害、火灾等意外事故所造成的心脏骤停都很适用人工呼吸。人工呼吸一般可采用口对口呼吸、口对鼻呼吸、口对口鼻呼吸（婴幼儿）。

4. 任务内容及步骤

（1）胸外心脏按压法

① 首先，沉着观察、辨别病人脉搏（心跳）是否完全停止，是否还有呼吸，并对病人大声呼喊。

② 将病人仰卧平放（头和胸同水平）在硬板床或硬平地上。

③ 抢救者应紧靠患者胸部一侧，可根据患者所处位置的高低采用跪式或站式等体位。

④ 两只手十指相叠，手指翘起（以免压到胸壁），用手掌根按在病人胸骨上 2/3 与下 1/3 交界处，双臂肘关节伸直，肩手保持垂直，靠上身重量用力做快速按压，使胸骨下压深度为 5～6cm，按压频率为每分钟 100～120 次，有节奏地一压一松，按压与放松时间大致相等，尽量保证每次按压后的胸部回弹，并且手掌根不离开胸壁以防错位，尽可能连续按压不中断。

⑤ 一直按到病人恢复心跳才停下。一定不要轻易放弃，直到急救人员赶来接手。

只要能触到一点搏动，就是心跳开始的证据，此时应立即停止心脏按压（以免引起心跳的频率紊乱）。同时必须一面注意观察，一面做好再次按压的准备。

（2）人工呼吸法

1）口对口（鼻）吹气法。此法操作简便容易掌握，而且气体的交换量大，接近或等于正常人呼吸的气体量，对大人、小孩效果都很好。操作方法如下所述。

① 心肺复苏模拟人取仰卧位，即胸腹朝天。

② 操作者站在其头部的一侧，自己深吸一口气，对着心肺复苏模拟人的口（两嘴要对紧

不要漏气）将气吹入，造成吸气，为使空气不从鼻孔漏出，此时可用一手将其鼻孔捏住，然后操作者嘴离开，将捏住的鼻孔放开，并用一手压其胸部，以帮助呼气，这样反复进行，每分钟进行 14～16 次。

如果口腔有严重外伤或牙关紧闭时，可对其鼻孔吹气（必须堵住口）即为口对鼻吹气。操作者吹气力量的大小，依具体情况而定。一般以吹进气后，模拟人的胸廓稍微隆起为最合适。口对口之间，如果有纱布，则放一块叠两层厚的纱布，或一块一层的薄手帕，特别注意，不要因此影响空气出入。

2）俯卧压背法。此法应用较普遍，但在人工呼吸中是一种较古老的方法。由于取俯卧位，舌头能略向外坠出，不会堵塞呼吸道，不必专门来处理舌头，节省了时间，能及早进行人工呼吸。气体交换量小于口对口吹气法，但抢救成功率高。目前，在抢救触电、溺水者时，现场还多用此法。但对于孕妇、胸背部有骨折者不宜采用此法。操作方法如下。

① 模拟人取俯卧位，即胸腹贴地，腹部可微微垫高，头偏向一侧，两臂伸过头，一臂枕于头下，另一臂向外伸开，以使胸廓扩张。

② 救护人面向其头，两腿屈膝跪地于模拟人大腿两旁，把两手平放在其背部肩胛骨下角（大约相当于第七对肋骨处）、脊柱骨左右，大拇指靠近脊柱骨，其余四指稍开微弯。

③ 救护人俯身向前，慢慢用力向下压缩，用力的方向是向下、稍向前推压。当操作者的肩膀与模拟人肩膀将成一直线时，不再用力。在这个向下、向前推压的过程中，即将肺内的空气压出，形成呼气；然后慢慢放松回身使外界空气进入肺内，形成吸气。

④ 按上述动作，反复有节律地进行，每分钟 14～16 次。

3）仰卧压胸法。此法便于观察表情，而且气体交换量也接近于正常的呼吸量。但最大的缺点是，舌头由于仰卧而后坠，阻碍空气的出入。所以操作时要将舌头按出。这种姿势，对于淹溺及胸部创伤、肋骨骨折伤员不宜使用。操作方法如下。

① 取仰卧位，背部可稍加垫，使胸部凸起。

② 操作者屈膝跪地于模拟人大腿两旁，把双手分别放于乳房下面（相当于第六、七对肋骨处），大拇指向内，靠近胸骨下端，其余四指向外放于胸廓肋骨之上。

③ 向下稍向前压，其方向、力量、操作要领与俯卧压背法相同。

5. 注意事项

① 宜将患者置于空气新鲜、流通处的地面（用褥单、毛毯等垫起），以便施术。如在软床上抢救时，应加垫木板。

② 现场抢救时，如必须搬动患者，需用手抬，并及时进行人工呼吸，以免延误时机。

③ 口内如有异物，必须清除。必要时用纱布包住舌头牵出之，以免舌后缩阻塞呼吸道。

④ 头宜侧向一边，以利口鼻分泌物流出。

⑤ 待患者恢复自主呼吸后，可停止人工呼吸，但应继续观察，如呼吸又停，应继续人工呼吸。

⑥ 非经确诊患者已死亡，人工呼吸不得停止。

⑦ 注意勿用力过猛过大，以免造成肋骨骨折。

⑧ 以上人工呼吸术仅适用于短时间急救之用，如有条件应尽早施行气管插管或连接呼吸机进行机械通气抢救、治疗。

四、任务考评

评分标准见表 1.2.5。

表 1.2.5 评分标准

序号	考核项目	考核内容及标准	配分	得分
1	准备	将心肺复苏模拟人平卧在坚实地面上,头、颈、躯干在同一轴线上,无扭曲	10分	
2	胸外心脏按压	1.按压部位:胸骨中下1/3交界处 2.按压方法:(1)沿肋弓定位法,右手中指与食指沿肋缘滑向剑突,剑突上两横指处,将左手掌根部,沿右手食指外缘置于胸骨中线上;(2)双乳头连线中点;(3)左手掌根部置于胸骨中线,中指对准乳头 3.按压手法:左手掌根部放于按压部位,右手平行重叠于此手背上,两手指紧相扣,只以掌根部接触按压部位,双臂位于患者胸骨正上方,双肘关节伸直,利用上身重量垂直下压 4.按压幅度:使胸骨下陷5~6cm,而后迅速放松,反复进行 5.按压时间:放松时间=1:1 6.按压频率:每分钟100~120次 7.胸外按压:人工呼吸比率=30:2	30分	
3	人工呼吸	1.口对口人工呼吸。用按住前额一手的拇指与食指捏紧鼻孔 2.送气时捏住鼻子,呼气时松开,送气时间不少于1s,见胸廓抬起即可(吹气量500~600mL)。吹气频率每分钟10~12次。吸:呼=1:(1.5~2)	30分	
4	判断与记录	5个循环后再次判断患者颈动脉搏动及呼吸。判断时间为<10s。如已恢复,置复苏体位。整理用物,消毒双手。记录抢救时间及过程	10分	
5	心肺复苏指征	能摸到大动脉搏动,上肢收缩压>8kPa(60mmHg);出现自主呼吸;散大的瞳孔缩小,光反射恢复;面色、口唇、甲床和皮肤色泽转红	10分	
6	安全文明操作	遵守文明操作规程,操作过程中不得损坏心肺复苏模拟人,操作结束后,将心肺复苏模拟人复位入箱	10分	
	合计		100分	

五、思考与练习

(一) 填空题

1.安全用电要注意两个方面,一是_____,二是_____。

2.触电的方式主要有_____、_____和_____三种。

3.人体同时接触两根相线而造成的触电称为_____;人体同时接触两根相线和零线(或大地)称为_____;进入高压线落地区或雷击区时,人跨步后在两脚间的电压造成的触电称为_____。

4.在施工区和电气维修场所等处,要加强警示。如进行线路维修时,在刀闸处要挂警示牌,标注_____。

5.电气事故主要分为_____等几大类。

6.触电急救救护的原则是_____。

7.不会对人体造成伤害的电压称为安全电压,一般安全电压为_____;国家规定了安全电压的五个等级为_____。

8.提示标志是向人们提供某种信息的图形标志，其含义是示意目标方向。基本形式是_____。

9.安全标志可分为_____四类。

10.人工呼吸是最常用的急救方法，是紧急情况下救治最有效的方法。人工呼吸一般可采用_____。

（二）选择题

1.通常，（　　）的工频电流通过人体时，就会有不舒服的感觉。

  A. 0.1mA   B. 1mA   C. 2mA   D. 4mA

2.（　　）的工频电流通过人体时，人体尚可摆脱，称为摆脱电流。

  A. 0.1mA   B. 1mA   C. 5mA   D. 10mA

3.（　　）的工频电流通过人体时，就会有生命危险。

  A. 0.1mA   B. 1mA   C. 15mA   D. 50mA

4.当流过人体的电流达到（　　）时，就足以使人死亡。

  A. 0.1mA   B. 1mA   C. 15mA   D. 100mA

5.如果人体直接接触带电设备及线路的一相时，电流通过人体而发生的触电现象称为（　　）。

  A. 单相触电   B. 两相触电   C. 接触电压触电   D. 跨步电压触电

6.人体同时触及带电设备及线路的两相导线的触电现象称为（　　）。

  A. 单相触电   B. 两相触电   C. 接触电压触电   D. 跨步电压触电

7.人体（　　）是最危险的触电形式。

  A. 单相触电   B. 两相触电   C. 接触电压触电   D. 跨步电压触电

8.我国安全标志分类中，禁止标志共有（　　）个。

  A. 40   B. 39   C. 19   D. 13

9.下列不属于保证安全的组织措施的一项为（　　）。

  A. 工作票制度   B. 工作许可制度

  C. 工作监护制度   D. 悬挂指示牌和装设遮栏制度

10.下列不属于保证安全的技术措施的一项为（　　）。

  A. 停电   B. 工作间断、转移和终结措施

  C. 工作监护制度   D. 装设接地线

（三）简答题

1.什么是触电？触电分为哪两类？

2.产生触电事故的主要原因是什么？

3.如果有人触电了，应如何进行触电急救？

4.防止触电的保护措施有哪些方面？

5.触电的现场处理包括哪些方面？

6.造成单相触电、两相触电、跨步电压触电的主要原因是什么？

7.简述人工呼吸的操作要点。

8.简述胸外心脏按压法的操作要点。

9.什么是安全标志？其作用是什么？

10.什么是安全电压？一般规定的安全电压是多少？

学习情境二

直流电路的分析与检测

任务一　手电筒的制作与测试

一、任务分析

常见电量包括电流、电压、电功率、电功（电能）等。电量的测量是了解电路工作状态的主要手段，是对电路进行分析、控制、保护的基础。电量的测量主要借助各种仪器或仪表。在对电量进行测量前，必须理解其物理意义。欧姆定律是电工技术分析中最重要的基本定律之一，使用的频率最高。

保证电路连线的质量，借助电压表、电流表、万用表、功率表顺利完成电路中电压、电位、电流、功率的测试；在测试过程中学会正确使用万用表、电压表、电流表、功率表，掌握电路测试的操作规范，为科学研究提供正确的数据；通过实训项目训练，完成线性电阻元件伏安特性的测绘，正确理解欧姆定律的真正含义；通过电压、电流测量过程中正负值的出现，对电压、电流参考方向有进一步认识，在此基础上对欧姆定律的学习过程就有一个全新的认识，为分析电路打下基础；通过电路在不同工作状态下电压、电流的测试，能够判断电路的工作状态，避免发生不正常的工作状态，避免造成电器损坏或火灾事故的发生。

1. 知识目标

① 理解电流产生的条件，理解电流、电压、电位、电阻的概念，掌握电压与电流参考方向的意义，能够熟练应用电路变量的参考方向计算电路中各点的电位。

② 了解电路的组成和三种基本状态，掌握部分电路欧姆定律和分析方法，掌握其在生产生活中的实际应用。

③ 掌握焦耳定律及电能、电功率的概念和计算，能熟练应用电路变量的参考方向求功率；能根据功率的正负判断电路中的元件是电源还是负载。

④ 理解电源、电动势、端电压的概念，掌握全电路欧姆定律。

2. 技能目标

① 熟练掌握直流稳压电源的使用，会正确使用常用电工仪器仪表（万用表、直流电流表、直流电压表等）测量电流、电压、电阻等物理量；特别是对万用表要熟练使用。

② 能按照简单电阻电路图正确接线并能分析、排除线路中的简单故障，能测绘电阻元件的伏安特性。

③ 正确使用电烙铁。

④ 能制作手电筒电路。

二、相关知识

1. 电路

（1）电路的组成。在现代人类生产与生活的各个领域，各种各样的电工和电子设备被广泛

33

地应用。发电厂发出的电能是通过输电线输送到各用户的，强大的电流从发电机出发，经过输电线流向各用电设备，再流回发电机，以构成闭合回路。电流所通过的路径称为电路或电网络（由于复杂的电路像一张网）。若电路中通过恒定电流，称直流电路，通过交变电流则称为交流电路。任何电路，不论其具体用途和功能如何，不论简单还是复杂，都是由若干个实际的电器设备、电气元器件、电子元器件，根据某些特定需要，按一定的方式组合起来的整体。例如，常用的手电筒的实际电路就是一个最简单的电路，如图 2.1.1（a）所示。它由干电池（将化学能转换成为电能）、小灯泡、导线及开关构成。当开关闭合时，电流通过灯泡使其发光，将电能转换为光能和热能。一个完整的电路由电源、负载和中间环节（包括开关和导线等）三部分组成，称为组成电路的"三要素"。通常把电源内的电流通路称为内电路，中间环节和负载即内电路以外的电路称为外电路。

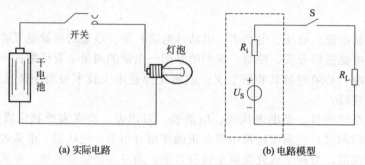

(a) 实际电路　　　　　　　　　　　(b) 电路模型

图 2.1.1　手电筒的实际电路和电路模型

1）电源。电源是把非电能转换成电能或产生信号的装置。生产与生活实践中有各种不同类型的电源，例如干电池、蓄电池、发电机、太阳能电池、信号发生器等。它们在电路中的作用是把其他形式的能（如机械能、化学能、光能、水能等）转换为电能，并提供给电路中的负载。另外把某种形式的电能转换成另一种形式电能的装置，例如应用很广的直流稳压电源，就是把交流电转换成直流电，并在一定条件下保持输出电压稳定的装置。这类装置通常也称为电源。

2）负载。负载是电路中吸收电能或接收信号的设备，其作用是把电能转换为其他形式的能（如机械能、热能、光能等）。通常在生产与生活中经常用到的电灯、电动机、电炉、扬声器、各种家用电器等用电设备都是电路中的负载。

3）中间环节。中间环节是连接电源和负载的部分，在电路中起着传递电能、分配电能和控制、保护及测量整个电路的作用。主要包括有连接导线、控制电器（如开关、插头、插座等）、保护电器（如熔断器等）、测量仪表（如电流表、电压表等）。复杂的中间环节可以是由许多电路元件组成的网络系统。

（2）电路的作用。实际应用中的电路，种类繁多，不同电路其作用也是各不相同的。通过以上对电路组成的研究及生产与生活中的实践经验，电路的功能可以归纳为以下两个方面。

1）实现电能的传输、转换和分配（电力电路）。这是电力工程要解决的主要问题，它包括发电、输电、配电、电力拖动、电热、电气照明，以及交流电与直流电之间的整流和逆变等。由于电力工程中传输和变换电能的规模很大，因此，要尽可能地减少电能在传输和变换过程中的损耗，以提高电能的利用效率。电力电路由于电压较高，电流和功率较大，习惯上常称为"强电"。图 2.1.2 是一个较为复杂的电力系统电路示意图。它是将发电机发出的电能经过升压变压器、输电线、降压变压器传送到电动机、电灯或其他用电器。

2）实现信号的传递和处理（信号电路）。在科学技术领域和现代化生产中，许多信号的传

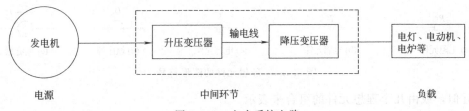

图 2.1.2 电力系统电路

递和处理也是靠电路实现的。例如：生产过程的自动调节以及科学实验的自动测试装置中，需要对各种输入数据进行处理及对各种信号进行存储和发送；在电信事业中对语言、文字、图像、音乐的广播与接收等，这些重要的任务都是由相应的电路来完成的，如收音机、电视机电路、晶体管测温度电路等。例如：计算机网络将发送端输出的数字信号，经数/模（D/A）转换成模拟信号输送，通过电话线传递到接收处，再经模/数（A/D）转换成数字信号，送达到接受的计算机上。电路在实现信号的传递和处理的过程中，虽然也有能量的消耗，但和电力工程相比，能量消耗的规模和数量都很小，更为关心的是准确地传递和处理信号，保证信号不失真。信号电路通常电压较低，电流和功率较小，习惯上常称为"弱电"。如图 2.1.3 所示的接收机电路，接收天线把载有语言、音乐、信息的电磁波接收后，经过调谐、检波、放大等电路变换或处理变成音频信号，驱动扬声器。

（3）理想元件。用于构成电路的电器设备、电气元器件、电子元器件称为实际电路元件，简称为实际元件。用实际元件构成的电路也就称为实际电路。

构成实际电路的实际元件种类繁多，外形、特性及用途也各异，在工作过程中，所表现出的电磁性能和能量转换过程往往较复杂，给电路分析（即在已知电路的结构及参数的情况下，求解各部分电压和电流及功率）带来很大困难。例如白炽灯，有对电流呈现阻力的电阻性能，通过电流要消耗电能；而且当电流

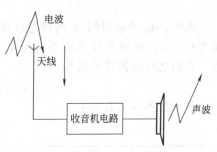

图 2.1.3 接收机电路

流过时，还会产生磁场，说明它还具有电感性质。这样很难用一个数学表达式表达其两端的电压与电流关系。但由于其电感甚小，可忽略不计，则其主要性质为电阻性，这样就将白炽灯作为电阻元件。

为了便于对各种实际元件进行简化分析和简单的数学描述，根据实际元件的电磁性能，保留其主要性能，忽略其次要性能，在一定条件下进行科学的抽象而得到的模型（model），称为理想电路元件，简称为元件。例如电阻器、照明工具、电炉等，它们主要是消耗电能，如果保留其电阻性能，而忽略其电感、电容性能，就是一个理想的电阻元件，其模型符号 R 如图 2.1.4（a）所示。如各种实际电感元件，主要是存储磁场能，可以用一个二端电感元件来反映其存储磁场能的特征，其模型符号 L 如图 2.1.4（b）所示。各种电容器，在实际电路中主要是存储电场能，用一个理想的二端电容元件反映其存储电场能的特征，其电路模型符号 C 如图 2.1.4（c）所示。如发电机、电池等，在实际电路中主要是提供电能，可以用一个理想电压源表示电压恒定（U_S）或是一个确定的时间函数 $u_S(t)$、其内阻为零的独立电源元件，图形符号如图 2.1.4（d）所示；也可以用理想电流源表示电流恒定（I_S）或一个确定的时间函数 $i_S(t)$、其内阻为无穷大的独立电源元件，如图 2.1.4（e）所示。

理想的电路元件主要有电阻元件、电感元件、电容元件及理想电压源和理想电流源等。理想元件都用规定的图形符号来表示，如图 2.1.4 所示。一个实际元件的性能，可以用一个理想

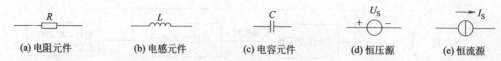

图 2.1.4　理想元件的图形符号

元件来近似，或由几个理想元件的组合来表示。

（4）电路模型。用理想电路元件代替实际电路元件而构成的电路称为电路模型。这样，图 2.1.1（a）所示的手电筒的实际电路就可以用图 2.1.1（b）所示的电路模型来表示。即用理想电压源 U_S 和电源内阻 R_i 串联表示电源（干电池），电阻 R_L 表示负载（小灯泡），S 表示电路的开关。

电路模型是实际电路的近似，为分析实际电路带来很大的方便，是研究电路的一种常用方法。需要注意的是，由于人们对实际电路的物理性质的侧重点不同，所以同一个实际电路可能会有不同的电路模型，今后本书所给的电路一般都是由理想元件构成的电路模型。

2. 电流

带电粒子（电子、离子等）的定向运动形成电流。电流的大小用电流强度（简称电流）表示，即单位时间内通过导体横截面的电荷量。其表达式为

$$i = \frac{dq}{dt} \tag{2.1.1}$$

式中，dq 表示时间 dt 内通过导体横截面的电荷量，单位为库仑（C）；dt 表示时间，单位为秒（s）。电流单位为安培（A），常用的单位还有千安（kA）、毫安（mA）、微安（μA）等。它们之间的换算关系为

$$1A = 10^{-3}kA = 10^3 mA = 10^6 \mu A$$

各单位换算见表 2.1.1。

表 2.1.1　单位换算

中文代号	吉	兆	千	百	十	个	分	厘	毫	微	纳	皮
国际代号	G	M	k	h	da	—	d	c	m	μ	n	p
倍乘数	10^9	10^6	10^3	10^2	10		10^{-1}	10^{-2}	10^{-3}	10^{-6}	10^{-9}	10^{-12}

电路中经常遇到各种类型的电流。当电流大小和方向不随时间变化时，即 dq/dt 为常数，这种电流称为直流电流（DC），以后对不随时间变化的物理量，都用大写字母表示，即在直流时，式（2.1.1）应写为

$$I = \frac{Q}{t} \tag{2.1.2}$$

式中，Q 为时间 t 内通过导体横截面的电荷量。

大小和方向随时间变化的电流称交流电流（AC），用小写字母 i 表示。

电流的实际方向规定为正电荷运动的方向或负电荷运动的反方向。常用箭头表示。

对于简单的电路，可以确定电流的实际方向在电源内部由负极流向正极，而在电源外部则由正极流向负极，以形成闭合回路。但在分析复杂的直流电路时，对于某条支路电流的实际方向往往难于判断；在交流电路中由于电流的方向是随时间变化的，所以它的实际方向也就不能确定。为此，引入一个十分重要的概念——参考方向。所谓参考方向就是假定的电流的正方向。电流的参考方向可以任意假定，并在图上用箭头表示出来，箭头所指方向表示电流的流动方向。根据电流的正负和假定的参考方向可以确定电流的实际方向，如图 2.1.5 所示。电流实

际方向的判定方法如下：

① 若电流为正值（$I > 0$），则实际方向与参考方向相同，如图 2.1.5（a）所示；

② 若电流为负值（$I < 0$），则实际方向与参考方向相反，如图 2.1.5（b）所示。

注意：电路图中标注的电流方向通常都是参考方向。不设定参考方向时，电流的正负号是没有意义的。

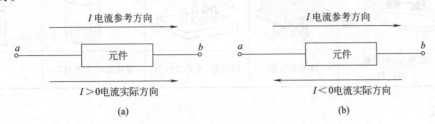

图 2.1.5　电流的参考方向与实际方向的关系

图 2.1.6 为常见的电流波形。

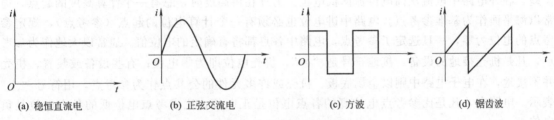

图 2.1.6　常见的电流波形

测量电流的仪表叫电流表，使用电流表测量电流的方法如下。

① 测量直流电流用直流电流表，其外形如图 2.1.7（a）所示。测量交流电流用交流电流表，而交直流表则既可测直流，也可测交流。

② 必须把电流表串接在被测电路中，表的正端"＋"接电流的流入端，表的负端"－"接电流的流出端，如图 2.1.7（b）所示。

③ 电流表的量程必须大于被测电流的数值。

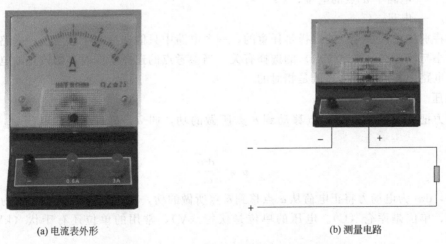

图 2.1.7　直流电流表的外形及测量电路

电流对负载有各种不同的作用和效应，见表 2.1.2。其中，热和磁的效应总是伴随着电流一起发生，而电流对光、化学以及人体生命的作用，只是在一定的条件下才能产生。

表 2.1.2 电流对负载的作用和效应

效应	热效应 总是出现	磁效应 总是出现	光效应在气体和 一些半导体中出现	化学效应在导电 的溶液中出现	对人体生命的效应
图示	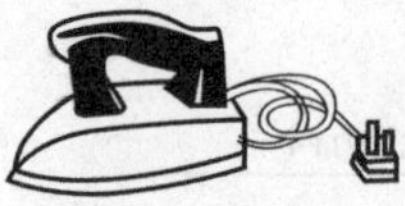	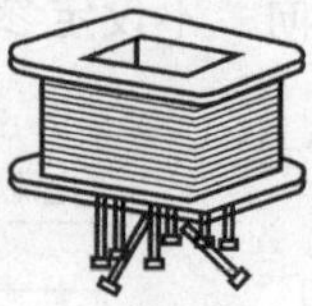	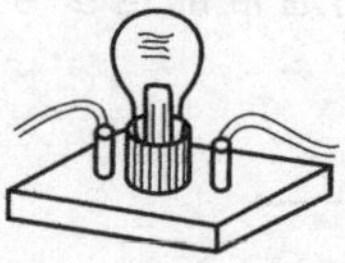	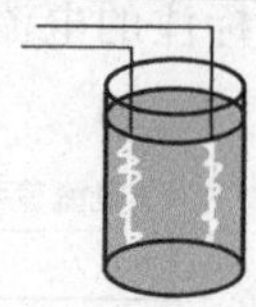	
说明	电熨斗、电烙铁、 熔断器	继电器线圈	白炽灯、发光二极管	蓄电池的充电过程	事故

3. 电位

生活实践告诉我们，水总是由高处往低处流，高处的水位高，低处的水位低，它们之间因存在水位差而形成水流。与此类似，要维持某段电路中的电流，就必须使电路两端有一定的电位差，在外电路中电流从高电位流向低电位。另外在讲高度时，总有一个计算高度的起点，通常以海平面作为基准参考点。电路中讲电位也必须有一个计算电位的起点（参考点），规定参考点的电位为零，一旦选定了参考点，电路中各点都将有确定的电位值。通常以大地作为参考点，凡是机壳接地的设备，接地符号是"⏚"，机壳电位即为零电位；有些设备或装置，机壳并不接地，在电子电路中则以金属底板、机壳或许多元件的公共点作为参考点，用符号"⊥"表示。电路中，凡是比参考点电位高的各点电位是正电位，比参考点电位低的各点电位是负电位。

电荷在电场中的不同位置所具有的能量（位能）是不同的。同样，电荷在电路中的不同位置上，也具有不同的能量；把单位正电荷在电路中某一点所具有的电位能称为该点的电位。电位用大写字母 V 表示。电位的数学表达式为

$$V_a = \frac{W_a}{Q} \tag{2.1.3}$$

式中 W_a——电路中 a 点的电位能，J；

V_a——电路中 a 点的电位，V；

Q——电量，C。

必须特别注意：参考点的选择是任意的，一个电路中只能选择一个参考点；电路中任意点电位的大小与参考点（零电位点）的选择有关。当参考点的选择不同时，则该点的电位值也随之改变。电路中各点电位的高低是相对的。

4. 电压

电场力把单位正电荷由 a 点移动到 b 点所做的功，叫 a、b 两点间的电压 u_{ab}，其定义式为

$$u_{ab} = \frac{dw}{dq} \tag{2.1.4}$$

式中，dw 为电场力将正电荷从 a 点移到 b 点所做的功，单位是焦耳（J）；dq 为被移动的正电荷量，单位是库仑（C）。电压的单位是伏特（V），常用的单位还有千伏（kV）、毫伏（mV）等。

大写字母 U 用来表示不随时间变化的电压，即直流电压；小写字母 u 用来表示随时间变化的电压，即交流电压。

电压也可以用电位来表示。电路中某点的电位就是该点到参考点之间的电压。若选 c 点为

参考点，则任一点 a 的电位可表示为：$V_a = U_{ac}$。因此，电位实质上就是电压，是相对参考点的电压。

如果已知任意两点 a、b 的电位分别为 V_a、V_b，则 a、b 两点间的电压可表示为

$$U_{ab} = V_a - V_b = -U_{ba} \tag{2.1.5}$$

由上式可见：任意两点间的电压等于这两点的电位之差，故电压又称电位差。必须注意：电压与参考点的选择无关。

电压的实际方向规定为电压降的方向，即由高电位端指向低电位端。表示方法可用箭头，箭头由高电位端指向低电位端，如图 2.1.8（a）所示；也可用极性符号表示，"＋"表示高电位，"一"表示低电位，如图 2.1.8（b）所示；此外，也可用双下标的顺序来表示，如 U_{ab} 表示电压的方向是 a 到 b。

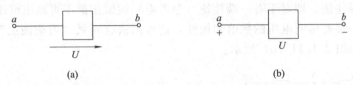

(a)   (b)

图 2.1.8　电压的表示方法

和电流一样，各元件电压的实际方向也是难以事先判断出来的，因此，对电压也要指定参考方向。根据电压的正负和假定的参考方向可以确定电压的实际方向。

① 若电压为正值（$U > 0$），则实际方向与参考方向相同；

② 若电压为负值（$U < 0$），则实际方向与参考方向相反。

测量电压的仪表叫电压表，其外形如图 2.1.9（a）所示。使用直流电压表测量直流电压时必须把电路表跨接（并联）在被测电路的两端，电压表的正端（＋）接电路中的高电位端，电压表的负端（一）接电路中的低电位端，如图 2.1.9（b）所示。电压表的量程必须大于被测电路两端的电压。

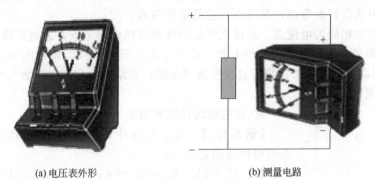

(a) 电压表外形   (b) 测量电路

图 2.1.9　直流电压表的外形及测量电路

5. 电压与电流的关联参考方向

进行电路分析时，对于一个元件，既要为通过元件的电流选取参考方向，又要为元件两端的电压选取参考方向，两者是相互独立的，可任意选取。若选取的电流的参考方向与电压的参考方向一致，则称电流与电压为关联参考方向，也就是电流从电压的"＋"号端流向"一"号端，如图 2.1.10（a）所示；若电流与电压的参考方向相反，则称电流与电压为非关联参考方向，如图 2.1.10（b）所示。

必须注意，电路中的电流、电压在未设定其参考方向时，讨论其值的正、负是没有实际意义的。要养成习惯，在分析计算电路时，首先要设定电流和电压的参考方向。参考方向一经选

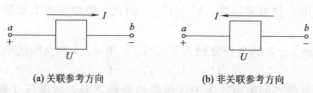

(a) 关联参考方向   (b) 非关联参考方向

图 2.1.10 关联参考方向与非关联参考方向

定，在分析电路的过程中就不再变动了。

6. 电位的计算

在电路分析中，引入电位以后，可以简化电路的画法和计算。在计算各点电位时，首先要根据电路图明确该电路的参考点在哪里，图中标有符号"⊥"的点就是参考点。为了简化电路图，常采用电位标注法，即对于有一端接地（参考点）的恒压源不再画出恒压源符号，而只在电源的非接地的一端处标明电压的数值和极性，这种画法也叫做"习惯画法"。电路图 2.1.11 (a) 的习惯画法如图 2.1.11 (b) 所示。

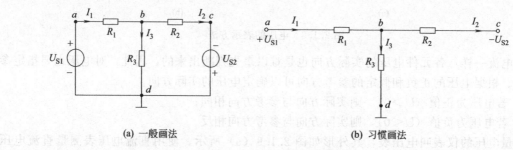

(a) 一般画法   (b) 习惯画法

图 2.1.11 电路图的画法

电路中某点电位的计算方法如下。

① 设定闭合回路电流的参考方向，指出电路中各元件（包括负载）两端的极性。

② 在电路中选择好参考点，参考点对应的电位为零。

③ 在电路中取相应的电位点，从该点开始沿任意路径到参考点，遇电位降取"＋"，遇电位升取"－"。如果在绕行过程中遇到电源，并且是从正极到负极，则该电源电压取正值，若从负极到正极则取负值。如果在绕行过程中遇到电阻，若绕行方向与电流的参考方向相同，则 IR 取正值，否则取负值。

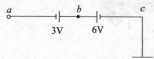

图 2.1.12 例 2.1.1 图

④ 各电压的代数和即为该点的电位值。

【例 2.1.1】 图 2.1.12 中，以 c 点为参考点，则 a、b、c 三点的电位分别是多少？

解：$V_c = 0V$；$V_b = U_{bc} = 6V$；$V_a = U_{ab} + U_{bc} = -3 + 6 = 3$ (V)。

【例 2.1.2】 在图 2.1.11 (a) 所示电路中，已知 $U_{S1} = 35V$，$U_{S2} = 15V$，$R_1 = R_2 = 5\Omega$，$R_3 = 10\Omega$，$I_1 = 5.4A$，$I_2 = 4.6A$，$I_3 = 0.8A$。求电路中各点的电位。

解：d 点为参考点，$V_d = 0$，则电路中 a 点的电位为：

$V_a = U_{ad} = U_{S1} = 35V$；或 $V_a = U_{ad} = I_1 R_1 + I_3 R_3 = 5.4 \times 5 + 0.8 \times 10 = 35$(V)

或 $V_a = U_{ab} + U_{bc} + U_{cd} = I_1 R_1 + I_2 R_2 - U_{S2} = 5.4 \times 5 + 4.6 \times 5 - 15 = 27 + 23 - 15 = 35$(V)

电路中 b 点的电位为：$V_b = U_{bd} = I_3 R_3 = 0.8 \times 10 = 8$ (V)

电路中 c 点的电位为：$V_c = U_{cd} = -U_{S2} = -15V$

说明电位的计算与路径无关。

7. 电动势

在循环水路中如何产生水位差呢？靠水泵把水从低水位提升到高水位。与此类似，图 2.1.13 所示的电路中进行着两种能量的转换过程。电源外部在电场力的作用下，正电荷沿着导线从 a 移动到 b，形成了电流 i。随着正电荷不断地从 a 移动到 b，a、b 两极间的电场逐渐减弱以至消失，这样，导线中的电流也会减至零。为了维持连续不断的电流，必须保持 a、b 间有一定的电位差，即保持一定的电场。这就需要一种"电源力"来克服电场力把正电荷不断地从低电位 b 极移动到高电位 a 极去，电源力在电源内部移动电荷也是要做功的，做功的过程就是将其他形式的能量转换成电能的过程。电源力是一种非静电力，是由其他能量作用产生的，如电池是来自化学作用，发电机来自电磁作用。

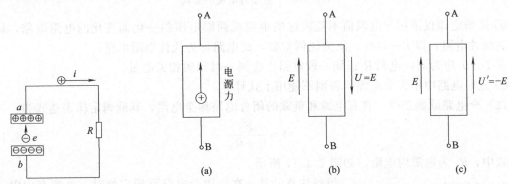

图 2.1.13　电源力做功　　　　图 2.1.14　E 与 U 的参考方向

电源两端产生的电位差叫做电动势。用"电动势"这个物理量来衡量电源力移动电荷做功能力的大小。电动势 E 定义为：电源力所做的功 W 与被移动电荷 Q 的比值。即 $E=W/Q$。

随时间变化的电动势，其表达式为：$e=\mathrm{d}w/\mathrm{d}q$。

在 SI 中，W 的单位为焦耳（J），Q 的单位为库（C），则电动势的单位为伏特，简称伏（V）。

电动势的方向规定为：由电位低的（负极）一端到电位高的（正极）一端。当电源的端电压 U 与其电动势 E 的参考方向相反时，如图 2.1.14（b）所示，$U=E$。如选择 U 和 E 二者的参考方向一致，如图 2.1.14（c）所示，则 $U'=-E$。

注意：电动势是指电源内部两极间的电位差，而电压是指电源对外电路而言两极间的电位差。

8. 欧姆定律

欧姆定律是反映电路中电动势、电压、电流、电阻等物理量之间内在联系的一个极为重要的定律，也是电工技术中一个最基本的定律。

（1）一段电阻电路的欧姆定律。按图 2.1.15 连接电路。电源的输出电压 U 从 0 开始缓慢地增加，一直到 10V，用电压表与电流表测量电压与电流。

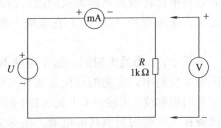

图 2.1.15　欧姆定律的验证

实验证明：在一段不含电源只有电阻的电路中，流过电阻的电流 I 的大小和加在电阻两端的电压 U 成正比，与电阻 R 成反比，即

$$I=\frac{U}{R} \qquad (2.1.6)$$

这就是欧姆定律表达式，欧姆定律的另外两种表达形式是

$$U = RI \quad 及 \quad R = \frac{U}{I}$$

欧姆定律应用时要注意以下几点。

① 如图 2.1.16 所示，当电流和电压采取关联方向时，可用 $U = IR$；若采取非关联方向时，则应用 $U = -IR$。

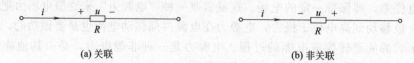

（a）关联　　　　　　　　　　　　　　　　（b）非关联

图 2.1.16　电压与电流的方向

② 欧姆定律仅适用于电阻值不随流过的电流或两端电压的变化而变化的电阻电路，称此电阻为线性电阻，即 $R = U/I$，R 为比例常数，此电路称为线性电阻电路。

③ U、I 应为同一电阻 R 或同一段电路上在同一时刻的相关电量。

④ 这段电路中不含有电源，否则不能用上式计算。

（2）全电路欧姆定律。含有电源和负载的闭合电路称全电路，其欧姆定律表达式为

$$I = \frac{E}{R + R_i} \tag{2.1.7}$$

式中，R_i 为电源内电阻，如图 2.1.17 所示。

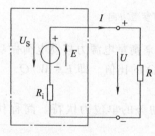

图 2.1.17　全电路

值得注意的是，在应用全电路欧姆定律时，电源有内阻，除非指明可以略去，否则不得在计算中略去。

9. 焦耳定律

电流通过金属导体时，作定向移动的自由电子要频繁地与金属正离子碰撞。由于这种碰撞，电子在电场力的加速作用下获得的动能，不断传递给金属正离子，于是通电导体内能增加，温度上升，这就是电流的热效应。实验证明：

电流通过金属导体时，产生的热量 Q 与电流强度 I 的平方、导体的电阻 R 和通电的时间 t 成正比。这就是焦耳楞次定律。其表达式为：$Q = I^2 Rt$。式中：在 SI 中，Q 采用焦耳为单位。

10. 电功和电功率

发电、输电的目的是为了用电，使电流做功。电流所做的功称之为电功。电流做功，其实质是将电能转换为其他形式的能。因而，电流所做的功与其所消耗的电能是相同的。由电压的定义，正电荷 Q（$Q = It$）在电场力作用下，通过电路元件时，电场力所做的电功为

$$W = UQ = UIt \tag{2.1.8}$$

式中，t 为通电时间。这个电功 W 就是电路元件在时间 t 内所消耗（或产生）的电能。在国际单位制中，电能的单位是焦耳（J）；在实际应用中常以千瓦时（kW·h）作为电能单位，千瓦时俗称度。1 度 = 1 千瓦 × 1 小时 = 1 千瓦时（kW·h），即 1 度电等于功率为 1kW 的用电设备在 1 小时内所消耗的电能。换算关系如下：

$$1 度 = 1 kW·h = 3.6 × 10^6 J$$

电能可以直接测量，图 2.1.18 所示为家用电能表（曾称电度表）的表盘，它是记录电路（用电设备）消耗电能的仪表。由图 2.1.18 可见，电能表上方计数器是用来记录电能多少的。计数器显示 5 个数字，最后一位是小数，其他分别是个位、十位、百位、千位。表面板上标有"2500r/(kW·h)"字样，表示用电设备每消耗 1kW·h（1 度）电能时，电能表的转盘转过

2500r（转）。据此记录下转盘转数和时间，也可粗略测出用电设备的功率。

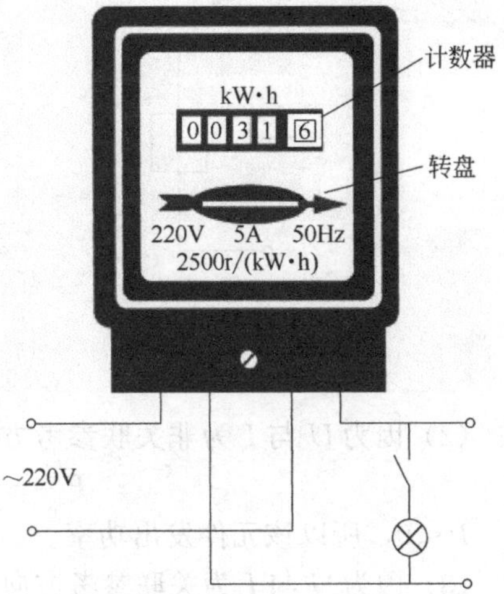

电功率是电路元件在单位时间内电场力做功的多少，或者说电功对时间的变化率（即电功对时间的导数），简称功率。电功率的表达式为：

$$p = \frac{\mathrm{d}w}{\mathrm{d}t} = \frac{\mathrm{d}w}{\mathrm{d}q} \times \frac{\mathrm{d}q}{\mathrm{d}t} = ui \qquad (2.1.9)$$

式中，w 是电功，单位是焦耳（J）；t 是时间，单位是秒（s）；u 是电压，单位用伏特（V）；i 是电流，单位是安培（A）；p 是功率，用小写字母 p 表示随时间变化的功率，单位是瓦特（W），常用的单位还有千瓦（kW）、毫瓦（mW）等。

在直流电路中，功率用大写字母 P 表示，功率计算公式为：

$$P = UI \qquad (2.1.10)$$

图 2.1.18 家用电能表及接线

若用电器是纯电阻，功率计算公式为：

$$P = UI = I^2 R = \frac{U^2}{R} \qquad (2.1.11)$$

在电路分析中，不仅要计算电路元件功率的大小，有时还要判断功率的性质，即该元件是发出功率（产生功率）还是吸收功率（消耗功率）。产生功率的元件属于电源性质；而吸收功率（消耗功率）的元件属于负载性质。下面介绍功率性质的判别方法。

（1）首先由电压 U 和电流 I 的参考方向确定功率计算公式（2.1.9）中的符号。

① 当电压 U 和电流 I 为关联参考方向时，功率的计算公式取正号，即按下式计算：

$$P = UI（或 p = ui） \qquad (2.1.12)$$

② 当电压 U 和电流 I 为非关联参考方向时，功率的计算公式取负号，即按下式计算：

$$P = -UI（或 p = -ui） \qquad (2.1.13)$$

（2）再将已知的 $U(u)$ 和电流 $I(i)$ 的数值及符号代入上面相应的公式中得到计算结果。

（3）判断功率的性质：

① 若计算结果 $P > 0$，表明该元件为吸收（消耗）功率，属于负载性质。

② 若计算结果 $P < 0$，表明该元件为发出（产生）功率，属于电源性质。

根据能量守恒定律，一个电路中，一部分元件或电路发出的功率一定等于其他部分元件或电路吸收的功率。整个电路的功率是平衡的。

【例 2.1.3】 有一只 $P = 40\mathrm{W}$、$U = 220\mathrm{V}$ 的白炽灯，接在 220V 的电源上，求通过白炽灯的电流 I。若该白炽灯每天使用 4h，求 30 天消耗的电能 W。

解：$I = \dfrac{P}{U} = \dfrac{40}{220}\mathrm{A} = 0.18\mathrm{A}$

$W = Pt = 40 \times 10^{-3} \times 4 \times 30 \mathrm{kW \cdot h} = 4.8 \mathrm{kW \cdot h}$

【例 2.1.4】 计算图 2.1.19 所示的各元件的功率，并判断该元件是吸收功率还是发出功率。

解：（1）因为 U 与 I 为关联参考方向 ［图 2.1.19（a）］

$$P = UI = 2 \times 5\mathrm{W} = 10\mathrm{W}$$

$P > 0$，所以该元件吸收功率。

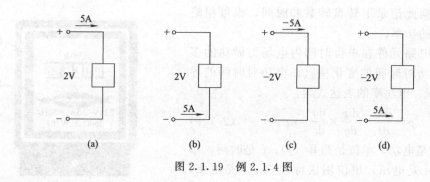

图 2.1.19 例 2.1.4 图

（2）因为 U 与 I 为非关联参考方向 ［图 2.1.19 （b）］

$$P = -UI = -(2 \times 5)\text{W} = -10\text{W}$$

$P < 0$，所以该元件发出功率。

（3）因为 U 与 I 为关联参考方向 ［图 2.1.19 （c）］

$$P = UI = -2 \times (-5)\text{W} = 10\text{W}$$

$P > 0$，所以该元件吸收功率。

（4）因为 U 与 I 为非关联参考方向 ［图 2.1.19 （d）］

$$P = -UI = -(-2 \times 5)\text{W} = 10\text{W}$$

$P > 0$，所以该元件吸收功率。

11. 电阻性负载获得最大功率的条件

负载电阻接入电路中，电路向其输出功率，电阻从电路接受功率。负载不同，其电流和功率也不同。负载电阻为多大时，从电路获得的功率为最大？由前述可知：

$I = E/(R+r)$，$P = I^2 R = E^2 R/(R+r)^2$ （r 是电源的内阻；R 是负载电阻，即外电路的总电阻）

求 P 对 R 的一阶导数：$\mathrm{d}P/\mathrm{d}R = (r-R)\ E^2/(R+r)^2$。令 $\mathrm{d}P/\mathrm{d}R = 0$，可得 $R = r$。这时 P 为最大。即当 $R = r$ 时，电源的输出功率也就是负载电阻接受的功率，为最大。

$R = r$ 叫做负载与电路"匹配"。匹配时的负载电流为：$I = E/(R+r) = E/(2R)$。

负载电阻获得的功率最大为：$P_\mathrm{m} = I^2 R = [E/(2R)]^2 R = E^2/4R$。

规定负载功率与电路 EI 的比值为电路的效率 η，$\eta = P/(EI) = I^2 R/[(R+r)\ I \times I] = R/(R+r)$。

由上式可见，当 $R = r$ 电路输出最大功率时，效率只有 50%；当 $R \gg r$ 时，效率才比较高。

对于电力电路，传输的功率大，要求效率高，以便充分地利用能源，否则能量损耗大，所以不工作在匹配状态；对于电子电路，输送的功率小，往往注重的是如何将微弱信号尽可能地放大，并不注重信号源效率的高低，常设法达到匹配状态，以获得最大功率。

【例 2.1.5】 设电源电动势 $E = 80\text{V}$，其内阻 $r = 2\Omega$，外电路有电阻 $R_1 = 8\Omega$ 与变阻器 R_2 串联。要使变阻器消耗的功率最大，R_2 应是多大，消耗的功率是多少？

解：本题可把 R_1 看作是电源内阻的一部分，即内阻为 $R_1 + r$。

利用电源输出功率最大的条件，可求出 R_2：$R_2 = R_1 + r = 8 + 2 = 10$ （Ω）。

这时 R_2 消耗的最大功率是：$P_\mathrm{m} = E^2/(4R) = 80^2/(4 \times 10) = 160$ （W）。

12. 电气设备的额定值（标称值）

电气设备一般均由导体、绝缘体等材料组成，如所加电压太高或流过的电流太大，就有可能使绝缘材料老化、击穿，从而导致电气设备损坏。反过来讲，如果电气设备的电压与电流比额定值小得多，则不仅不能达到合理的工作状况（如电压太低时、电灯亮度不够、电动机转速不正常等），也不能充分利用电气设备的工作能力。

为了使电气设备能够安全可靠地工作，任何电气设备和元器件在工作时都有一定的电流、电压和功率的使用限额，这些限额称为额定值。额定值包括额定电压 U_N、额定电流 I_N、额定功率 P_N 等，有的数据可从额定值求得。对于电阻性负载，由于 U_N、I_N、P_N 与 R 之间具有一定的关系式，所以额定值不一定全部标出。如灯泡只给出 U_N 和 P_N；金属膜电阻、碳膜电阻等只给出电阻值和 P_N，其他额定值则可由相应公式算出。额定值是根据设计要求、材料、制造工艺和有关标准等因素，由制造厂所给出的电气设备的各项性能指标和技术数据，是保证电气设备正常可靠工作的条件，这些额定值常标注在设备的铭牌（一小块金属牌，钉在设备的外壳表面）上，如电动机的铭牌、变压器的铭牌等，或载在说明书中或标在该产品上，如电灯泡标有"220V、60W"字样，电阻标有"100Ω、1/2W"字样等。在使用设备之前应仔细阅读，不要将额定值与实际值混淆。若超过额定值使用，往往就会导致过热、绝缘破坏，从而使设备寿命缩短，达不到规定的使用寿命；如果低于额定值使用，不仅得不到正常的工作情况（如电压过低，造成电动机的转矩减少，转速过低），而且也不能充分利用设备的工作能力。电气设备和元器件应尽量工作在额定状态（也称满载），即实际使用值等于额定值，此时不仅能保证电气设备工作可靠，而且具有足够的使用寿命，最为安全、经济；实际使用值低于额定值的工作状态称轻载；高于额定值的工作状态称过载，如果长时间过载，会缩短设备的使用寿命甚至损坏电气设备。例如一个白炽灯，上面标有"220V、40W"字样，指的是它的额定电压为 220V，额定功率为 40W。该灯泡的电阻为 $R=U_N^2/P_N=220^2/40=1210$（Ω）。由 $P=UI$ 可求得其额定电流 $I_N=40/220=0.18$（A）。在使用时，应该接到 220V 的电源上，这时消耗的功率是 40W，灯泡发光正常，且能达到规定的使用寿命。若超过额定值使用，例如把它接到 110V 的电源上，则实际功率 $P=U^2/R=110^2/1210=10$（W）$<P_N$，灯泡就很黯淡，不能充分发挥其效率；如果接到 380V 的电源上，则实际电流 $I=U/R=380/1210=0.31$（A）$>I_N$，灯丝就会因为电流过大而烧毁或大大缩短使用寿命。

13. 电路的工作状态

根据电源和负载连接的不同情况，电路可分为空载（开路）、短路和有载（通路）三种状态。以下从图 2.1.20 来分析这三种工作状态的电流、电压和功率的特征。

（1）通路。通路就是将开关闭合，电源与负载接通，使电路构成闭合回路，电路中有电流流通，并有能量的输送和转换，也称有载工作状态或负载状态，如 2.1.20（a）所示，图中 E 为电源电动势，R_i 为电源的内阻，R_L 为负载电阻。有载工作状态时电路具有以下特点。

① 电路中的电流为

$$I=\frac{E}{R_i+R_L} \tag{2.1.14}$$

当 E、R_i 一定时，电流由负载电阻 R_L 的大小决定。

② 电源的端电压（忽略线路上压降即负载端电压 U_L）为

$$U=E-R_iI \tag{2.1.15}$$

电源的端电压总是小于电源电动势。这是因为电源电动势减去内阻压降 R_iI 后，才是电源的输出电压 U。只有在电源内阻极小时，才可认为 $U\approx E$。

③ 将式（2.1.15）各项乘以电流 I，可得出电源的输出功率为

$$P=EI-I^2R_i \tag{2.1.16}$$

上式表明，电源电动势产生的总功率 EI 减去内阻上消耗的功率 I^2R_i 才是电源对外的输

出功率，即电源电动势产生的总功率等于电源内阻和负载电阻所吸收的功率之和，由此可见，整个电路中的功率是平衡的，符合能量守恒定律。

在有载工作时，负载的电流或电压的实际值与其额定值相比较又可分为以下三种工作情况。

① 实际值等于额定值称为"满载"，这是最安全、最经济的。

② 实际值大于额定值称为"超载"或"过载"，这是不安全的。如果过载时间较长，就会大大缩短电气设备的使用寿命，严重情况下，可能会使电气设备损坏。

③ 实际值小于额定值称为"欠载"或"轻载"，设备就不能充分地发挥其工作能力，这是不经济的，应该尽量避免（在某种场合下，可短时使用，例如电动机启动时）。

电源内电阻和实际使用的连接线上消耗的功率是无用的功率损耗。这些能量被转换成热散发到周围的环境中，如果这部分功率过大，就会使电源和连接导线的温度超过周围环境的温度，从而降低它们的效率和使用寿命。为此，连接导线的电阻和电源内电阻都选择或设计得非常小，在进行电路分析时，如果未加以说明，一般可以忽略不计。另外，在选定导线以后，只能按规定通过一定大小的电流，电流过大必然会使导线温度过高，甚至酿成电气事故。

【例 2.1.6】 有一电路，电源输出额定功率 $P_N=400W$，额定电压 $U_N=110V$，电源内阻 $R_i=1.38\Omega$。当负载电阻 R_L 分别为 50Ω、30Ω、10Ω 或发生短路事故时，求电源电动势 E 及上述不同负载情况下电源的输出功率 P_L。

解： 先求电源的额定电流 $I_N=P_N/U_N=400/110=3.64(A)$。

再求得电源的电动势 $E=U_N+I_N R_i=110+3.64\times1.38=115(V)$。

① 当 $R_L=50\Omega$ 时，电路中的电流 $I=E/(R_L+R_i)=115/(50+1.38)=2.24(A)$。$I<I_N$，电路轻载。

② 当 $R_L=30\Omega$ 时，电路中的电流 $I=E/(R_L+R_i)=115/(30+1.38)=3.66(A)$。$I\approx I_N$，电路满载。

③ 当 $R_L=10\Omega$ 时，电路中的电流 $I=E/(R_L+R_i)=115/(10+1.38)=10.11(A)$。$I>I_N$，电路超载。

④ 电路发生短路时，电路短路电流 $I_S=E/R_i=115/1.38=83.33(A)\approx23I_N$。

（2）开路。开路也称断路，又称空载状态。此时电源与负载之间的开关断开或者连接导线折断，电路未构成闭合回路，开路状态如图 2.1.20（b）所示。这种情况主要发生在负载不用电的场合及检修电气设备、排除故障的时候。开路时，电路具有下列特点。

① 由于电路未联成闭合回路，开路处的电阻对电源来说等于无穷大，电路中的电流为零，即 $I=0$。

② 电源的端电压等于电源的电动势，即 $U_{OC}=E$。根据 $U_{OC}=E-R_i I$，因为电流 $I=0$，无内阻压降，所以开路电压 U_{OC}（也称空载电压）就等于电源电动势。利用这一特点可以测量电源电动势的大小。电路中电流为零，负载两端电压也为零。

③ 电源的输出功率和负载的吸收功率均为零。

电路开路时的特征：$I=0$，$U_L=0$，$R_L=\infty$，$U_{OC}=E$，$P=0$。

（3）短路。从广义上说，电路中任何一部分用导线（导线的电阻等于零）直接连通起来，使这两端的电压降为零（即这两点的电位相等），这种现象统称为短路。其中电源短路是将电源两极用导线直接连通，如图 2.1.20（c）所示。电压源短路是一种严重又危险的事故，这种情况通常是由于电源线绝缘损坏或者接线错误以及操作不慎造成的。电源短路时具有以下的特点。

① 负载电流为零，即 $I_{RL}=0$。因为电流直接经过短路导线形成闭合回路，不再流过负

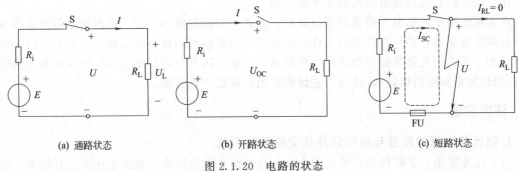

| (a) 通路状态 | (b) 开路状态 | (c) 短路状态 |

图 2.1.20　电路的状态

载，故负载电流 $I_{RL}=0$。

② 电源中的电流最大，即 $I_{SC}=\dfrac{E}{R_i}$。因为短路回路内只包含电源内阻 R_i，而且 R_i 很小，故该电流 $I_{SC}=\dfrac{E}{R_i}$ 最大，I_{SC} 称为短路电流。

③ 电源和负载的端电压均为零。因为这时外电路的电阻为零，电源的电动势全部降落在内阻上，即 $E=IR_i$。

④ 电源对外输出功率和负载吸收功率均为零。因为负载中电流为零，且端电压也是零，故负载吸收的电功率为零。此时，电源产生的电功率全部消耗在内电阻上。

电路短路时的特征：$I_{SC}=E/R_i$，$U_0=U_L=0$，$P_E=EI_{SC}=I_{SC}^2 R_i$，$P=0$。

【例 2.1.7】　某电池组的电动势 $E=24\text{V}$，内阻 $R_i=0.1\Omega$，正常使用时的负载电阻应为 $R=1.9\Omega$，求额定工作电流 I 及当负载电阻被短路时的短路电流 I_{SC}。

解：$I=\dfrac{E}{R+R_i}=\dfrac{24}{1.9+0.1}\text{A}=12\text{A}$

$I_{SC}=\dfrac{E}{R_i}=\dfrac{24}{0.1}\text{A}=240\text{A}$

由上例可见，电源发生短路时，短路电流高达额定电流的 20 倍，电源功率将全部消耗在电源内部，产生大量热量，这样大的短路电流如持续下去，将很快引起电源的烧损，连接的导线发热起火，引起电火灾。造成短路的原因，主要是导体之间绝缘层损坏而直接接触，或是错误操作。为了防止上述严重后果的发生，在实际工作中，应经常检查电气设备和线路的绝缘情况，以防止电压源短路事故的发生；另外，在电路中一般都串联接入熔断器（通称保险）FU 或自动断路器（空气开关），以便在发生短路时，能迅速将故障电路与电源断开，使电路各元件得到保护，避免发生严重后果。

熔断器内的熔体一般为低熔点的铅锡合金，也有用银或铜丝制作，其形状有线状或变截面的片状结构。当电路中流过额定电流时它能正常工作，而电路一旦出现短路（或严重过载），由于电流的热效应导致熔体很快熔断，从而将整个电路与电源断开，达到电路短路保护的目的。

熔体的规格种类很多，每种熔体都有一定的额定电流，必须加以正确选用，熔体选用的最基本原则如下。

① 电灯与电热线路（电炉、电烙铁、电热器具等）熔体的额定电流应为用电设备额定电流的 1.1 倍。

② 一台电动机线路熔体的额定电流应为电动机额定电流的 1.5～3 倍。

③ 多台电动机线路熔体的额定电流应为 1.5～3 倍（功率最大）的一台电动机的额定电流

与工作中同时运行的数台电动机额定电流之和。

在实际电路中，如发生熔体熔断故障时，应首先分析熔断的原因。如因电路发生短路故障而导致熔体熔断时，必须首先寻找及排除故障后，再更换相同规格的熔体。如果不是由于电路中因增加了新的用电负载而导致熔体熔断的话，一般来讲不允许任意更换较原规格为大的熔体（即选用较原来为粗的熔体），以免失去保护作用，造成严重后果。

三、任务实施

1. 电压与电流的测量与电阻元件伏安特性的测试

（1）任务要求。正确使用直流电流表、电流插座和电流插头、直流电压表、万用表；根据给定电路，正确接线，使电路正常运行；正确测试电位、电压、电流等相关数据；加深对电压、电流参考方向的理解；理解元件伏安特性，绘制出元件伏安特性曲线，验证欧姆定律；提高测量多支路电压、电流的能力；灵活运用所学知识，判断电路的三种状态；分析电阻性电路产生故障的原因；学会用万用表检查电路故障的方法。

撰写测试报告。

（2）仪器、设备、元器件及材料。双路直流稳压电源（0～30V）；直流电压表、电流表；万用电表；电阻 1kΩ、510Ω、330Ω；通用电工实训台。

（3）任务原理与说明

1）电流插座和电流插头。使用电流插座和电流插头，可以很方便地用一只电流表测量几个支路的电流，它们的原理如图 2.1.21 所示。电流插座如图 2.1.21（a）所示，当插头未插入时，插口弹性片上的触头为接通状态。当把它接入电路时，可保持电路连通，如图 2.1.21（b）所示。测量电流时，将电流插头插入电流插座，如图 2.1.21（c）所示。插头端部球头推挤插口的弹性片，使触点断开，电流表就被串联接入电路。直流电流表注意正负极性。凡是测电流时，一定用电流插头、插座（即电流表外接），不允许直接将电流表接入电路。使用过程中，应确保电路接线正确，并经通电后，方可将电流插头插入插口内。电流数值测得后，应随即将电流表插头从插口处拔出，使电流表撤离电路。

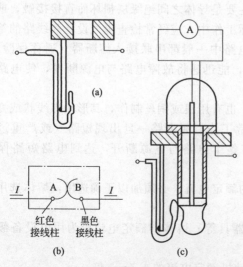

图 2.1.21　电流插座、插头示意图

图 2.1.22　指针式万用表面板

2）指针式万用表（见图 2.1.22）。使用前的检查与调整：外观应完好无破损，当轻轻摇晃时，指针应摆动自如；旋动转换开关，应切换灵活无卡阻，挡位应准确；水平放置万用表，转动表盘指针下面的机械调零螺钉，使指针对准标度尺左边的 0 位线；检查表笔插接是否正确（黑表笔应接"一"或"＊"插孔，红表笔应接"＋"）；检查测量机构是否有效，即应用欧姆挡，短时碰触两表笔，指针应偏转灵敏。

测量时应与带电体保持安全间距，手不得触至表笔的金属部分；测量高电压时（500～2500V），应戴绝缘手套且站在绝缘垫上使用高压测试笔进行。

若无法区分正、负极，则先将量程选在较高挡位，用表笔轻触电路，若指针反偏，则调换表笔。

测量过程中不得换挡；读数时，应三点成一线（眼睛、指针、指针在刻度中的影子）；根据被测对象，正确读取标度尺上的数据；测量完毕应将转换开关置空挡或 OFF 挡或电压最高挡；若长时间不用，应取出内部电池。

3）直流电阻性电路故障的检查。在电路的实验和应用中，会出现各种各样的故障，例如断线、短路、接线错误、元件变质损坏或接触不良等现象，使电路不能正常工作，甚至造成设备损坏或人身事故。电路出现故障时，应立即切断电源，然后进行检查，检查故障的一般方法如下。

① 线路的检查：检查接线是否正确，元器件的额定值是否合适，仪表规格、量限是否选择合适等。

② 用万用表电阻挡检查故障：切断线路的电源后，首先进行外观检查，查看各元器件是否有烧损或异常现象。再用万用表电阻挡检查各元器件，各元件引线、导线连接点是否断开，电路有无短路等。如遇复杂电路时，可以断开部分电路后再分步进行检查。

③ 用万用表电压挡检查故障：首先检查电源电压是否正常。如果电源电压正常，再逐点测量电位或逐段测量电压降，查出故障的位置，确定损坏元件。此法较为简单，也适用于交流电路。

（4）任务内容及步骤

① 按实训原理图 2.1.23 连接电路，将直流稳压电源通电预热，调节稳压电源的输出电压 U，从 0 开始缓慢地增加，一直到 10V，记下相应的电压表和电流表的读数 U_R、I，填入表 2.1.3 中。

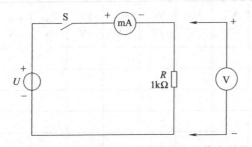

图 2.1.23　电路有载、空载两种状态的伏安测量

表 2.1.3　电阻元件电压、电流变化数据表

U_R/V	0	2	4	6	8	10
万用表或电压表挡位						
I/mA						
电流表挡位						

② 根据绘制出的电阻器伏安特性曲线，验证欧姆定律。

③ 按实训原理图 2.1.23 连接电路，测量电路有载、空载两种状态的特性，记下相应的电压表和电流表的读数 U_R、I，填入表 2.1.4 中。

表 2.1.4　有载、空载两种状态的伏安测量

线性电阻 （1kΩ）	有载	U_R/V				
		I/mA				
	空载	U_R/V				
		I/mA				

④ 按图 2.1.24 接线。根据电路已知条件，计算出表 2.1.5 中的理论值。

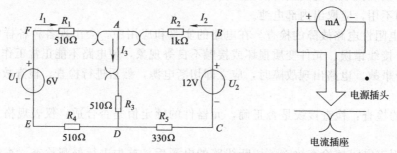

图 2.1.24　电压、电位及电流的测量

⑤ 分别将两路直流稳压电源接入电路，令 $U_1 = 6\text{V}$，$U_2 = 12\text{V}$（先调准输出电压值，再接入实验线路中）。

⑥ 以图 2.1.24 中的 A 点作为电位的参考点，分别测量 B、C、D、E、F 各点的电位值 V 及相邻两点之间的电压值 U_{AB}、U_{BC}、U_{CD}、U_{DE}、U_{EF} 及 U_{FA}，数据列于表 2.1.5 中。

⑦ 以 D 点作为参考点，重复实验内容②的测量，测得数据列于表 2.1.5 中。

表 2.1.5　电位和电压的测量

电位 参考点	V 与 U	V_A /V	V_B /V	V_C /V	V_D /V	V_E /V	V_F /V	U_{AB} /V	U_{BC} /V	U_{CD} /V	U_{DE} /V	U_{EF} /V	U_{FA} /V
	计算值												
A	测量值												
	相对误差												
	计算值												
D	测量值												
	相对误差												

⑧ 测量各支路电流，记录测量数据于表 2.1.6 中。

表 2.1.6　电流测量

I_1/mA	I_2/mA	I_3/mA

⑨ 在图 2.1.24 中设置 3 个故障点。通过测量的数据，找出电路的故障点，分析故障产生的原因。测量的数据填入表 2.1.7 中。

表 2.1.7 电路不同故障下的测量

故障点	1	2	3
U/V			
I/mA			
故障原因			

(5) 注意事项

① 仪器调零。

② 电压表、电流表的正确连接。进行不同项目时，应先估算电压和电流值，合理选择仪表的量程，勿使仪表超量程，仪表的极性亦不可接错。

③ 使用万用表时应注意挡位及量限的选择。

④ 测量电位时，用指针式万用表的直流电压挡或用直流电压表测量时，用负表棒（黑色）接参考电位点，用正表棒（红色）接被测各点。若指针正向偏转，则表明该点电位为正（即高于参考点电位）；若指针反向偏转，此时应调换万用表的表棒，然后读出数值，此时在电位值之前应加一负号（表明该点电位低于参考点电位）；测量过程中电压表、电流表的指针反偏，要及时调换表笔，并在测量值前加一负号。

⑤ 实际电压源不允许短路。

⑥ 读数的准确性及可靠性。

(6) 思考题

① 图 2.1.24 中，若以 F 点为参考电位点，实验测得各点的电位值；现令 E 点作为参考电位点，试问此时各点的电位值应有何变化？

② 根据万用表直流电压挡的准确度以及所选用的量限，计算测量稳压电源输出直流电压 12V 时，可能出现的最大相对误差。

③ 怎样防止万用表在使用中损坏？

④ 用万用表测电压、电流，若不知具体数值，应如何选择量限？

⑤ 电路有三种状态，在短路状态下能够进行测量吗？为什么？

⑥ 测量误差产生的原因是什么？

2. 功率的测量

(1) 任务要求。正确使用功率表；根据给定电路正确接线，使电路正常运行；正确测试功率；加深对功率的理解；撰写测试报告。

(2) 仪器、设备、元器件及材料。电源；功率表；电阻或灯泡；通用电工实训台。

(3) 任务原理与说明。功率的测量使用功率表（又称瓦特表）。相对于电压表、电流表，功率表必须反映电流、电压两个物理量（交流电路中还必须考虑功率因数大小）。

(4) 任务内容及步骤

1) 选择。功率表的选择主要是指量程的选择，即正确选择功率表的电流量程和电压量程。其原则是：电流量程能允许通过负载电流，电压量程能承受负载电压。

2) 接线。按图 2.1.25 接线。功率的测量必须反映电压、电流两个物理量，因而在表内分别设有电压线圈和电流线圈。这两个线圈在表的板面上各有两组接线柱，且其中均有一端标有符号"*"。

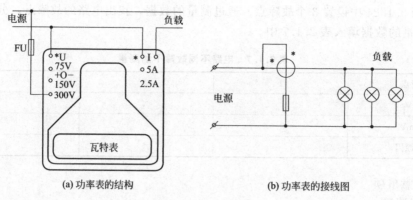

(a) 功率表的结构　　　　　　　　　　　　(b) 功率表的接线图

图 2.1.25　功率表

3）正确读取数据。所选择的电压、电流的量程的乘积为功率表的满偏数值。

（5）注意事项

① 仪器调零。

② 功率表接线必须把握的两条原则是：电压线圈与被测电路并联，电流线圈与被测电路串联（切不可与负载并联！）；带有"＊"标号的电压、电流接线柱必须同为进线。

③ 读数的准确性及可靠性。

（6）思考题

测量误差产生的原因是什么？

3. 手电筒的制作

（1）任务要求。绘制手电筒电路图，根据电路图连接电子元件，制作手电筒；测试手电筒电路；撰写制作报告。

（2）仪器、设备、元器件及材料。2节干电池、导线、电珠、LED、手电筒身（外壳）、开关、电位器、电路板、导热硅脂或硅胶、金属光杯（需要绝缘片）、电烙铁、镊子、尖嘴钳、小刀、酒精、脱脂棉、防静电腕带、焊锡丝、松香焊锡膏等必备；万用表；放大镜、吸锡带、注射器、硬毛刷、气吹等可选用。

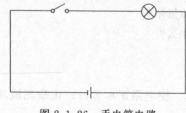

（3）任务原理与说明。手电筒电路如图 2.1.26 所示。

（4）任务内容及步骤

1）普通手电筒的制作。根据电路图 2.1.26 将各电子元件连接。按下开关，如果小电珠亮，说明电路连接没有问题。通过给电路里面添加电位器，来分别改变电流的大小，用万用表测量三组数据，了解电流、电压与电阻之间的关系。

图 2.1.26　手电筒电路

2）LED 手电筒的制作

① 取出电路仓，导线的两根引线从小孔穿入。部分电路仓与电路在尺寸上或许会有少许出入，所以需要制作者自己进行改造，可以磨小电路板，也可以扩大电路仓内径。

② 在电路仓上端涂上导热硅脂，把 LED 放上去，然后对 LED 进行焊接，其中红色导线接正极，黑色导线接负极。

③ 焊接以后，不必急于放入电筒，先进行测试。用电池顶住电路的正极，准备一根导线，一端压在电池的负极，一端去碰电路仓壁。如果能亮，说明制作已经成功了一半。（如果不亮，在电路板没有问题的情况下，说明电路板的负极圈没有接触到电路仓壁，可以在负极圈上一点

焊锡，增加接触面积）

④ 电路仓安装完毕以后，使用金属光杯的，在 LED 上面放上绝缘片，如果是塑料光杯的则不必使用绝缘片。然后放入电筒。同时，一些配件如玻璃片、O 圈都要放入，最后拧紧。

⑤电筒测试。这是制作的最后一步，也是至关重要的一步。手电筒装完以后，顺利的话，到第四步就完成了，但是有些电筒由于本身外壳设计的缘故或者安装的缘故，会导致手电筒接触不良或者不稳定。这需要制作者自己慢慢琢磨思考。一般问题出现在端面导电或螺纹导电上，还有开关上。

3）电烙铁的使用

① 选用合适的焊锡。应选用焊接电子元件用的低熔点焊锡丝。

② 助焊剂。把 25％的松香溶解在 75％的酒精（重量比）中作为助焊剂。

③ 新的电烙铁在使用前要挂锡，就是用锉刀锉一下烙铁的尖头，接通电源后等一会儿烙铁头的颜色会变，证明烙铁发热了，然后用焊锡丝放在烙铁尖头上镀上锡，使烙铁不易被氧化。

4）焊接方法

① 控制好焊接的时间。电烙铁停留的时间太短，焊锡不易完全熔化、接触，易形成"虚焊"；而焊接时间太长，又容易损坏元器件或使印制电路板的铜箔翘起。一般 1～2s 内要焊好一个焊点，若未完成，应等一会儿再焊一次。焊接时电烙铁不能移动，要先选好接触焊点的位置，再用烙铁头的烫锡面去接触焊点。

② 焊点应呈正弦波峰形状，表面应光亮圆滑，无锡刺，锡量适中。

③ 焊接完成后，要用酒精把线路板上残余的助焊剂清洗干净，以防炭化后的助焊剂影响电路正常工作。

④ 集成电路应最后焊接，电烙铁要可靠接地，或断电后利用余热焊接。

⑤ 电烙铁应放在烙铁架上。

（5）思考题。如何制作可调亮度的 LED 手电筒呢？

四、任务考评

评分标准见表 2.1.8。

表 2.1.8　评分标准

序号	考核内容	考核项目	配分	检测标准	得分
1	电路的基本物理量及相关知识	(1)电压、电位、电动势、电流、电功率的基本概念 (2)电压、电位、电动势、电流方向的规定,参考方向的意义	20 分	(1)能叙述电压、电位、电动势、电流、电功率的基本概念(10分) (2)能说明电压、电位、电动势、参考方向的意义(10分)	
2	欧姆定律	(1)欧姆定律、全电路欧姆律、焦耳定律的物理意义 (2)电路三种状态的特点	20 分	(1)能叙述欧姆定律、全电路欧姆定律的物理意义(10分) (2)能说明电路三种状态的特性(10分)	
3	电压与电位、电流的测量;伏安特性测量及欧姆定律的验证;功率的测量;手电筒的制作	(1)检测、制作前的准备工作 (2)检测、制作步骤与方法 (3)操作使用的注意事项	60 分	(1)会检查仪器的性能(10分) (2)会操作仪器测量电压与电位、电流(20分) (3)能制作手电筒(20分) (4)能说明操作使用的注意事项(10分)	
		合计	100 分		

五、知识拓展

1. 数字式万用表

以 DT-830 型数字式万用表（见图 2.1.27）为例来说明它的测量范围和使用方法。

图 2.1.27　数字式万用表

（1）测量范围

① 直流电压分为五挡：200mV，2V，20V，200V，1000V。

② 交流电压分为五挡：200mV，2V，20V，200V，750V。

③ 直流电流分为五挡：200μA，2mA，20mA，200mA，10A。

④ 交流电流分为五挡：200μA，2mA，20mA，200mA，10A。

⑤ 电阻分为六挡：200Ω，2kΩ，20kΩ，200kΩ，2MΩ，20MΩ。

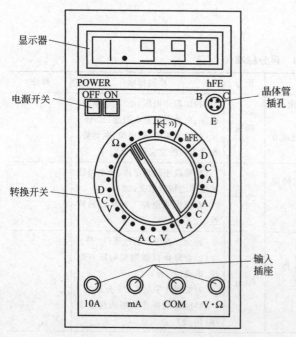

图 2.1.28　DT-830 型数字式万用表的面板

（2）面板说明（见图 2.1.28）

1）显示器：显示四位数字，最高位只能显示 1 或不显示数字，算半位，故称三位半 $\left(3\dfrac{1}{2}\right)$。最大指示为 1999 或 −1999。当被测量超过最大指示值时，显示"1"或"−1"。

2）电源开关：使用时将开关置于"ON"位置；使用完毕置于"OFF"位置。

3）转换开关：用以选择功能和量程。根据被测的电量（电压、电流、电阻等）选择相应的功能位；按被测量程的大小选择合适的量程。

4）输入插座：将黑色测试笔插入"COM"的插座。红色测试笔有如下三种插法，测量电压和电阻时插入"V·Ω"插座；测量小于 200mA 的电流时插入"mA"插座；测量大于 200mA 的电流时插入"10A"插座。

（3）注意事项

若显示值前带"－"号，则说明被测电压或电流的极性反了，应予以更正。

若显示屏左端出现"1"或"－1"的提示字样，则说明输入超量程了，应予以调整。

使用时，黑表笔应置于"COM"插孔，红表笔依被测种类和大小置于"V·Ω""mA"或"10A"插孔。

当显示屏出现"LOBAT"或"←"时，表明电池电压不足，应予以更换；若测量电流时，没有读数，应检查熔丝是否熔断；测量完毕，应关上电源，即将电源开关（POWER）置"OFF"（关）状态；若长期不用，应将电池取出；不宜在日光及高温、高湿环境下使用与存放（工作温度为 0～40℃，湿度为 80％）；使用时应轻拿轻放。

2. 用普通白炽灯检测电器故障

当电器中的熔体断了以后，不能随意换上一个熔体。因为若熔体烧掉是由于电器内部短路而导致的故障，换上新熔体后易将故障进一步扩大。可用一盏功率较大的白炽灯来暂时充当熔体，可比较安全方便地知道该电器是否真的有问题。若白炽灯发光暗淡，说明该电器无短路故障；反之，白炽灯较亮，表明电器可能有短路性故障；如果电器是开关电源供电的，在通电的瞬间，灯稍亮一下，然后很快地暗下来，这是正常现象。从通电瞬间白炽灯的亮度，还可以大略估计该电器的启动电流。

但上述方法不太适用于电动机类电器。

六、思考与练习

1.电路是_____流过的路径，它对电能实现_____和_____，对信号进行_____和_____。

2.电源内部的电路，叫做_____电路，其两端的电压，叫做_____电压，其方向与电源的电动势的方向相_____。电源以外的电路，叫做_____电路，它是从电源的_____极经_____再加到电源的_____极的一段电路。

3.电路模型是由_____电源和_____电路元件构成的，它与实际电路是_____的。

4.所谓理想元件是对元件的电磁性能，_____其主要性能，_____其次要性能，在一定条件下进行科学的_____而得到的模型。

5.电流是_____有规则运动的物理现象，习惯上把_____运动的方向定为电流的_____方向。

6.电场力将_____电荷从一点移到另一点所做的功与该电荷量的_____值，定义为两点之间的_____，它的实际方向是从_____电位指向_____电位。

7.对于电流等这种具有两种可能方向的物理量，可以任选其中一个方向作为_____方向。并且规定：当实际方向与_____方向一致时，电流为_____值，否则为_____值；若电流为_____值，则表明这两个方向是_____的，否则是_____的。

8.一个元件上或一段电路的欧姆定律 $I =$ _____；而含有电源的电路的欧姆定律 $I =$ _____。

9.功率 P 是_____量，当元件两端电压与流过的电流采用关联方向时，应用 $P =$ _____，否则应用 $P =$ _____。如果 P 值为正，则该元件是_____，_____功率；若为负，则该元件是_____，_____功率。

10.电位是电路中某一点相对于_____点的电位差，电压是电路中_____两点的电位差。某一点的电位因所选取参考点的_____而_____，电压则不因参考点的_____

而_____。

11. 电路中负载获得最大功率的条件是_____。

12. 电路元件的额定值与其实际值相比较，电路的"有载"工作状态可分为：_____载、_____载和_____载三种情况。其中实际值_____额定值的称为_____载，会损坏电气设备。

13. 开路是 $R=$_____时的电路工作状态，短路是 $R=$_____时的电路工作状态。

14. 求图 2.1.29 电路中的 U、R、I，并指出电压和电流的实际方向与参考方向是否一致。

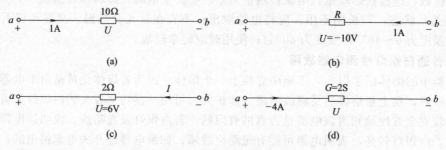

图 2.1.29　题 14 的电路

15. 求图 2.1.30 的电路中开关 S 断开及接通时 A 点的电位。$R_1=1\Omega$，$R_2=2\Omega$，$R_3=3\Omega$。

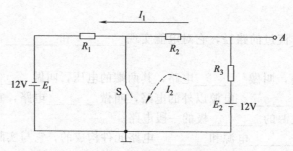

图 2.1.30　题 15 的电路

16. 在图 2.1.31 的电路中，求 A、B、C 各点的电位。⊥表示"接地"为零电位参考点。

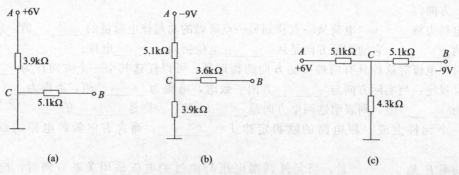

图 2.1.31　题 16 的电路

17. 空间有 a、b、c 三点。已知 $U_{ab}=4V$，$U_{ac}=-2V$，若分别以 a 点和 b 点作电位参考点，求 a、b、c 三点的电位，这时 U_{bc} 是多少？

18. 电路如图 2.1.32 所示，已知 $U_{bc}=8V$，$U_{cd}=4V$，$U_{de}=-6V$，$U_{ef}=-10V$，$I_3=$

3A，求 I_1、I_2、U_{ab}、U_{ad}。

19. 求图 2.1.33 所示电路中的电压 U。

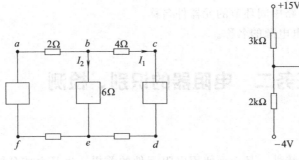

图 2.1.32　题 18 的电路　　　图 2.1.33　题 19 的电路

20. 在图 2.1.34 的电路中，方框代表电源或电阻。各电压、电流的参考方向已标在图上。已知 $I_1 = 2A$，$I_2 = 1A$，$I_3 = -1A$，$U_1 = 1V$，$U_2 = -3V$，$U_3 = 8V$，$U_4 = -4V$，$U_5 = 7V$，$U_6 = -3V$。求：（1）a 点与 c 点，c 点与 e 点之间电压的大小及实际极性。（2）各个方框的功率，并说明各方框是电源还是负载。（3）电路消耗的总功率与产生的总功率是否平衡？

21. 在图 2.1.35 中，虚线框为电动势为 E、内阻为 R_0 的直流电源，负载为可调电阻器（电位器）R_L。当 R_L 的滑动头分别滑到使 $R_L = 5\Omega$、10Ω、15Ω 时，R_L 上消耗的功率是多少？何时最大？

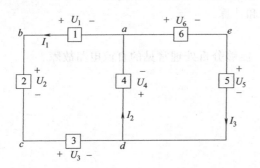

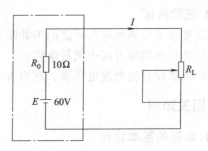

图 2.1.34　题 20 的电路　　　图 2.1.35　题 21 的电路

22. 有一个 220V、60W 的灯泡，接在 220V 电源上。求灯泡的电阻及每天用 3 小时、一个月 30 天消耗多少电能？

23. 为了测量电池的电动势 E 和内阻 R_0，采用如图 2.1.36 的实验电路。若 S 断开时，电压表的读数为 6V；S 合上时，电压表的读数为 5.8V，安培表的读数为 0.4A。试求 E 和 R_0。

24. 如何扩大电压表的量程？若将电压表与被测电路串联，其结果如何？

25. 如何扩大电流表的量程？若将电流表与被测电路并联，其后果如何？

26. 在万用表使用过程中，何谓机械调零？何谓电调零？有何区别？若在电调零时不能将指针调至 "0" 位置，

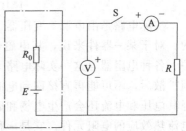

图 2.1.36　题 23 的电路

应如何处理？

    27. 使用数字式万用表时，应注意哪些事项？

    28. 请写出 10 种属于电路负载的用电设备名称。

    29. 请写出 10 种属于电路中间环节的元器件名称。

    30. 请写出几种日常供电电源的名称。

任务二　电阻器的识别、检测

一、任务分析

认识电阻元件并了解其特性，是正确使用电阻元件的前提，也是电路分析、设计的基础。为满足不同的需要，电阻元件有不同的连接方式。常见的连接方式有串联、并联、星形连接和三角形连接等。因此有必要了解各种连接方式的特点。

通过不同标示电阻实物的认识，掌握电阻参数代表的意义；通过万用表测量电阻的方法，学会判断电阻器的质量及阻值的测量；借助电工仪表进行不同类型电阻的测量，完成不同标示电阻的识别与质量的检测。

1. 知识目标

① 掌握电阻的标识、符号，能识别、检测电阻元件。

② 掌握电阻定律。

③ 掌握电阻串、并联电路的性质和作用；掌握混联电路的等效简化和计算。

④ 掌握电阻星形/三角形连接的等效变换和计算。

2. 技能目标

① 能够正确熟练进行电路的串并联连接，能够分析处理常见的直流电路故障。

② 会正确使用万用表测量电阻。

③ 能制作直流电流电压表、欧姆表。

二、相关知识

1. 电阻的基本特性

电阻是电路中重要的参数之一，实际上是表征材料（或器件）对电流呈现阻力、损耗能量的一种参数。在实际电路中，电流的流动并不是畅通无阻的，如在金属材料绕制的电阻器中，电流通过导体时，不断和原子或分子碰撞受到阻碍作用，当然也就有能量损失，电阻就是表示某导体对电流阻碍作用大小的物理量。国际单位 SI 制中电阻单位为欧姆（Ω），简称欧。电阻单位还有千欧（kΩ）和兆欧（MΩ），它们之间的转换关系为：

$$1M\Omega = 10^3 k\Omega \qquad\qquad 1k\Omega = 10^3 \Omega$$

实际电路是由电源、变压器、开关、半导体器件以及电动机、电灯等各种电气器件所组成的。对于某一器件来说，其电磁性能都比较复杂，不是单一的。例如：白炽灯、电烙铁、电炉、各种电阻器等这一实际电路元件，它们在通电工作时，能把电能转换成热能，而热能向周围扩散后，不可能再直接回到电源而转换为电能。其性质主要是消耗电能，具有电阻的性质，但其电压和电流还会产生电场和磁场。我们忽略其次要因素，只抓住其主要性质，抽象出反映电流热效应的电阻元件。它是一种耗能元件。

一方面，利用电流的热效应，可以制成电炉、电饭煲、电烙铁等电热器件；另一方面，当电流流经电气设备时，会引起温度的升高，加速绝缘材料的老化，降低设备的使用寿命，严重时还会烧坏设备甚至引起电火灾。

电阻定律：导体的电阻与它们的几何尺寸和材料有关。在一定温度下，一段截面均匀、材料相同的导体电阻为

$$R = \rho \frac{l}{A}$$

$$(2.2.1)$$

式中，长度 l 的单位是米（m）；横截面积 A 的单位为平方米（m^2）；ρ 为电阻率，它与材料的性质有关，单位为欧·米（Ω·m）。各种不同材料的电阻率 ρ 是不同的，可参看表 2.2.1。

表 2.2.1 列出了一些常用材料的电阻率，由表中所列数据看出，金属银、铜、铝电阻率较小，其中铜、铝被广泛用来制造各种导线、电机、变压器、电器的线圈及各种导电元器件；银的电阻率虽然最小，但由于价格较贵，只在有特殊要求的场合下应用，如制作半导体器件的引线、电器的触点等。电阻率比较高的材料主要用来制造各种电阻元件，例如镍铬合金及镍铬铝合金电阻率较大，并有长期承受高温的能力，因此常用来制造各种电热器件如电炉、电熨斗、电热水器、电吹风等的发热电阻丝。而塑料、云母、陶瓷电阻率很大，是常用的绝缘材料。

表 2.2.1　一些常用材料电阻率与电阻温度系数（20℃）

材料名称	电阻率 ρ/Ω·m	电阻温度系数/℃$^{-1}$	材料名称	电阻率 ρ/Ω·m	电阻温度系数/℃$^{-1}$
银	1.59×10^{-8}	3.8×10^{-3}	锰铜	0.47×10^{-6}	4.0×10^{-5}
铜	1.69×10^{-8}	3.93×10^{-3}	镍铬合金	1.09×10^{-6}	7.0×10^{-5}
铝	2.65×10^{-8}	4.23×10^{-3}	镍铬铝合金	1.26×10^{-6}	12.0×10^{-5}
钨	5.48×10^{-8}	4.5×10^{-3}	碳	10×10^{-6}	-5×10^{-4}
铂	10.5×10^{-8}	3.0×10^{-3}	塑料	$10^{15} \sim 10^{16}$	
铁	9.78×10^{-8}	5.0×10^{-3}	陶瓷	$10^{12} \sim 10^{13}$	
康铜	0.48×10^{-6}	5.0×10^{-5}	云母	$10^{11} \sim 10^{15}$	

表 2.2.1 中所列的部分材料均是在室温（20℃）时的数据，如果材料纯度成分不同则会有差异，当外界条件发生变化时，材料的导电性能会发生很大变化。例如有些物质，温度低于某一数值时，其电阻率就会趋向于零，成为导体。而电压超过绝缘材料允许的电压值时，绝缘材料就会被击穿，失去绝缘作用而成为导体。

【例 2.2.1】　某直流电路长 200m，当通过 10A 的电流时，要求在线路上引起的电压降不超过 15V，若输电线系明敷的铜线，试计算导线直径的最小值。

解：输电线电阻

$$R = \frac{U}{I} = \frac{15}{10}\Omega = 1.5\Omega$$

由

$$R = \rho \frac{l}{A}$$

查表 2.2.1，则

$$A = \frac{\rho l}{R} = \frac{1.69 \times 10^{-8} \times 200}{1.5} = 2.25 \times 10^{-6}(\text{m}^2) = 2.25(\text{mm}^2)$$

故

$$d = \sqrt{\frac{4A}{\pi}} = \sqrt{\frac{4 \times 2.25}{3.14}}(\text{mm}) = 1.69(\text{mm})$$

根据计算值，查电工手册可选出合适的导线。

2. 电阻温度系数

导体电阻与温度有关，当温度升高时，金属导体中原子和分子热运动加速，对电流产生较

大的阻力，所以电阻增大。而在半导体器件中的载流子（自由电子和空穴）数量增多，导电能力增强，电阻反而降低，导体电阻随温度变化的性质可用电阻温度系数表示。对于某种材料的温度系数定义为，温度变换 $1℃$ 时其电阻的增加值与原来电阻值的比值，叫做电阻温度系数，用 α 表示，电阻温度系数的单位是 $℃^{-1}$。一般来讲，对于大多数金属材料，在 $0\sim100℃$ 范围内电阻温度系数变化不大，可视为常数。由表 2.2.1 可以看出少数铜合金（康铜、锰铜）的电阻温度系数很小，具有较好的热稳定性，可用于制作标准电阻、滑线变阻器测量仪表中的分流器和分压器等；铂、铜具有较大的温度系数，性能稳定，可用于制作热电阻温度计；半导体电阻温度系数为负值，绝对值很大，常用于制作热敏电阻。

另外还有一些物质，例如某些半导体、碳导体、电解液等，当温度升高时，其电阻反而减小，称为负温度系数。常用在电子线路中作温度补偿元件。

根据 α 的定义，电阻的温度系数表示为：

$$\alpha=\frac{R_2-R_1}{R_1(t_2-t_1)} \tag{2.2.2}$$

式中，R_1 为导体对应于温度 t_1 时的电阻，Ω；R_2 为导体对应于温度 t_2 时的电阻，Ω。

如果已知温度 t_1 时电阻为 R_1，求 t_2 时电阻 R_2，则式（2.2.2）又可写成：

$$R_2=R_1[1+\alpha(t_2-t_1)] \tag{2.2.3}$$

许多电气设备（如电动机、变压器等）在使用过程中会发热，利用式（2.2.3）通过测量其线圈电阻的变化，即可方便地测量其温度的变化。

【例 2.2.2】 发电机内部常装有铂丝制成的电阻温度计，用于测量发电机运行中其内部的温度。如果在 $20℃$ 时测得铂丝元件的电阻为 49.5Ω，在发电机工作后某一时间，测得电阻为 58.4Ω，试求这时发电机的内部温度。

解：由式（2.2.3）可以导出

$$t_2=\frac{R_2-R_1}{\alpha R_1}+t_1$$

将 $R_2=58.4\Omega$、$R_1=49.5\Omega$、$t_1=20℃$ 时，$\alpha=0.003℃^{-1}$（查表 2.2.1），代入得

$$t_2=\left(\frac{58.4-49.5}{0.003\times49.5}\right)℃+20℃\approx80℃$$

发电机的允许温度为 $105℃$，所以此时发电机可以安全运行。

3. 线性电阻与非线性电阻

（1）线性电阻。电流和电压成正比的电阻元件叫做线性电阻元件，R 是一个常数。元件的电流与电压的关系曲线叫做元件的伏安特性，记为 VCR。线性电阻元件的伏安特性为通过原点的直线，如图 2.2.1 所示。本书主要介绍线性元件及含线性元件的电路，以后如不加说明，电阻元件皆指线性元件。

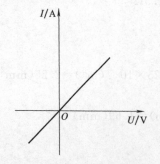

图 2.2.1 线性电阻元件伏安特性

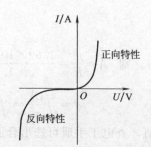

图 2.2.2 非线性电阻元件伏安特性

（2）非线性电阻。严格地讲，线性电阻是不存在的，因为金属导体通过不同的电流时，其导体的温度就不一样，由于金属导体电阻是随温度变化的，就不能保持为常数。但在一定的电流、电压范围内这种变化是很小的，所以，电阻可以用线性电阻作为它的模型。

半导体二极管是一种非线性电阻，其伏安特性曲线与直线相差很大，如图 2.2.2 所示。

（3）将图 2.2.1 与图 2.2.2 进行比较，有以下特点。

① 线性电阻具有双向性，对称于原点，说明器件对不同方向的电流或电压其特性是一样的。

② 线性电阻的两个端钮没有区别。

③ 半导体二极管具有双向性，对原点不对称，说明器件对不同方向的电流或电压其特性是不同的。

④ 半导体二极管的两个端钮有正、负极性，电流从正极流向负极时，电阻很小（正向特性）；电流从负极流向正极时，电阻很大（反向特性）。在实际电路中，可以把它看作一个电子开关，正向连接时，电阻为零相当于电子开关闭合起短路作用。反向连接时，电阻为无穷大，相当于电子开关断开，起开路作用。

4. 电导

电导是反映导电能力的一个物理量，其数值为电阻的倒数，即

$$G = \frac{1}{R} \tag{2.2.4}$$

在国际单位 SI 制中，电导的单位为 S（西门子，简称西），而 $1S = 1\Omega^{-1}$。

5. 电阻器的种类

电阻器简称"电阻"，它是"阻碍"电流流动、消耗电能的一种器件，用字母 R 表示。其作用为：降低电压、分配电压、限制电流、分配电流、与电容配合作滤波器及阻抗匹配等。电阻器是电子设备中应用最广泛的元件之一。

电阻器按结构可分为固定电阻、可变电阻和敏感电阻；按材料和使用性质可分为膜式电阻、线绕电阻、碳质电阻、热敏电阻、光敏电阻、压敏电阻；按特性可分为线性电阻和非线性电阻等。常见电阻器的外形见图 2.2.3。图 2.2.4 为固定式和可变式电阻器外形，图 2.2.5 为电阻箱的外形。

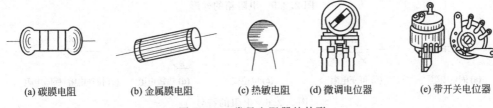

(a) 碳膜电阻　　(b) 金属膜电阻　　(c) 热敏电阻　(d) 微调电位器　　(e) 带开关电位器

图 2.2.3　常见电阻器的外形

如图 2.2.6 所示为电阻的符号。

（1）固定电阻。电阻值不可调整的电阻称为固定电阻。常见的固定电阻有以下几种。

1）碳膜电阻（R_T）。碳膜电阻是以陶瓷管作骨架，在真空和高温下，沉积一层碳膜作导电膜，陶瓷管两端装上金属帽盖和引线，一般涂有橙色或绿色保护漆。碳膜电阻的主要特点是稳定性好、噪声低、价格便宜、阻值范围宽，适用于高频电路。

2）金属膜电阻（R_J）。金属膜电阻是用真空蒸发法或烧结法在陶瓷骨架上覆盖一层金属膜。它的各方面性能均优于碳膜电阻，且体积小于同功率的碳膜电阻。它广泛应用在稳定性及可靠性要求高的电路中。

3）金属氧化膜电阻（R_Y）。金属氧化膜电阻的结构与金属膜电阻相似，不同的是导电膜

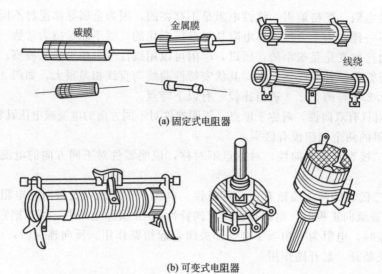

(a) 固定式电阻器

(b) 可变式电阻器

图 2.2.4　固定式和可变式电阻器外形

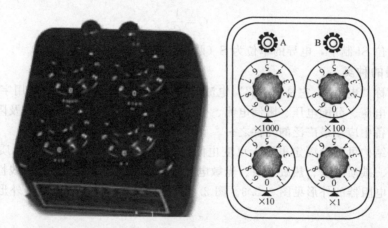

图 2.2.5　电阻箱的外形

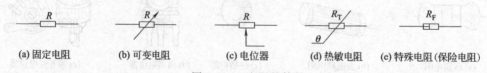

(a) 固定电阻　　(b) 可变电阻　　(c) 电位器　　(d) 热敏电阻　　(e) 特殊电阻(保险电阻)

图 2.2.6　电阻的符号

为一层氧化锡薄膜，其特点是性能可靠、过负荷能力强、功率大。

4）实心碳质电阻（R_S）。实心碳质电阻是用石墨粉作导电材料，用黏土、石棉作填充剂，另加有机黏合剂，经加热压制而成。其优点是过负荷能力强、可靠性较高；其缺点是噪声大、精度差、分布电容和分布电感大，不适宜要求较高的电路。

5）线绕电阻（R_X）。线绕电阻是用金属电阻丝绕制在陶瓷或其他绝缘材料的骨架上，表面涂以保护漆或玻璃釉制作而成的。线绕电阻的优点是阻值精确、功率范围大、工作稳定可靠、噪声小、耐热性能好，主要用于精密和大功率场合；其缺点是体积大、高频功能差、时间常数大、自身电感较大，不适用于高频电路。

（2）电位器（可变电阻）。电位器实际上就是一个连续可调的电阻器，是靠滑动臂的接触刷在电阻体上滑动而获得变化的电阻值。电位器的种类很多，其结构形式也多种多样，如碳膜电位器、有机实芯电位器、线绕电位器、多圈电位器、带开关电位器、同轴电位器等。

6. 电阻器和电位器的型号命名方法

根据国家标准，规定电阻器的型号由四部分组成，各部分的意义如图2.2.7所示。

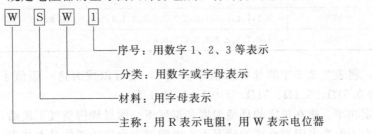

图 2.2.7　电阻器的型号命名方法

在实际选用电阻器时，主要考查前三部分，其型号命名及意义见表2.2.2。

表 2.2.2　电阻器和电位器的型号命名及意义

电阻器和电位器的型号命名方法						
第一部分		第二部分		第三部分		第四部分
用字母表示主称		用字母表示材料		用数字或字母表示分类		用数字表示序号
符号	意义	符号	意义	符号	意义	
R	电阻器	T	碳膜	1	普通	常用个位数表示,也可以不加数字
		P	硼碳膜	2	普通	
		U	硅碳膜	3	超高频	
		H	合成膜	4	高阻	
		I	玻璃釉膜	5	高温	
		J	金属膜(箔)	7	精密	
		Y	氧化膜	8	电阻:高压 电位器:特殊	
W	电位器	S	有机实芯	9	特殊	
		N	无机实芯	G	高功率	
		X	线绕	T	可调	
		C	沉积膜	X	电阻:小型	
		G	光敏	L	电阻:测量用	
				W	电位器:微调	
				D	电位器:多圈	

7. 电阻器的主要参数

电阻元件的主要参数有标称阻值、允许误差、额定功率（也称耗散功率）。

（1）标称阻值。标在电阻器上的电阻值简称标称阻值。

（2）允许误差。电阻器的实际值对于标称阻值的最大允许偏差范围称为电阻器的允许误差，它表示产品的精度。通用电阻器的标称阻值系列和允许误差等级见表2.2.3。任何电阻器的标称阻值都应符合表2.2.3所列数值乘以 10^n，其中 n 为整数。精密电阻的误差等级有 $\pm0.05\%$、$\pm0.2\%$、$\pm0.5\%$、$\pm1\%$、$\pm2\%$ 等。

表 2.2.3　通用电阻器的标称阻值系列和允许误差等级

系列	允许误差	标称阻值/Ω
E24	±5%	1.0,1.1,1.2,1.3,1.5,1.6,1.8,2.0,2.2,2.4,2.7,3.0,3.3,3.6,3.9,4.3,4.7,5.1, 5.6,6.2,6.8,7.5,8.2,9.1
E12	±10%	1.1,1.2,1.5,1.8,2.2,2.7,3.3,3.9,4.7,5.6,6.8,8.2
E6	±20%	1.0,1.5,2.2,3.3,4.7,6.8

使用时，将表 2.2.3 中的标称阻值乘以 10^n，就可以成为这一阻值系列，例如 E24 系列 5.1，可以为 0.51Ω、5.1Ω、51Ω、510Ω、$5.1\mathrm{k}\Omega$ 等。

（3）额定功率。指在规定的环境温度和湿度下，假设周围空气不流通，在长期连续工作而不损坏或基本不改变电阻器性能的情况下，电阻器上允许消耗的最大功率。

8. 电阻器的标志识别

电阻元件的阻值常标示于其外表面，方法有以下三种。

（1）直标法。即直接用数字和符号表示电阻器的阻值和误差，例如，电阻器上印有 $68\mathrm{k}\Omega\pm5\%$，则阻值为 $68\mathrm{k}\Omega$，误差为 $\pm5\%$。

（2）文字符号法。将字母和数字两者有规律地组合起来表示出电阻器的阻值与允许误差，标注在电阻体表面，如图 2.2.8 所示，最后的字母或数字表示允许误差。

电阻值0.33Ω，　　　　　电阻值1.8kΩ，　　　　　电阻值4.7Ω，
允许误差为±1%　　　　　允许误差为±20%　　　　允许误差为±10%

图 2.2.8　文字符号法电阻的示意图

允许误差有：0 级表示 $\pm2\%$，Ⅰ级表示 $\pm5\%$，Ⅱ级表示 $\pm10\%$，Ⅲ级表示 $\pm20\%$。允许误差也可以用字母表示，见表 2.2.4。

表 2.2.4　电阻器文字符号表示的允许误差

文字符号	允许误差	文字符号	允许误差
B	±0.1%	J	±5%
C	±0.25%	K	±10%
D	±0.5%	M	±20%
F	±1%	N	±30%
G	±2%		

电阻器单位文字符号见表 2.2.5。

表 2.2.5　电阻器单位文字符号

文字符号	单　　位	文字符号	单　　位
R	欧姆	G	千兆欧姆
k	千欧姆	T	兆兆欧姆
M	兆欧姆		

（3）色标法。用不同颜色的色环表示电阻的阻值和误差，此即色码电阻。色码电阻上一般涂有四种（也有五种的）颜色的色环，图2.2.9所示电阻有4条色环，图2.2.10所示电阻有5条色环。其中有一条色环与别的色环间相距较大，且色环较粗，读数时应将其放在右边。每条色环表示的意义见表2.2.6，色环表格左边第一条色环表示第一个数字，第二条色环表示第二个数字，第三条色环表示第三个数字（4环电阻无此环），第四条色环表示乘数，第五条色环也就是离开较远并且较粗的色环，表示误差。

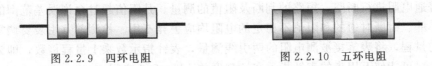

图 2.2.9　四环电阻　　　　　　　　　　图 2.2.10　五环电阻

表 2.2.6　五环电阻器色环颜色与数值对照表

色环颜色	Color	第一色环	第二色环	第三色环	第四色环	第五色环
		第一个数字	第二个数字	第三个数字（4环电阻无此环）	乘数	误差
黑	Black	0	0	0	10^0	
棕	Brown	1	1	1	10^1	±1%
红	Red	2	2	2	10^2	±2%
橙	Orange	3	3	3	10^3	
黄	Yellow	4	4	4	10^4	
绿	Green	5	5	5	10^5	±0.5%
蓝	Blue	6	6	6		±0.25%
紫	Purple	7	7	7		±0.1%
灰	Grey	8	8	8		
白	White	9	9	9		
金	Gold				10^{-1}	±5%
银	Silver				10^{-2}	±10%
无色						±20%

如图2.2.11所示，首先找出表示误差的、比较粗的、间距较远的色环将它放在右边。从左向右，前两条色环分别表示两个数字，第三条色环表示乘数，第四条表示误差，将所取电阻对照表格进行读数。比如第一条色环为棕色，表示1；第二条色环为绿色，表示5；第三条色环为红色，表示乘100；第四条色环为金色，表示误差为±5%。那么表示它的阻值是 $15 \times 10^2 \Omega \pm 5\% = 1.5k\Omega \pm 5\%$。

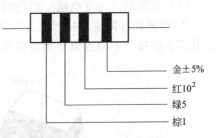

金±5%
红10^2
绿5
棕1

图 2.2.11　电阻的色环表示法

图2.2.10所示的电阻与图2.2.9所示的电阻相似，首先找出表示误差的、比较粗的而且间距较远的色环将它放在右边。从左向右，前三条色环分别表示三个数字，第四条色环表示乘数，第五条表示误差。比如：蓝、紫、绿、黄、棕表示 $675 \times 10^4 \Omega = 6.75M\Omega$，误差为±1%。

从上可知，金色和银色只能是乘数和允许误差，一定放在右边；表示允许误差的色环比别的色环稍宽，离别的色环稍远；本次实训使用的电阻大多数允许误差是±1%的，用棕色色环表示，因此棕色一般都在最右边。

9. 电阻器的检测

电阻器的主要故障有过流烧毁、变值断裂、引脚腐蚀、脱焊等。电位器还经常发生滑动触头与电阻片接触不良等问题。

（1）普通电阻的检测。万用表欧姆挡可以测量导体的电阻。欧姆挡用"Ω"表示，分为 $R \times 1$、$R \times 10$、$R \times 100$ 和 $R \times 1k$ 四挡。有些万用表还有 $R \times 10k$ 挡。将测量值与标识阻值比较，可对普通电阻进行断路、短路的判断及阻值的测量。凡阻值超过允许误差范围的、内部短路阻值变小的、时断时通的和阻值不稳定的电阻均应丢弃不用。检测前万用表要调零，调零后选择适当的量程，将表笔接被测电阻的两引线测量，表针指示数乘上量程倍数，即为被测电阻的阻值，应尽可能使万用表的表针指示在满刻度的 1/3～2/3 之间。

1) 使用万用表欧姆挡测电阻应遵循的步骤

① 首先观察外观。正常情况下，固定电阻外形端正，标识清晰，保护漆完好，颜色均匀，光泽好。

② 将选择开关置于 $R \times 100$ 挡，将两表笔短接调整欧姆挡零位调整旋钮，使表针指向电阻刻度线右端的零位。若指针无法调到零点，说明表内电池电压不足，应更换电池。

③ 用两表笔分别接触被测电阻两引脚进行测量。正确读出指针所指电阻的数值，再乘以倍率（$R \times 100$ 挡应乘 100，$R \times 1k$ 挡应乘 1000），就是被测电阻的阻值。

④ 为使测量较为准确，测量时应使指针指在刻度线中心位置附近。若指针偏角较小，应换用 $R \times 1k$ 挡；若指针偏角较大，应换用 $R \times 10$ 挡或 $R \times 1$ 挡。每次换挡后，应再次调整欧姆挡零位调整旋钮，然后再测量。

⑤ 测量结束后，应拔出表笔，将选择开关置于"OFF"挡或交流电压最大挡位。收好万用表。

2) 测量电阻时应注意的事项

① 被测电阻应从电路中拆下后再测量。

② 两只表笔不要长时间碰在一起。

③ 两只手不能同时接触两根表笔的金属杆或被测电阻两根引脚，最好用右手同时持两根表笔。

④ 长时间不使用欧姆挡，应将表中电池取出。

（2）电位器（可变电阻）的检测方法

① 检测标称阻值。用万用表的欧姆挡测"1""3"两端，其读数应为电位器的标称阻值，如万用表的指针不动或阻值相差很多，则表明该电位器已损坏，如图 2.2.12 所示。

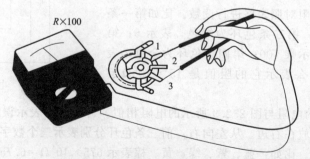

图 2.2.12　电位器的标称阻值的测量

② 检测电位器的活动臂与电阻片的接触是否良好。将万用表的任一表笔接电位器的滑动

端，另一表笔接任一固定端，即用万用表的欧姆挡测"1""2"（或"2""3"）两端，将电位器的转轴按逆时针方向旋至接近"关"的位置，这时电阻值越小越好。再顺时针慢慢旋转轴柄，电阻值应逐渐增大，表头中的指针应平稳移动。当轴柄旋至极端位置"3"时，阻值应接近电位器的标称值。如万用表的指针在电位器的轴柄转动过程中有跳动现象或摇摆不定，说明活动触点有接触不良的故障甚至断裂，应予以清洗（使用酒精）、修复或更换，如图 2.2.13所示。

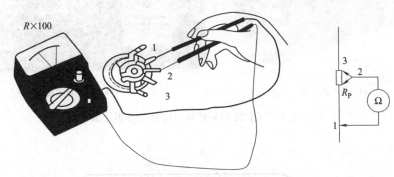

图 2.2.13　电位器的活动臂与电阻片的测量

（3）电阻的精密检测。直流单臂电桥的原理性电路如图 2.2.14 所示。

它是由四个电阻 R_a、R_b、R_0、R_x 连成一个四边形回路，这四个电阻称为电桥的四个"臂"。在这个四边形回路的一条对角线的顶点间接入直流工作电源，另一条对角线的顶点间接入检流计，这个支路一般称为"桥"。适当地调节 R_0 值，可使 C、D 两点电位相同，检流计中无电流流过，这时称电桥达到了平衡。在电桥平衡时有：

$$R_a I_a = R_b I_b$$
$$R_x I_x = R_0 I_0$$
$$且\ I_a = I_x, I_b = I_0$$

则上式整理可得：

$$R_x = R_0 R_a / R_b$$

为了计算方便，通常把 R_a/R_b 的比值选成 10^n（$n=0$，±1，±2，…）。

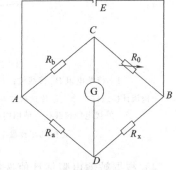

$$令\ k = R_a/R_b, 则\ R_x = kR_0 \qquad (2.2.5)$$

可见电桥平衡时，由已知的 R_a、R_b（或 k）及 R_0 值便可算出 R_x。常把 R_a、R_b 称为比例臂；k 为比例臂的倍率，称为比率臂；R_0 称为比较臂；R_x 称为待测臂。

图 2.2.14　直流单臂电桥的原理性电路

对于中值电阻（$10\Omega \sim 100k\Omega$）的精密测量可采用单臂电桥（又叫"惠斯通"电桥），图 2.2.15 为 QJ-23 型箱式单臂电桥的外形及面板。图 2.2.16 为 QJ-23 型箱式单臂电桥面板功能。

直流单臂电桥的使用方法如下。

1）使用前，先把检流计的锁扣打开（由内调到外），并调节调零器使指针指在零位。检查电桥检流计灵敏度旋钮在最小位置。

2）用万用表欧姆挡估计被测电阻的大致数值。

3）把被测电阻接在"R_x"的位置上，应采用较粗较短的导线，并将漆膜刮净、接头拧紧，以减小接线电阻和接触电阻，避免采用线夹。因为接头接触不良将使电桥的平衡不稳定，严重时可能损坏检流计。

(a) 单臂电桥外形　　　　　　　　　　　　　　　(b) 单臂电桥面板

图 2.2.15　QJ-23 型箱式单臂电桥的外形及面板

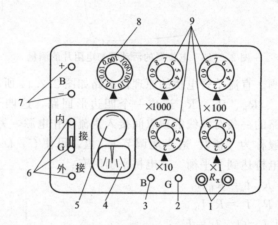

图 2.2.16　QJ-23 型箱式单臂电桥面板功能

1—待测电阻 R_x 接线柱；2—检流计按钮 G；3—电源按钮 B；4—检流计；5—检流计调零旋钮；
6—检流计接线柱（当连接片接通"外接"时，内附检流计被接入桥路；当连接片接通"内接"时，检流计被短路）；
7—外接电源接线柱（使用内电源时，该接线柱悬空）；8—比率臂，即电桥电路中 R_a/R_b 的比值 k，
直接刻在转盘上；9—比较臂，即电桥电路中电阻 R_0（本处为四个转盘）

4）根据被测电阻估计值选择适当的比率臂，使比较臂的四挡电阻都能被充分利用，这样容易把电桥调到平衡，并能保证测量结果的 4 位有效数字，从而提高测量准确度。

① 用万用表测量的被测电阻估计值约为几欧姆（1 位数）时，应选用 0.001 的比率臂。

② 被测电阻估计值为几十欧姆（2 位数）时，应选用 0.01 的比率臂。

③ 被测电阻为几百欧姆（3 位数）时，应选用 0.1 的比率臂。

④ 被测电阻为几千欧姆（4 位数）时，应选用 1 的比率臂。

5）测量电感电路的电阻时，应先按下电源按钮 B（旋转 90°可锁定），再瞬间按下检流计按钮 G（点接）。如果顺序搞反了，则由于被测品导电回路的电感作用产生一个很高的感应电动势，形成冲击电流，流入检流计的表头，有可能损坏表头，并使检流计指针打弯。

6）调整比较臂电阻使检流计指向零位，电桥平衡。若指针指"＋"，则需增加比较臂电阻；若指针指"—"，则需减小比较臂电阻。在电桥调平衡过程中，不要把检流计按钮按死，应每改变一次比较臂电阻，按一次按钮测量一次。

7）当检流计指示零位后，旋转灵敏度旋钮，逐渐提高灵敏度，在提高灵敏度时，检流计

指针可能会出现偏转，这时应及时调节可变电阻，使检流计指针保持指示零位。直至灵敏度旋钮调节至最大灵敏度位置，调节可变电阻，使检流计指针指示零位，测量结束。

8）读数：当指针为零时，被测电阻＝比例臂倍率读数×比较臂电阻。如果被测电阻的数值较小，为了提高测量准确度，可减去引线电阻的阻值，最后得出测量结果。

9）电桥使用测量完毕，对于电感电路的电阻，应先松开检流计按钮 G，后松开电源按钮 B，以免线圈的自感电动势损坏检流计。然后拆除被测电阻，最后将检流计锁扣锁上，以防搬动过程中检流计指针受震动导致损坏。

对于低值电阻（$10^{-5} \sim 10\Omega$）的精密测量可采用双臂电桥（又叫"凯尔文"电桥），图 2.2.17 为 QJ103 型便携式直流双臂电桥的外形及工作原理。

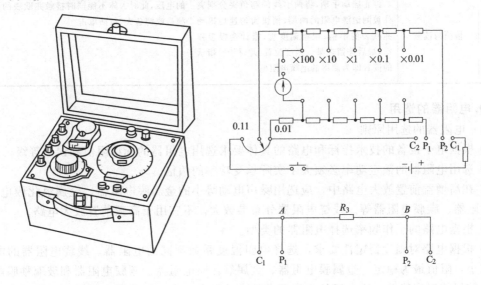

　　(a) 外形　　　　　　　　　　　　　　　　(b) 工作原理

图 2.2.17　QJ103 型便携式直流双臂电桥的外形及工作原理

测量时，要从被测电阻引出四根线，如图 2.2.18 所示，其中从内侧引两根线至电位端钮 P_1、P_2，外侧引两根线至电流端钮 C_1、C_2，其余事项与单臂电桥相同。

（4）绝缘电阻的测量。绝缘电阻的测量通常采用兆欧表（也称摇表，如图 2.2.19 所示）。

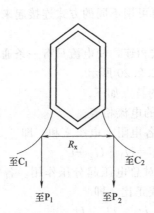

图 2.2.18　双臂电桥与被测电阻接法

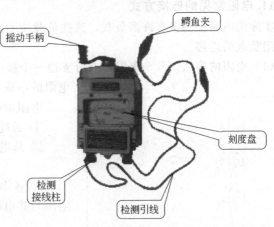

图 2.2.19　兆欧表

用兆欧表检测设备绝缘电阻的步骤和要点见表 2.2.7。

表 2.2.7　用兆欧表检测设备绝缘电阻

检测步骤		方法要点	注意事项
1	校零检查	稍慢而匀速地摇动兆欧表的手柄,指针向"∞"位置偏转,快速碰触短接两鳄鱼夹,观察刻度盘,在短接瞬间如果指针能迅速回到 0 位置,说明兆欧表正常,可以进行绝缘电阻测量	① 测试过程中,不要将两根引出线绞接在一起,否则可能会影响测量的准确性 ② 摇动手柄时兆欧表的两检测端会输出较高的电压,此时人体不能同时接触兆欧表的两个检测端或鳄鱼夹,以防电击
2	检测与读数	停止摇动手柄,将两引线的鳄鱼夹分别夹住被测绝缘电阻的两端,稍快而匀速地摇动兆欧表的手柄,观察刻度盘,指针会慢慢移动,最后停留在某一刻度位置,此时指针指示的读数即为测得的绝缘电阻值	

10. 电阻器的选用

（1）电阻器的选用原则

① 根据电子设备的技术指标和电路的具体要求选用电阻器的标称阻值和误差等级。

② 选用电阻器的额定功率必须大于实际承受功率的两倍。

③ 在高增益前置放大电路中,应选用噪声电动势小的金属膜电阻器、金属氧化膜电阻器、线绕电阻器、碳膜电阻器等。线绕电阻器分布参数大,不宜用于高频前置放大电路。

④ 根据电路的工作频率选择电阻器的类型。

⑤ 根据电路对温度稳定性要求,选择电阻温度系数不同的电阻器。线绕电阻器的电阻温度系数小,阻值最为稳定。金属膜电阻器、金属氧化膜电阻器、碳膜电阻器和玻璃釉膜电阻器都具有较好的温度特性,适合于稳定度要求较高的场合。实心电阻器电阻温度系数较大,不宜用于稳定性要求较高的电路中。

（2）电位器的选用原则

① 根据用途选择阻值变化规律。如线性电位器、对数式电位器、指数式电位器。

② 根据电路的要求选择电位器的阻值、阻体材料、结构、类型、规格及调节方式。

③ 合理选择电位器的参数。

11. 电阻常见的连接方式

实际的电路往往接有许多负载,这些负载按不同的需要可用不同的方式连接起来,下面讨论电阻负载的连接。

（1）电阻的串联。几个电阻没有分支地一个接一个依次相连,使电流只有一条通路,称为电阻的串联,如图 2.2.20 所示。

电阻串联电路的特点如下。

① 通过各电阻的电流相等。

② 总电压等于各电阻上电压之和,即

$$U = U_1 + U_2 + U_3 \qquad (2.2.6)$$

③ 各串联电阻对总电压起分压作用。各电阻上的电压与其电阻大小成正比,即

$$\frac{U_1}{R_1} = \frac{U_2}{R_2} = \frac{U_3}{R_3} \qquad (2.2.7)$$

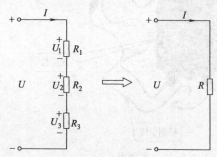

图 2.2.20　电阻的串联等效

④ 等效电阻（总电阻）R 等于各串联电阻之和，即

$$R=R_1+R_2+R_3 \tag{2.2.8}$$

当电路两端的电压一定时，串联的电阻越多，则电路中的电流就越小，因此电阻串联可以起到限流（限制电流）和分压作用。如两个电阻 R_1 及 R_2 串联时，各电阻上分得的电压为

$$U_1=\frac{R_1}{R_1+R_2}U, \qquad U_2=\frac{R_2}{R_1+R_2}U$$

即电阻越大，所分得的电压越高。串联电阻电路的分压特性在实际电路中得到了广泛应用，如扩展电压表量程、电子电路中的信号分压、直流电动机的串联电阻启动等。

⑤ 串联电阻电路消耗的总功率 P 等于各串联电阻消耗功率的代数和。

因为：$P=RI^2=(R_1+R_2+\cdots+R_n)I^2=R_1I^2+R_2I^2+\cdots+R_nI^2$

所以：$P=P_1+P_2+\cdots+P_n=\sum_{i=1}^{n}P_i$

用万用表进行电压测量时，旋转开关，即可使万用表测量电压的量程在 $2.5\sim10\text{V}$、$10\sim50\text{V}$、$50\sim250\text{V}$、$250\sim500\text{V}$ 之间转换。由于流过万用表表头的满偏电流值是不变的，因此，可用串联不同的分压电阻来实现对不同电压量程的测量，如图 2.2.21 所示，利用串联电阻 R_1、R_2、R_3 及 R_4 可以分别满足量程为 2.5V、10V、50V、250V、500V 的电压测量。

【例 2.2.3】 图 2.2.21 为某万用表直流电压挡等效电路，其表头内阻 $R_g=3\text{k}\Omega$，满偏电流 $I_g=50\mu\text{A}$，各挡电压量程分别为 $U_1=2.5\text{V}$，$U_2=10\text{V}$，$U_3=50\text{V}$，$U_4=250\text{V}$，$U_5=500\text{V}$，试求各分压电阻 R_1、R_2、R_3、R_4、R_5 的大小。

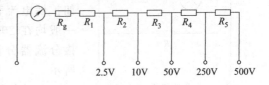

图 2.2.21　万用表直流电压挡等效电路

解：由于 $U_{R1}=U_1-U_g=U_1-R_gI_g$，$I_{R1}=I_g=I$，所以

$$R_1=\frac{U_{R1}}{I_{R1}}=\frac{U_1-R_gI_g}{I_g}=\frac{2.5-3\times10^3\times50\times10^{-6}}{50\times10^{-6}}=4.7\times10^4(\Omega)$$

同理可得

$$R_2=\frac{U_{R2}}{I_{R2}}=\frac{U_2-U_1}{I_g}=\frac{10-2.5}{50\times10^{-6}}=1.5\times10^5(\Omega)$$

$$R_3=\frac{U_{R3}}{I_{R3}}=\frac{U_3-U_2}{I_g}=\frac{50-10}{50\times10^{-6}}=8\times10^5(\Omega)$$

$$R_4=\frac{U_{R4}}{I_{R4}}=\frac{U_4-U_3}{I_g}=\frac{250-50}{50\times10^{-6}}=4\times10^6(\Omega)$$

$$R_5=\frac{U_{R5}}{I_{R5}}=\frac{U_5-U_4}{I_g}=\frac{500-250}{50\times10^{-6}}=5\times10^6(\Omega)$$

（2）电阻的并联。几个电阻的一端连在一起，另一端也连在一起，使各电阻所承受的电压相同，称为电阻的并联，如图 2.2.22 所示。电阻并联电路有以下特点。

① 各并联电阻两端的电压相等。

② 总电流等于各电阻中电流之和，即

$$I=I_1+I_2+I_3 \tag{2.2.9}$$

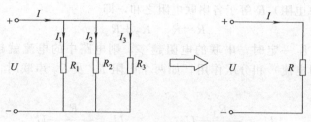

图 2.2.22 电阻的并联等效

③ 并联电路的等效电阻（总电阻）的倒数等于各并联电阻倒数之和，即

$$\frac{1}{R}=\frac{1}{R_1}+\frac{1}{R_2}+\frac{1}{R_3}$$ (2.2.10)

如 R_1 及 R_2 两个电阻并联，则等效电阻为

$$R=\frac{R_1R_2}{R_1+R_2}$$

④ 电阻并联电路对总电流有分流作用。如 R_1 及 R_2 两个电阻并联，则

$$I_1=\frac{R_2}{R_1+R_2}I, \qquad I_2=\frac{R_1}{R_1+R_2}I$$ (2.2.11)

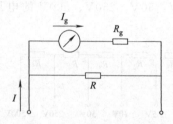

图 2.2.23 扩大电流表量程
的电路

流过各并联电阻的电流与它们各自的阻值成反比。电阻并联电路的分流特性在实际电路中也得到了广泛应用，如扩展电流表量程等。由于直流电流表能直接测量的电流一般均在 20A 以下，因此当被测电流大于该值时，则用外接分流器分流的办法来扩大电流表的量程，如图 2.2.23 所示。

由于电阻并联电路中加在各电阻上的电压相等，且流过各并联电阻中电流的大小与其他电阻的接入与否无关，因此实际应用时各用电设备均以并联的形式接在电源两端。

⑤ 电阻并联电路消耗的总功率 P 等于各并联电阻消耗功率的代数和。

因为：

$$P=\frac{U^2}{R}=\frac{U^2}{R_1}+\frac{U^2}{R_2}+\cdots+\frac{U^2}{R_n}=\frac{U_1^2}{R_1}+\frac{U_2^2}{R_2}+\cdots+\frac{U_n^2}{R_n}$$

所以：

$$P=P_1+P_2+\cdots+P_n=\sum_{i=1}^{n}P_i$$

【例 2.2.4】 欲将一内阻 $R_g=2k\Omega$、满偏电流 $I_g=80\mu A$ 的表头，构造成量程为 1mA 的电流表，应如何实现？

解：可以利用并联电路的分流特性，在表头两端并联电阻 R，R 称为分流电阻，如图 2.2.23 所示。由分流公式可得

$$I_g=\frac{R}{R+R_g}I$$

则：

$$R=\frac{R_gI_g}{I-I_g}=\frac{2\times10^3\times80\times10^{-6}}{1\times10^{-3}-80\times10^{-6}}\approx173.9(\Omega)$$

（3）电阻的混联。电路中既有电阻串联、又有电阻并联的连接方式叫做电阻的混联。这一类电路可以用串、并联公式化简。在计算混联电路的等效电阻时，关键在于识别各电阻的串、

并联关系。有的混联电路比较复杂，不能直接看清各电阻之间的串、并联关系，这时可以在不改变元件间连接关系的条件下，将电路画成比较容易判断的形式。改画电路时，无电阻的导线最好缩成一点，并尽量避免交叉；同时为防止出错，可以先标明各节点的代号，再将各元件画在相应节点间。

【例 2.2.5】　图 2.2.24 为某万用表直流电流挡等效电路，其表头内阻 $R_g = 3.75\text{k}\Omega$，满偏电流 $I_g = 40\mu\text{A}$，各挡电流量程分别为 $I_1 = 500\text{mA}$、$I_2 = 100\text{mA}$、$I_3 = 10\text{mA}$、$I_4 = 1\text{mA}$、$I_5 = 250\mu\text{A}$、$I_6 = 50\mu\text{A}$，试求各分流电阻 R_1、R_2、R_3、R_4、R_5、R_6 的大小。

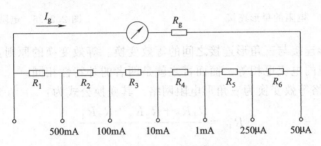

图 2.2.24　万用表直流电流挡等效电路

解： 首先求出串联支路总电阻 $R_s = R_1 + R_2 + R_3 + R_4 + R_5 + R_6$ 的取值，由分流公式可得

$$R_s = \frac{R_g I_g}{I_6 - I_g} = \frac{3.75 \times 10^3 \times 40 \times 10^{-6}}{50 \times 10^{-6} - 40 \times 10^{-6}} = 1.5 \times 10^4 (\Omega)$$

当使用 $I_1 = 500\text{mA}$ 电流挡时，除 R_1 以外的分流电阻与表头串联后，再与 R_1 并联，由分流公式可得：

$$R_1 = \frac{(R_s + R_g) I_g}{I_1} = \frac{(1.5 \times 10^4 + 3.75 \times 10^3) \times 40 \times 10^{-6}}{500 \times 10^{-3}} = 1.5 (\Omega)$$

当使用 $I_2 = 100\text{mA}$ 电流挡时，除 $R_1 + R_2$ 以外的分流电阻与表头串联后，再与 $R_1 + R_2$ 并联，同理可得：

$$R_2 = \frac{(R_s + R_g) I_g}{I_2} - R_1 = \frac{(1.5 \times 10^4 + 3.75 \times 10^3) \times 40 \times 10^{-6}}{100 \times 10^{-3}} - 1.5 = 6 (\Omega)$$

$$R_3 = \frac{(R_s + R_g) I_g}{I_3} - (R_1 + R_2) = \frac{(1.5 \times 10^4 + 3.75 \times 10^3) \times 40 \times 10^{-6}}{10 \times 10^{-3}} - (1.5 + 6) = 67.5 (\Omega)$$

$$R_4 = \frac{(R_s + R_g) I_g}{I_4} - (R_1 + R_2 + R_3) = \frac{(1.5 \times 10^4 + 3.75 \times 10^3) \times 40 \times 10^{-6}}{1 \times 10^{-3}} - 75 = 675 (\Omega)$$

$$R_5 = \frac{(R_s + R_g) I_g}{I_5} - (R_1 + R_2 + R_3 + R_4)$$

$$= \frac{(1.5 \times 10^4 + 3.75 \times 10^3) \times 40 \times 10^{-6}}{2.5 \times 10^{-4}} - 750 = 2250 (\Omega)$$

$$R_6 = R_s - (R_1 + R_2 + R_3 + R_4 + R_5) = 12000 (\Omega)$$

（4）电阻的星形连接。把三个电阻的一端接在一起，另一端分别与外电路相连，这种连接方式叫做电阻的星形连接，又称为 Y 形连接或 T 形连接。如图 2.2.25 所示。

（5）电阻的三角形连接。把三个电阻分别接在三个端钮中的两个之间，三个端钮分别与外电路相连，这种连接方式叫做电阻的三角形连接，又称为 △ 形连接或 π 形连接。如图 2.2.26 所示。

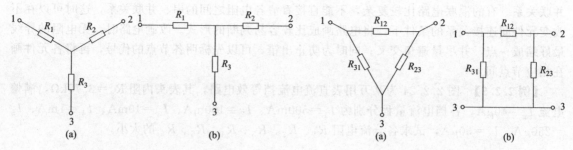

图 2.2.25　电阻的星形连接　　　　图 2.2.26　电阻的三角形连接

（6）电阻的星形连接与三角形连接之间的等效变换。等效变换的原则：对应端钮间的电压相等；流入对应端钮的电流也相等。简而言之就是两者的外特性相同。

1）星形电阻网络等效变换为三角形电阻网络。其变换公式为：

$$R_{12} = \frac{R_1 R_2 + R_2 R_3 + R_3 R_1}{R_3}$$

$$R_{23} = \frac{R_1 R_2 + R_2 R_3 + R_3 R_1}{R_1} \qquad (2.2.12)$$

$$R_{31} = \frac{R_1 R_2 + R_2 R_3 + R_3 R_1}{R_2}$$

即：$R_\triangle = R_Y$ 间两两乘积之和/对面的 R_Y。若 $R_1 = R_2 = R_3 = R_Y$，则 $R_{12} = R_{23} = R_{31} = R_\triangle = 3R_Y$。

2）三角形电阻网络等效变换为星形电阻网络。其变换公式为：

$$R_1 = \frac{R_{12} R_{31}}{R_{12} + R_{23} + R_{31}}$$

$$R_2 = \frac{R_{23} R_{12}}{R_{12} + R_{23} + R_{31}} \qquad (2.2.13)$$

$$R_3 = \frac{R_{31} R_{23}}{R_{12} + R_{23} + R_{31}}$$

即：$R_Y =$ 两个相邻 $R_\triangle$ 的乘积/三个 $R_\triangle$ 之和。若三个电阻相等均为 $R_\triangle$，则三个 R_Y 也相等，且 $R_Y = \frac{1}{3} R_\triangle$。

【例 2.2.6】　如图 2.2.27（a）所示电桥电路中，已知 $R_{12} = 5\Omega$，$R_{23} = 2\Omega$，$R_{31} = 3\Omega$，$R_{24} = 1\Omega$，$R_{34} = 1.4\Omega$，试求 a、b 两端的等效电阻。

解：（方法一）可以将 R_{12}、R_{23}、R_{31} 三个电阻组成的三角形网络等效变换为星形网络，如图 2.2.27（b）所示，则有：

$$R_1 = \frac{R_{12} R_{31}}{R_{12} + R_{23} + R_{31}} = \frac{5 \times 3}{5+2+3} = 1.5(\Omega)$$

$$R_2 = \frac{R_{23} R_{12}}{R_{12} + R_{23} + R_{31}} = \frac{2 \times 5}{5+2+3} = 1(\Omega)$$

$$R_3 = \frac{R_{31} R_{23}}{R_{12} + R_{23} + R_{31}} = \frac{3 \times 2}{5+2+3} = 0.6(\Omega)$$

$$R_4 = \frac{(R_3 + R_{34}) \times (R_2 + R_{24})}{(R_3 + R_{34}) + (R_2 + R_{24})}$$

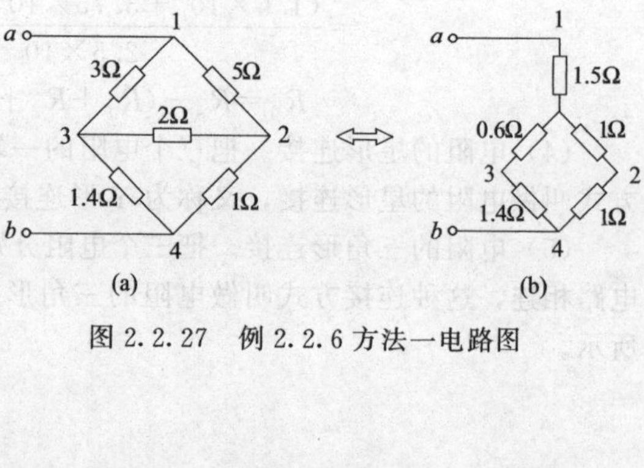

图 2.2.27　例 2.2.6 方法一电路图

$$= \frac{(0.6+1.4)\times(1+1)}{(0.6+1.4)+(1+1)} = 1(\Omega)$$

$$R_{ab} = R_1 + R_4 = 1.5 + 1 = 2.5(\Omega)$$

（方法二）可以将 R_{31}、R_{23}、R_{34} 三个电阻组成的星形网络等效变换为三角形网络，如图 2.2.28 所示。

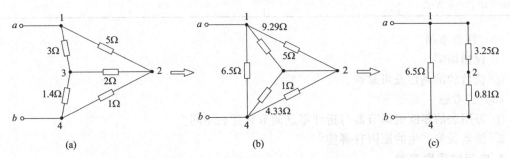

图 2.2.28　例 2.2.6 方法二电路图

$$R_X = \frac{3\times2+2\times1.4+1.4\times3}{1.4} = 9.29\ (\Omega) \qquad R'_{12} = \frac{9.29\times5}{9.29+5} = 3.25\ (\Omega)$$

$$R_Y = \frac{3\times2+2\times1.4+1.4\times3}{3} = 4.33\ (\Omega) \qquad R'_{24} = \frac{4.33\times1}{4.33+1} = 0.81\ (\Omega)$$

$$R_Z = \frac{3\times2+2\times1.4+1.4\times3}{2} = 6.5\ (\Omega) \qquad R_{ab} = \frac{6.5\times(3.25+0.81)}{6.5+(3.25+0.81)} = 2.5\ (\Omega)$$

三、任务实施

1. 电阻元件的识别与测试

（1）任务要求。认识电阻的形状结构及特点，知道电阻的分类和命名方法，从外观上基本能识别电阻元件种类；能正确使用万用表对电阻元件进行基本测试；能够熟练读出电阻的阻值、判断电阻的质量。

（2）仪器、设备、元器件及材料。电阻 510Ω、1kΩ、330Ω，万用表，通用电工实训台。

（3）任务原理与说明。万用表测量电阻前应进行电调零（每换挡一次，都应重新进行电调零）；检查测量机构是否有效，即应用欧姆挡，短时碰触两表笔，指针应偏转灵敏。

测量半导体器件时，不应选用 $R\times1$ 挡和 $R\times10k$ 挡。

切不可用欧姆挡直接测量微安表头、检流计、电池内阻。

（4）任务内容及步骤

① 从元器件盒子中挑出三个电阻，根据色环颜色写出标称阻值，将结果填入表 2.2.8 中。

② 用万用表 $R\times100$ 挡分别测量三个电阻，并将测量结果填入表 2.2.8 中。

③ 用万用表 $R\times10$ 挡分别测量三个电阻，并将测量结果填入表 2.2.8 中。

任意给定几个常见电阻元件，通过外观识别，同时借助万用表，将被检测元件的测试情况填入表 2.2.8 中。

表 2.2.8　电阻标称阻值和测量值

序号	1	2	3
标称阻值/Ω			
$R\times100$ 挡测量值/Ω			
$R\times10$ 挡测量值/Ω			

（5）注意事项

① 仪器调零。

② 读数的准确性及可靠性。

（6）思考题

① 万用表的零欧姆调节器与指针零点调节有什么不同？

② 测量误差产生的原因有哪些？

2. 电阻的混联实验

（1）任务要求。进一步熟悉万用表的欧姆挡的使用方法和简单电路的连接；加深对电阻混联电路等效电阻关系的理解、计算及掌握它们的测试。

（2）仪器、设备、元器件及材料。电阻三个（100Ω 两个、75Ω 一个），万用表，通用电工实训台。

（3）任务原理与说明。万用表测量电阻前应进行电调零（每换挡一次，都应重新进行电调零）。

（4）任务内容及步骤

① 调节直流稳压电源，输出 6V 电压。

② 按图 2.2.29 连接实验原理电路。接线时，可先将 R_1、R_2 串联，再将 R_3 并联于 b、c 两点。即先连接串联电路，后连接分支的并联电路。

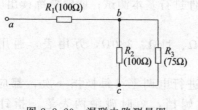

图 2.2.29　混联电路测量图

表 2.2.9　测量及计算结果

等效电阻/Ω　$R_{ac}=R_1+R_{bc}$		
	R_{bc}	R_{ac}
欧姆挡测电阻/Ω		
等效电阻计算值/Ω		

③ 万用表拨至欧姆挡，分别测量 R_{bc} 与 R_{ac} 两处的等效电阻值，将测量结果填入表 2.2.9 中。

④ 根据电路等效原理，分别计算 R_{bc} 与 R_{ac} 的阻值，将计算结果填入表 2.2.9 中。

$$R_{bc}=\frac{R_2R_3}{R_2+R_3} \qquad R_{ac}=R_1+R_{bc}$$

（5）注意事项

① 仪器调零。

② 读数的准确性及可靠性。

（6）思考题

连接混联电路应注意哪些问题？

四、任务考评

评分标准见表 2.2.10。

表 2.2.10　评分标准

序号	考核内容	考核项目	配分	检测标准	得分
1	元件伏安特性	(1)线性电阻元件的伏安特性曲线的意义 (2)非线性电阻元件的伏安特性曲线的意义	20分	(1)能叙述线性电阻元件的伏安特性曲线的意义(10分) (2)能说明非线性电阻元件的伏安特性曲线的意义(10分)	
2	电阻定律、电阻温度系数	(1)电阻定律的物理意义 (2)电阻温度系数的物理意义	10分	(1)能灵活应用电阻定律(5分) (2)能灵活应用电阻温度系数解题(5分)	
3	电阻常见的连接方式	(1)电阻的串联、并联、混联 (2)电阻的星形连接、三角形连接及其等效互换	30分	(1)能求电阻的串联、并联、混联的等效电阻(15分) (2)能求电阻的星形连接、三角形连接的等效电阻及其等效互换(15分)	
4	电阻的识别与测试	(1)色环电阻的识别 (2)电位器的检测方法	20分	(1)读出色环电阻值(10分) (2)能检测电位器(10分)	
5	电阻的混联实验	(1)万用表欧姆挡的使用方法和简单电路的连接 (2)电阻混联电路等效电阻关系的计算及测试	20分	(1)会使用万用表的欧姆挡,会连接简单电路(10分) (2)能理解、计算及测试电阻混联电路等效电阻(10分)	
	合计		100分		

五、知识拓展

1. 超导材料及应用简介

人们在实践中还发现有些金属材料的电阻随温度下降而不断地减小,当温度降到一定值(称临界温度)时,其电阻将突然降为零,这种现象称为超导现象,具有上述性质的材料称为超导材料。

超导现象虽在 1911 年就被发现,但由于没有找到合适的超导材料以及受获取低温技术的限制,长期以来没有得到应用,20 世纪 60 年代起人们才开始积极研究,主要是寻找临界温度较高的超导材料。目前,在超导技术研究方面我国已居世界前列,发现了临界温度 132K(−141℃)和 164K(−109℃)的铋铅锑锶钙铜氧超导体,从而可以使用便宜的液氮取代昂贵的液氦作降温用的冷却剂。

目前超导技术已较广泛地应用于核能、计算机、航空探测等技术领域,并开始应用于发电机设备、电动机及输电系统、交通运输业等,例如目前研制成功的超导变压器,由于变压器的线圈在超导状态下工作,它的电阻为零,从而可以极大地减小变压器的体积(与同类变压器相比可减小约 2/3),降低变压器的损耗(可减小约 1/2)。我国与德国合作开发研制的磁悬浮列车,在行驶时列车悬浮于钢轨之上,列车运行速度可达 500km/h 左右。若产生磁悬浮力的电磁铁线圈在超导状态下工作(称超导磁悬浮),可大量节省电能的消耗，提高列车的经济指标。可以预料，超导技术的发展，必将对今后世界的经济及技术发展带来重大的影响。

2. 电工带电操作

常见的照明电路虽然由单相交流电源供电，但电阻串联分压的原理仍然适用。该电路由一根相线（俗称火线）和一根中性线（俗称地线）供电。地线接大地，相线对地线的电压为 $U=220\text{V}$，如人站在地上，用手直接触及相线，则加在人体上的电压为220V，人就会因触电造成伤亡事故。当电工检修电路时，穿上绝缘胶鞋，或站在干燥的木凳、木梯上触及相线时，则可操作自如没有危险，其原因可通过电阻串联的原理予以解释。设人体电阻为 $R_1=1\text{k}\Omega$，胶鞋或木凳的电阻 $R_2=109\text{k}\Omega$，则加在人体上的电压为

$$U_1=\frac{R_1}{R_1+R_2}U=\frac{1}{1+109}\times220=2(\text{V})$$

通常加在人体上的电压在35V以下为安全电压，现只有2V，故没有危险。

3. 电工用验电笔验电原理

维修电工在进行线路维修时，必须先用验电笔查明线路是否有电，当电工手握验电笔接触相线时，相当于220V的电压加在验电笔和人体上，如图2.2.30所示。由于验电笔的电阻远大于人体电阻，因此绝大部分电压加在验电笔上，从而使验电笔氖管发光，显示线路有电。

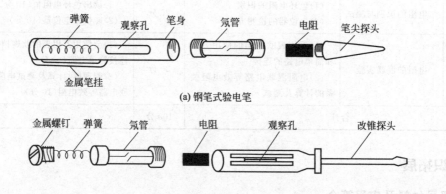

图 2.2.30 验电笔

4. 收音机（录音机）音量调节电路

收音机或录音机的音量控制采用串联电阻分压电路来调节其输出电压，从而实现扬声器输出音量的控制，向上或向下旋动可调电阻（通称电位器）R_1，即可调节输出电压 U_o。

5. 供电线路

家用电器的供电电压一般均为220V，因此均采用并联在供电线路上的接法来供电，如图2.2.31所示。图中照明灯、电动机、电炉分别由开关控制。

6. 利用双联开关多处控制的照明电路

利用双联开关多处控制的照明电路如图2.2.32所示。图中开关 $S_1\sim S_5$ 分别安装在五个不同的位置，它们都可以控制同一盏照明灯 EL，在任何一个位置（$S_1\sim S_5$）按下相应的开关，灯被点亮。例如，可以在 S_1 的位置开灯，走到 S_5 的位置时关灯；或从 S_4 位置开灯，到 S_1 的位置时关灯。总之，在 $S_1\sim S_5$ 任何位置都能控制照明灯 EL 接通和断开。

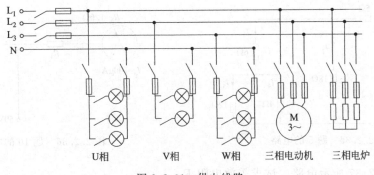

图 2.2.31　供电线路

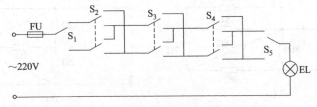

图 2.2.32　双联开关多处控制的照明电路

六、思考与练习

1. 欧姆定律有时可写成 $U=-IR$，说明此时电阻值是负的，对吗？

2. 图 2.2.33 是一个电阻衰减器，已知 $I=20\text{mA}$，求 R_1、R_2 及 R_3 的阻值。

3. 有一电阻，标称值为 $R=100\Omega$，额定功率为 25W。求该电阻允许的电流及电压。

4. 如图 2.2.34 所示电路，求电流 I 和电压 U。

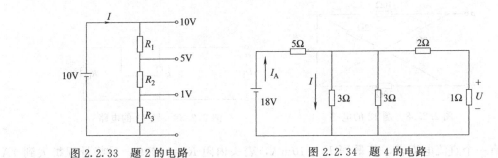

图 2.2.33　题 2 的电路　　　　　图 2.2.34　题 4 的电路

5. 如图 2.2.35 所示电路，求各电流和电压。

6. 扩音机与扬声器之间距离为 20m，用两根截面积各为 1mm^2 的铜线连接，求连接线的电阻。

7. 某电动机在运行前，测得电动机线圈的电阻 $R_1=10\Omega$，当电动机运行达到稳定温升后，测得其电阻为 $R_2=13\Omega$，已知空气温度 $t_1=25℃$，铜的温度系数 $\alpha=0.004℃^{-1}$，求该电动机温升。

8. 用截面积为 $S=6\text{mm}^2$ 的铜线，从配电屏向距离为 $l=100\text{m}$ 外的一个临时工地送电，如果配电屏端的电压 $U=220\text{V}$，线路电流为 $I=20\text{A}$，问临时工地端的电压是多少？

9. 一只 110V、8W 的指示灯，现要接在 380V 的电源上，问要串多大阻值的电阻？

10. 如图 2.2.36 所示为双量程直流电压表电路，试求串联电阻 R_1 和 R_2 的阻值。

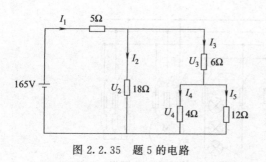

图 2.2.35 题 5 的电路

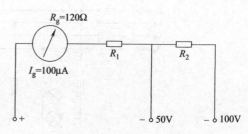

图 2.2.36 题 10 的电路

11. 如图 2.2.37 所示电路，试求等效电阻 R_{ab}。

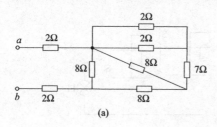

(a)

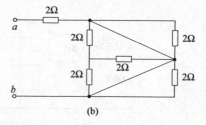

(b)

图 2.2.37 题 11 的电路

12. 如图 2.2.38 所示电路，试求：（1）S 打开时等效电阻 R_{ab}；（2）S 闭合时等效电阻 R_{ab}。

13. 图 2.2.39 表示滑线变阻器作分压器使用，其额定值为"100Ω、3A"，外加电压 $U_1 = 200V$，滑动触头置于中间位置不动，输出端接上负载 R_L，试问：（1）$R_L = \infty$；（2）$R_L = 50\Omega$；（3）$R_L = 20\Omega$ 时，输出电压 U_2 各是多少？滑线变阻器能不能正常工作？

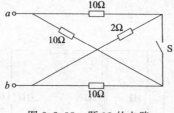

图 2.2.38 题 12 的电路

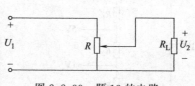

图 2.2.39 题 13 的电路

14. 有一个直流电流表，其量程 $I_g = 10\text{mA}$，表头内阻 $R_g = 200\Omega$，现将量程扩大到 1A，试画出电路图，并求需并联的电阻应为多大？

15. 图 2.2.40 所示电路，试求等效电阻 R_{ab}。

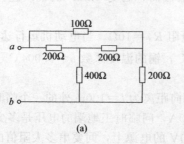

(a)

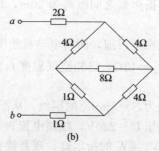

(b)

图 2.2.40 题 15 的电路

任务三 电源的测试

一、任务分析

认识电源元件并了解其特性，是正确使用电源元件的前提，也是电路分析、设计的基础。通过实训项目的训练，完成基本概念的认识学习；灵活应用电压表、电流表测量电压、支路电流。

1. 知识目标

① 建立电压源和电流源的概念。

② 深刻理解电源电路的等效变换，能用其熟练分析基本直流电路。

2. 技能目标

能测试电压源的电动势和内阻并能分析、排除线路中的简单故障。

二、相关知识

1. 电源的分类

用于向电路发出电流（或电压）的装置，称为电源。任何一种实际电路在工作时都必须有电源提供能量，实际中的电源各种各样，如干电池、蓄电池、太阳能电池、发电机及电子线路中的信号源等。电源分为独立源和受控源两大类。能够向电路独立发出电压或电流的电源，称为独立电源，如化学电池、太阳能电池、发电机等。独立电源按其外部特性，分为电压源和电流源两种类型。不能独立地向外电路提供电能的电源称为非独立电源，又称受控源。图 2.3.1 为常见电源设备的实物。

(a) 干电池　　　　(b) 纽扣电池　　　　(c) 蓄电池　　　　(d) 太阳能电池

(e) 汽轮发电机　　　(f) 水轮发电机　　　(g) 汽车发电机　　　(h) 稳压电源

图 2.3.1 常见电源设备的实物

2. 直流电压源模型

（1）理想直流电压源（恒压源）。这是一种理想的电源元件，它具有以下 3 个基本特点。

① 理想电压源向外电路提供一个恒定电压值 U_S，即无论流过它的电流如何变化，它的端电压 U 均保持为一恒定值，即 $U=U_S$。因此理想电压源又称恒压源。

② 电路中的电流 I 完全由外电路来决定，即电流 I 的大小取决于负载 R_L。理想电压源的图形符号如图 2.3.2 所示。将理想电压源接上负载 R_L，如图 2.3.3（a）所示。它的特性可以用它的输出电压与输出电流之间的关系来表示（即伏安特性），理想电压源的伏安特性如图 2.3.3（b）所示。这是一条平行于水平轴（I 轴）的直线。它表明：当外接负载电阻 R_L 变化时，电源提供的电流 I 随之发生变化，但电源的端电压始终保持恒定，即 $U=U_S$。而且随着电阻 R_L 的减小，电流 I 逐渐增加，电源提供的功率也逐渐加大。理想电压源实际是不存在的，但是如果电源的内阻远小于负载电阻，则端电压基本恒定，就可以忽略内阻的影响，认为是一个理想电压源。通常稳压电源和新干电池可近似地认为是理想电压源。

③ 若恒压源的 $U_S=0$，则恒压源为一短路元件。

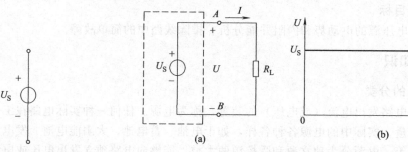

图 2.3.2　理想电压源的图形符号　　　　图 2.3.3　理想电压源的伏安特性曲线

【例 2.3.1】 在电路图 2.3.3（a）中，若理想电压源的电压 $U_S=6\text{V}$，负载电阻 R_L 是恒压源 U_S 的外部电路，电流 I 和电压 U 参考方向如图中所示。求：负载电阻 R_L 分别为 ∞、6Ω、0 时的电压 U 和电流 I 及恒压源 U_S 的功率 P_S。

解：（1）当 $R_L=\infty$ 时，即外部电路开路，故有 $U=U_S=6\text{V}$，$I=0\text{A}$。

对于恒压源 U_S 来说，U、I 为非关联参考方向，所以恒压源 U_S 的功率为：

$$P_S=-UI=-(6\times0)=0(\text{W})$$

（2）当 $R_L=6\Omega$ 时

$$U=U_S=6\text{V}$$

$$I=\frac{U}{R_L}=\frac{6}{6}=1(\text{A})$$

恒压源 U_S 的功率为：

$$P_S=-UI=-(6\times1)=-6(\text{W})<0(\text{产生功率})$$

（3）当 $R_L\to0$ 时，即外部电路短路（实际电压源绝不可短路！），故有

$$U=U_S=6\text{V}$$

$$I=\frac{U}{R_L}\to\infty$$

此时 U_S 恒压源产生功率为 $P_S\to\infty$。

由此例可以看出：

① 理想电压源的端电压不随外部电路变化。本例三种情况的端电压均为 $U=U_S=6\text{V}$。

② 理想电压源的输出电流 I 随外部电路变化。本例中，当 $R_L\to0$ 的极端情况时，$I\to\infty$，从而使 U_S 产生的功率 $P_S\to\infty$。

（2）实际直流电源的直流电压源模型。上述所讲的为理想电压源，而实际的电源如发电

机、电池等，随着输出电流的加大，其端电压不是恒定不变的，而是略有下降，即端电压要低于 U_S。这是因为任何一个实际电源总有一定的内阻，当输出电流增加时，内阻上的压降也增加，造成电源端电压下降。因此，这种实际的电源可以用一个理想电压源 U_S 和内阻 R_i 串联的模型来表示，如图 2.3.4 所示，称为实际电源的电压源模型。常用的干电池、发电机、稳压电源、电力电网等电源设备，属电压源。

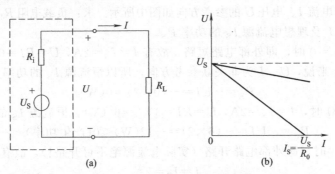

图 2.3.4 电压源模型及伏安特性曲线

由图 2.3.4（a）得出电压源输出电压与通过它的电流的关系式为

$$U = U_S - IR_i \tag{2.3.1}$$

电压源的伏安特性如图 2.3.4（b）所示。端电压 U 是随电流 I 的增大呈下降变化的直线。由此可见，其内阻 R_i 越小，曲线下降就越小，也就越接近理想情况。当内阻 $R_i = 0$ 时，就变成了恒压源。当负载断路（即 $R_L = \infty$）时，电路具有断路状态的特点，直线交于纵轴，即 $U = U_S$，$I = 0$；当负载被短路（即 $R_L = 0$）时，电路具有短路状态的特点，直线交于横轴，即 $I_{SC} = U_S / R_i$，$U = 0$；当 $0 < R_L < \infty$ 变化时，输出电压随输出电流的增加而降低，被降掉部分的电压就是内压降 IR_i。

应当指出，实际电压源内部并不是真正串有一个内阻，内阻只是把电压源内部消耗能量这种实际情况用一个参数 R_i 表示而已。

3. 直流电流源模型

（1）理想直流电流源（恒流源）。理想电流源具有以下 3 个基本特点。

① 产生并输出恒定的电流值 I_S，该电流值与外电路及其端电压无关。

② 元件两端的电压 U 不由它自己决定，而是完全由外电路来决定，即电压 U 的大小取决于负载电阻 R_L。

③ 恒流源 $I_S = 0$，其为一开路元件。

理想电流源的图形符号如图 2.3.5 所示，箭头表示电流的正方向。将理想电流源接上负载 R_L，如图 2.3.6（a）所示，其伏安特性如图 2.3.6（b）所示。

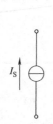

图 2.3.5 理想电流源的图形符号

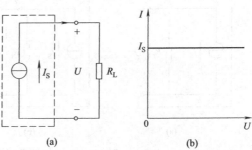

图 2.3.6 理想电流源的伏安特性曲线

这是一条平行于电压 U 轴的直线，表明它的输出电流 I 始终等于 I_S，保持恒定。所以理想电流源又称恒流源。从伏安特性还可以看出，当电源两端被短路时，$R_L=0$，端电压 $U=0$；随着 R_L 的加大，其端电压 U 也不断加大，具体大小取决于 I_S 与 R_L 的乘积，即取决于外电路负载电阻 R_L 的大小。

【例 2.3.2】 电路如图 2.3.6（a）所示，理想电流源 $I_S=2A$，负载电阻 R_L 是理想电流源 I_S 的外部电路，电流 I、电压 U 的参考方向如图中所示。求：负载电阻 R_L 分别为 0、3Ω、∞ 时的电压 U、电流 I 及理想电流源 I_S 的功率 P_S。

解：（1）当 $R_L=0$ 时，即外部电路短路，故有 $I=I_S=2A$，$U=RI=0\times2=0$（V）。

对于恒流源 I_S 来说，U、I 为非关联参考方向，所以恒流源 I_S 的功率为：

$$P_S=-UI=-(0\times2)=0(W)$$

（2）当 $R_L=3Ω$ 时，$I=I_S=2A$，$U=RI=3\times2=6$（V）。恒流源 I_S 的功率为：

$$P_S=-UI=-(6\times2)=-12(W)<0(产生功率)$$

（3）当 $R_L\to\infty$ 时，即外部电路开路（实际电流源绝不可开路！），故有

$$I=I_S=2A$$
$$U=RI\to\infty$$

此时恒流源 I_S 产生功率 $P_S\to\infty$。

由此例可以看出：

① 理想电流源的输出电流不随外部电路变化。本例三种情况的输出电流均为 $I=I_S=2A$。

② 理想电流源的端电压 U 随外部电路变化。本例中，当 $R_L\to\infty$ 的极端情况时，$U\to\infty$，从而使恒流源 I_S 产生的功率 $P\to\infty$。

（2）实际直流电源的直流电流源模型。理想电流源实际上也是不存在的。实际电流源内部例如光电池也是有能量消耗的，因此，一个实际电流源可以用一个理想电流源 I_S 和内阻 R_i' 相并联的模型来表示，如图 2.3.7（a）所示，称为实际电源的电流源模型。当将电流源的端钮接上负载电阻 R_L 后，如图 2.3.7（b）所示，此时，恒流源电流 I_S 等于内阻 R_i' 的支路电流 U/R_i' 与负载电流 I 之和。由此可得出电流源向外输出的电流为：

$$I=I_S-\frac{U}{R_i'} \tag{2.3.2}$$

由式（2.3.2）可见，电流源向外输出的电流是小于 I_S 的。内阻 R_i' 越小，分流越大，输出的电流就越小。因此，实际电流源的内阻越大，其特性越接近理想电流源。例如，工作在放大状态的晶体管，就具有恒流源特性。当 $R_i'=\infty$（相当于内阻 R_i' 的支路断开）时，就变成了理想电流源。实际电流源的伏安特性如图 2.3.7（c）所示。当 $R_L=\infty$ 即电流源开路时，$I=0$，$U=I_S R_i'$。短路时，$U=0$，$I=I_S=U_S/R_i'$。

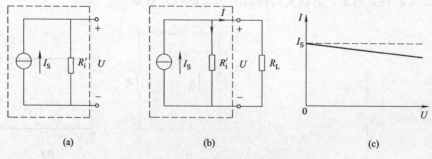

图 2.3.7 电流源模型及伏安特性曲线

需要注意的是：R_i'并不是电流源内部真正有一个并联电阻，它是为了表示电源内部的能量消耗而引用的参数。

总之，一个实际电源可以用电压源和电流源两种模型来表示。

4. 直流的电压源模型和电流源模型的等效变换

实际电压源可以用一个理想电压源 U_S 和内阻 R_i 相串联的模型来表示，如图 2.3.8（a）所示；而实际电流源可以用一个理想电流源 I_S 和内阻 R_i' 相并联的模型来表示，如图 2.3.8（b）所示。

电压源与电流源的外特性曲线一样。为了便于电路的分析和计算，往往需要将电压源模型与电流源模型进行等效互换。根据等效变换的条件，若在两电路上加相同的电压 U，则它们对外应产生相同的电流 I。

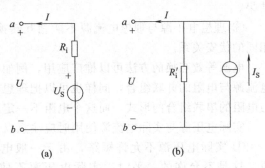

图 2.3.8　两种电源模型

在图 2.3.8（a）中，根据 KVL，有：
$$U=U_S-R_i I$$

在图 2.3.8（b）中，根据 KCL，有：
$$U=R_i'(I_S-I)=R_i' I_S-R_i' I$$

根据以上两式，要使两个电路等效，则有：
$$U_S=R_i' I_S$$
$$R_i=R_i' \tag{2.3.3}$$

或
$$I_S=\frac{U_S}{R_i}$$
$$R_i'=R_i \tag{2.3.4}$$

在满足上述条件的情况下，这两种电源模型的外部电压、电流关系完全相同。因此，对外电路而言，两种电源模型是等效的，它们可以相互变换。

图 2.3.9 所示为电压源模型和电流源模型的等效变换。

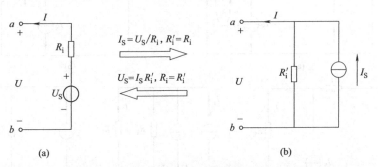

图 2.3.9　电压源模型和电流源模型的等效变换

在对这两种电源进行等效变换时，应注意下列 3 个问题。

① 恒压源和恒流源的参考方向在变换前后对外电路应保持一致。恒流源电流方向与恒压源电压方向相反，即 I_S 的参考方向由 U_S 的负极指向正极。

② 电源互换是电路等效变换的一种方法。这种等效是对电源以外部分的电路等效，

任何一个实际电源均可以用两种电源模型中的任意一种来表示。但是，两种电源模型的内部电路是不等效的。这是因为开路的电压源中无电流流过 R_i，而开路的电流源可以有电流流过并联电阻 R_i'；恒压源短路时，电阻 R_i 中有电流，而恒流源短路时，并联电阻 R_i' 中无电流。因此，在计算电源本身的参数时，需要返回到原电路求解才能得到正确结果。

③ 理想电压源与理想电流源不能相互转换，因为两者的定义本身是相互矛盾的，不会有相同的伏安关系。

电源等效互换的方法可以推广应用，例如把理想电压源与电阻的串联组合等效变换成理想电流源与电阻的并联组合，同样也可以把理想电流源与电阻的并联组合等效变换为理想电压源与电阻的串联组合的形式，而这个电阻不一定就是电源的内阻。

实际电压源与实际电流源使用时应注意以下几点。

① 实际电压源不允许短路，由于一般电压源的 R_i 很小，短路电流将很大，会烧毁电源，这是不允许的。平时，实际电压源不使用时应开路放置，因电流为零，不消耗电源的电能。

② 实际电流源不允许开路。空载时电压很高，危及绝缘。平时，实际电流源不使用时，应短路放置，因实际电流源的内阻 R_i' 一般都很大，电流源被短路后，通过内阻的电流很小，损耗很小；而外电路上短路后电压为零，不消耗电能。

【例 2.3.3】 如图 2.3.10（a）所示电路中，已知 $U_{S1}=30V$；$U_{S2}=10V$，$I_S=3A$，$R_1=4\Omega$，$R_2=2\Omega$，$R_3=3\Omega$，$R_L=1\Omega$。试用电压源与电流源等效的方法，计算电流 I_L。

解：题目需要求解的是负载电阻上的电流，故与理想电压源 U_{S1} 并联的 R_2 可作断路处理；与理想电流源 I_S 串联的 R_3 可作短路处理。电路简化为如图 2.3.10（b）所示电路。由于恒压源 U_{S1} 和 U_{S2} 相串联，可以用一个恒压源 U_S 和内阻 R_1 来替代，得出如图 2.3.10（c）所示电路；再将电压源支路（即 U_S 和 R_1）等效变换为电流源，得出如图 2.3.10（d）所示电路。再将两个恒流源 I_1 和 I_S 合并为 I，得到如图 2.3.10（e）所示电路。由此可得到

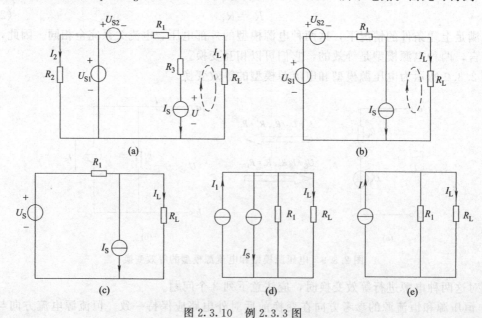

图 2.3.10　例 2.3.3 图

$$U_S = U_{S1} - U_{S2} = 30 - 10 = 20(V)$$

$$I_1 = \frac{U_S}{R_1} = \frac{20}{4} = 5(\text{A})$$

$$I = I_1 - I_S = 5 - 3 = 2(\text{A})$$

最后应用电阻并联的分流公式，可求出 I_L 为

$$I_L = \frac{R_1}{R_1 + R_L} I = \frac{4}{4+1} \times 2 = 1.6(\text{A})$$

注意：电压不等的理想电压源是不能并联的；电流不等的理想电流源是不能串联的。

5. 受控源

在电子线路中还会遇到另一类电源，它们的电压或电流受电路中其他部分电压或电流的控制，称为受控源。

（1）独立源与受控源的区别。独立源与受控源在电路中的作用不同。独立源作为电路的输入，反映了外界对电路的作用，受控源表示电路中某一器件所发生的物理现象，它反映了电路中某处的电压或电流对另一处电压或电流的控制情况。

（2）受控源的分类。根据控制量是电压还是电流，受控量是电压源还是电流源，受控源分为四种类型：电压控制电压源（VCVS）、电压控制电流源（VCCS）、电流控制电压源（CCVS）、电流控制电流源（CCCS），四种受控源在电路中的图形符号分别如图 2.3.11（a）、（b）、（c）、（d）所示。图中菱形符号表示受控源，以便与独立源的圆形符号相区别，其参考方向的表示方法与独立源相同。

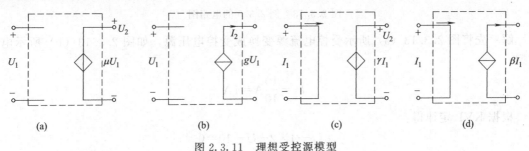

(a)　　　　　(b)　　　　　(c)　　　　　(d)

图 2.3.11　理想受控源模型

在受控源模型中 μ、g、γ、β 称为受控源的控制系数。它们反映了控制量对受控源的控制能力，其定义分别为：

$\mu = \dfrac{U_2}{U_1}$——电压控制电压源的转移电压比；

$g = \dfrac{I_2}{U_1}$——电压控制电流源的转移电导；

$\gamma = \dfrac{U_2}{I_1}$——电流控制电压源的转移电阻；

$\beta = \dfrac{I_2}{I_1}$——电流控制电流源的转移电流比。

当这些系数为常数时，被控制量与控制量成正比，这种受控源称为线性受控源。线性电路中的受控源必须是线性受控源。

【例 2.3.4】 试计算图 2.3.12 所示电路中的 U_S。

解：电流控制电流源与 10Ω 电阻相串联，流过 10Ω 的电流由欧姆定律可知：

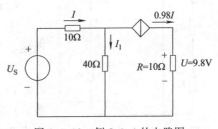

图 2.3.12　例 2.3.4 的电路图

$$I = \frac{U}{R} = \frac{9.8}{10}A = 0.98A$$

串联支路电流相等，即

$$0.98I = \frac{U}{10} = \frac{9.8}{10}A = 0.98A$$

$$I = 1A$$

$$I = I_1 + 0.98I$$

$$I_1 = I - 0.98I = 0.02A$$

$$U_S = 10I + 40I_1 = (10 \times 1 + 40 \times 0.02)V = (10 + 0.8)V = 10.8V$$

【例 2.3.5】 电路如图 2.3.13 所示，求 U。

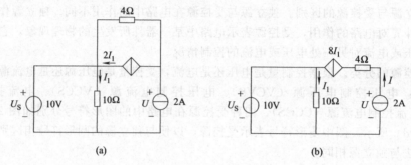

(a)   (b)

图 2.3.13　例 2.3.5 的电路图

解：先将图 2.3.13（a）所示受控电流源变换成受控电压源，如图 2.3.13（b）所示电路模型。

$$I_1 = \frac{10}{10}A = 1A$$

根据 KVL 定律得：

$$8I_1 - 4 \times 2 + U - 10 = 0$$

$$8 \times 1 - 8 + U - 10 = 0$$

$$U = 10V$$

三、任务实施

（1）任务要求。测定电压源（如干电池）的电压与内阻；正确使用测试仪表；根据测定电路正确连接各元件；正确测试电压、电流等相关数据，并进行数据分析；撰写测试报告。

（2）仪器、设备、元器件及材料。电压源（如干电池），电阻，滑动变阻器，万用表，电压表，电流表，通用电工实训台。

（3）任务内容及步骤

① 如图 2.3.14 所示连接电路，R_L、R_W 依实际情况而定。

② 先将电压源开路，测量其开路电压，此即 U_S；在图 2.3.14 电路中，改变 R_W，根据 $U = U_S - Ir_i$（U 为电压表的读数，I 为电流表的读数），测得数组电压表、电流表的数值，填入表 2.3.1，求出 r_i（平均值）。

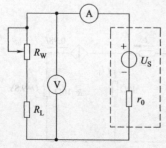

图 2.3.14　电压源的测试

表 2.3.1　电压源的测试

改变主 R_W	电压表 U	电流表 I	内阻 r_i	测试结果
一				$U_S =$
二				
三				$r_i =$
⋮				

（4）注意事项

① 仪器调零。

② 读数的准确性及可靠性。

（5）思考题

测量误差产生的原因有哪些？

四、任务考评

评分标准见表 2.3.2。

表 2.3.2　评分标准

序号	考核内容	考核项目	配分	检测标准	得分
1	电源的等效变换	电源的等效变换原理	40分	(1)能叙述电源的等效变换原理(20分) (2)能叙述理想电源的特点(20分)	
2	电压源的测试	(1)检测前的准备工作 (2)检测步骤与方法 (3)操作使用的注意事项	60分	(1)会检查仪器的性能(15分) (2)会操作仪器测量电压、电流(30分) (3)能说明操作使用的注意事项(15分)	
		合计	100分		

五、知识拓展

产生电压（电动势）的装置称电源，从能量转化的角度看，电源就是把其他形式的能源转化为电能。其产生方法如下。

（1）通过电磁感应产生电压。如图 2.3.15 所示。当将条形磁铁插入线圈中，或从线圈中拔出时，通过线圈中的磁通发生变化，则在线圈两端产生电压，如图 2.3.15（a）所示。也可以使导体在磁场中作切割磁感线的运动，则在导体两端产生电压，如图 2.3.15（b）所示。发电机、变压器、传声器（如话筒）等都是利用电磁感应原理制成的。

（2）通过热量产生电压。如图 2.3.16 所示，将一段铜丝和一段康铜丝一端焊接在一起，并在接点处加热，则它们的另外两端之间会产生电压，这就是热电偶传感器的工作原理。它可以用作测量温度的传感器。

（3）通过光产生电压。如图 2.3.17 所示，将一光敏器件接在电压表两端，用光源照射该光敏器件，则光敏器件两端会产生电压。金属基片一端为正极，接触环为负极。光敏器件用于测光表的传感器、卫星的电源设备及自动控制系统中。

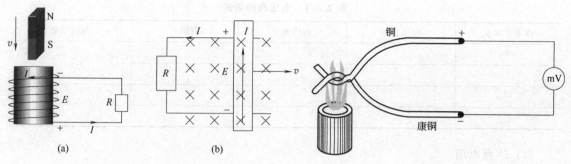

图 2.3.15　通过电磁感应产生电压　　　　图 2.3.16　通过热量产生电压

（4）通过晶体的形变产生电压（压电效应）。如图 2.3.18 所示，将压电晶体与高内阻的电压表相连接，并在其特定的表面施加压力，当压力增大或减小时，电压表显示出电压。压电晶体可用于电唱机的拾音头、晶体话筒和压力传感器等。

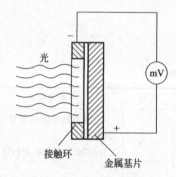

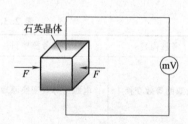

图 2.3.17　通过光产生电压　　　　　　　图 2.3.18　通过晶体的形变产生电压

六、思考与练习

1. 电源按其外特性分为_____源和_____源。电源的外特性是它的输出_____与_____的关系。

2. _____源和_____源是实际电源的模型。

3. U_S 与 R_i 串联模型构成_____源，在闭合电路中，它的端电压 $U =$ _____，希望 R_i 越_____越好。在使用中应防止其_____路。

4. I_S 与 R_i' 并联模型构成_____源，在闭合电路中，它的电流 $I =$ _____，希望 R_i' 越_____越好。在使用中应防止其外电路_____路。

5. $R_i =$ _____的电压源称为理想电压源或_____源，其输出电压为_____值，输出电流由与之相连的外电路决定。

6. $R_i' =$ _____的电流源称为理想电流源或_____源，其输出电流为_____值，输出电压由与之相连的外电路决定。

7. 电压源与电流源当满足 $R_i' =$ _____和 $U_S =$ _____等效条件时，可以进行等效变换。这种等效仅对_____电路而言，_____电路是不等效的。

8. 电压源与电流源是电源的_____，恒压源与恒流源是电源的_____。

9. 画出图 2.3.19 的等效电流源模型。如果在这两个等效电源的 a、b 端接上 20Ω 电阻，分别求出流过 20Ω 和 5Ω 电阻的电流。

10. 用等效变换求图 2.3.20 所示电路中的电流 I。

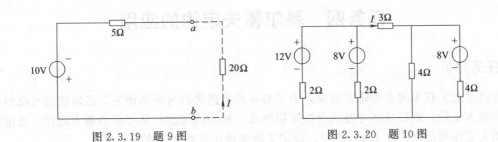

图 2.3.19　题 9 图　　　　　　　　　图 2.3.20　题 10 图

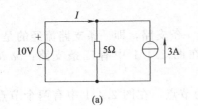

图 2.3.21　题 11 图

11.在图 2.3.21 中，$I_1 = 3\mathrm{A}$，$I_S = 5\mathrm{A}$，$E_2 = 6\mathrm{V}$，求 E_2 中电流和功率。

12.电路如图 2.3.22 所示，求：（1）图 2.3.22（a）中的电流 I；（2）图 2.3.22（b）中电流源的端电压 U；（3）图 2.3.22（c）中的电流 I。

13.图 2.3.23 所示电路，试求电流源的端电压 U。

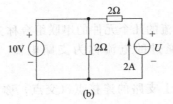 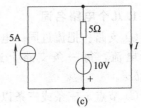

　　　　(a)　　　　　　　　　　　　(b)　　　　　　　　　　(c)

图 2.3.22　题 12 图

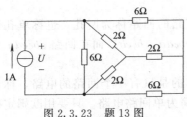 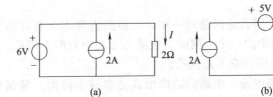

图 2.3.23　题 13 图　　　　　　　　图 2.3.24　题 14 图

14.图 2.3.24 所示电路，试求电压 U 或电流 I。

15.化简图 2.3.25 所示电路。

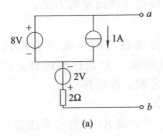 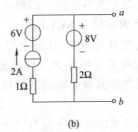

　　　　　(a)　　　　　　　　　　　　　(b)

图 2.3.25　题 15 图

任务四　基尔霍夫定律的应用

一、任务分析

电路是电工技术的主要研究对象，为了对各种电路进行分析和研究，必须熟悉电路的基本定律和基本定理；通过具体电路来分析区别网孔、回路的概念；学习基尔霍夫定律，灵活应用基尔霍夫定律列出 KCL、KVL 方程；应用支路电流法求解每一支路电流。

通过实训项目的训练，完成基本概念与基尔霍夫定律的认识学习；掌握支路电流法分析复杂电路的方法；灵活应用电压表、电流表测量电压、支路电流。

1. 知识目标

掌握用基尔霍夫定律分析电路的方法。

2. 技能目标

能通过实验验证基尔霍夫定律并能分析、排除线路中的简单故障。

二、相关知识

1. 几个电路名词

① 支路。把流过同一电流的几个元件的串联组合称为一条支路，即一条支路流经的是同一个电流，每一条支路上通过的电流称为支路电流。在图 2.4.1 中有三条支路：$bade$、be、bce。

② 节点。三条或三条以上支路的连接点（交点）称为节点。在图 2.4.1 中有两个节点：节点 b 和节点 e。

③ 回路。由若干条支路组成的闭合路径称为回路。在图 2.4.1 中有三个回路：$abeda$、$bceb$、$abceda$。

④ 网孔。网孔是回路的一种，在回路内部不含有其他支路的回路称为网孔，也称单孔回路，如同渔网中的一个个网眼。在图 2.4.1 中有两个网孔：$abeda$、$bceb$。而在回路 $abceda$ 中含有支路 be，因此它不是网孔。

⑤ 单回路电路。电路的结构形式是多种多样的。最简单的是只有一个回路的电路，称为单回路电路。有的电路虽有几个回路，但能用串并联方法化简为单回路电路。只要用欧姆定律即可分析计算。

⑥ 复杂电路。有的多回路电路（含有一个或多个电源），则不能用串并联方法化简为单回路电路。这样的电路，称之为复杂电路。分析和计算复杂电路，不但要用欧姆定律，还要用基尔霍夫定律。用这两个基本定律，根据电路结构特点寻找简便的方法。

2. 基尔霍夫电流定律（KCL）

基尔霍夫电流定律是确定电路中任一节点处的各支路电流间关系的定律，简称 KCL。KCL 的理论依据是电荷守恒定律（即电流连续性原理）。该定律的内容是：任一时刻，流入电路任一节点的电流之和恒等于流出该节点的电流之和。可写作

$$\sum I_{入} = \sum I_{出} \tag{2.4.1}$$

如果设流入和流出的电流分别为"＋"和"－"，则 KCL 也可表述为：任一时刻，通过任一节点的各支路电流的代数和恒等于零。其数学表达式为：

$$\sum I = 0 \tag{2.4.2}$$

由 KCL 决定的各支路电流的关系式，可称之为节点电流方程。

　　这里要说明的是电流的代数和，就是指电流有正、负之分。因此，把 KCL 定律应用到某节点时，首先应选定每一支路电流的参考方向。如果设定流入节点的电流为正，则流出节点的电流为负。需要注意的是，KCL 中所提到的电流的"流入"与"流出"，均以电流的参考方向为准，而不论其实际方向如何。流入节点的电流是指电流的参考方向指向该节点，流出节点的电流其参考方向背离该节点。现以图 2.4.2 为例说明。

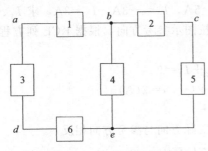
图 2.4.1　电路名词用图

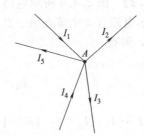
图 2.4.2　列写 KCL 方程说明图

　　对节点 A，若取流入节点电流为正，流出节点为负，则对 A 点的 KCL 方程为：

$$I_1 - I_2 - I_3 + I_4 - I_5 = 0$$

也可把上式变形得

$$I_1 + I_4 = I_2 + I_3 + I_5$$

可以看出两种表示方法显示节点的电流间的关系是一致的。

　　基尔霍夫电流定律不仅适用于任一节点，还可以将 KCL 由节点扩展到任一假想的闭合面（也称广义节点）。即：通过任一假想的闭合面的各支路电流的代数和恒为零，即也满足 $\sum I = 0$。

　　闭合面内可以包围几个节点，电路中的任一闭合回路都可以看成是一个闭合面（或大节点）。将 KCL 扩展后可以使电路分析和计算简化。在图 2.4.3 所示的电路中，如果要确定 I_1、I_2 和 I_3 三个电流间的关系式，可以用一个假想的闭合面（虚线框）将节点 1、2、3 包围起来。对闭合面应满足 $\sum I = 0$，即：

$$I_1 - I_2 + I_3 = 0$$

　　在图 2.4.4 所示电路中，若确定 6 个电流间的关系式，也可以假想的闭合面（虚线框）将节点 a、b 包围起来，很容易得到：

$$I_1 + I_2 + I_3 - I_4 - I_5 - I_6 = 0$$

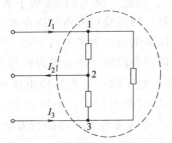
图 2.4.3　KCL 适合假想闭合面

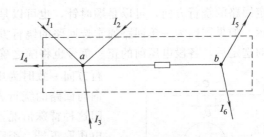
图 2.4.4　KCL 应用于闭合面图

　　基尔霍夫电流定律是电路中连接到任一节点的各支路电流必须遵守的约束，而与各支路上的元件性质无关。这一定律对于任何电路都普遍适用。

　　【例 2.4.1】　已知图 2.4.5 中的电流，$I_1 = 7A$，$I_2 = 3A$，$I_3 = -2A$，求 I_4。

　　解：根据 KCL，有

$$I_1 - I_2 + I_3 - I_4 = 0$$

所以 $I_4 = I_1 - I_2 + I_3 = 7 - 3 + (-2) = 2(\text{A})$

由此例看出，列写 KCL 方程时将遇到两套正、负号问题。一套是各项中电流的正、负号，它取决于电流正方向是流入还是流出节点；另一套是各项中电流本身数值的正、负号，它取决于电流的参考方向是否与实际方向相同。这一点读者应特别注意。

【例 2.4.2】 图 2.4.6 所示电路。已知 $I_1 = 5\text{A}$，$I_2 = -3\text{A}$，$I_3 = 3\text{A}$，求 I_4、I_5、I_6。

解：图示电路有 4 个节点 A、B、C、D。按图示参考方向，根据 KCL 列方程，设电流流入节点为正，则有

节点 A： $\qquad\qquad\qquad\qquad -I_1 - I_2 + I_4 = 0$

整理得 $\qquad\qquad\qquad\qquad I_4 = I_1 + I_2 = 5 + (-3) = 2(\text{A})$

节点 B： $\qquad\qquad\qquad\qquad I_3 - I_4 + I_5 = 0$

整理得 $I_5 = I_4 - I_3 = 2 - 3 = -1$ （A）（I_5 实际方向与参考方向相反）

节点 C： $\qquad\qquad\qquad\qquad I_1 - I_3 + I_6 = 0$

整理得 $I_6 = -I_1 + I_3 = -5 + 3 = -2$ （A）（I_6 实际方向与参考方向相反）

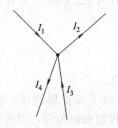

图 2.4.5 例 2.4.1 电路图

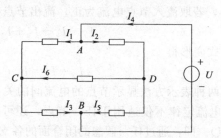

图 2.4.6 例 2.4.2 电路图

3. 基尔霍夫电压定律（KVL）

由于电路中各点的电位是确定的，所以从一个闭合电路中的某一点出发，沿任意路径绕行一周，经历了电位的升高及降低，当回到原出发点时，电位值不变。基尔霍夫电压定律是确定任一回路中各段电压之间的关系的定律，简称 KVL。该定律的内容是：任一时刻，沿任一回路绕行一周，回路中各段电压的代数和恒等于零。其数学表达式为：

$$\sum U = 0 \qquad\qquad\qquad (2.4.3)$$

式（2.4.3）中电压的代数和，是指电压有正、负之分。因此，将 KVL 应用于某回路时，要先选定回路的绕行方向，可以是顺时针，也可以是逆时针，回路绕行方向可以在电路图中用箭头表示。如果回路为一单回路通常选回路的绕行方向与回路电流的参考方向一致。当回路的绕行方向选定后，各段电压前的正、负号也将随之确定。即当各段电压的参考方向与回路的绕行方向一致时为电位降，电压取正；当各段电压的参考方向与回路的绕行方向相反时为电位升，电压取负。对于电阻这种特殊情况，电阻上电流参考方向与绕行方向一致的，电压取正号，否则取负号。

由 KVL 决定的回路中各支路电压的关系式，可称为回路电压方程。

下面以图 2.4.7 所示的回路为例加以说明。设回路的绕行方向为顺时针方向，根据 KVL 列出电压方程：

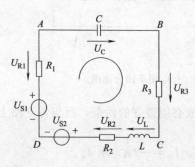

图 2.4.7 列写 KVL 方程说明图

$$U_C + U_{R3} + U_L + U_{R2} + U_{S2} - U_{S1} - U_{R1} = 0$$

将上式变形得：
$$U_C + U_{R3} + U_L + U_{R2} + U_{S2} = U_{S1} + U_{R1} = U_{AD}$$

可以看出，这是 KVL 定律的另一含义或表达形式，即：某一回路中的所有支路的电位降的总和等于该回路中所有支路的电位升的总和。同时，还可以看出，上式左右是沿不同路径（AD 和 ABCD）得出节点 A 与 D 之间的电压，此等式表明，不同路径得到的两节点间的电压值是相同的。所以，KVL 定律反映了电压与路径无关。

基尔霍夫电压定律是电路中任一闭合回路内各支路电压必须遵守的约束，与各支路元件的性质无关。这一定律对于任何电路也是普遍适用的。

【例 2.4.3】 求图 2.4.8 中 U_1 和 U_2。

解：对 bdcb 和 abcea 两个回路，按 KVL 列写方程，设两个回路的绕行方向均为顺时针。

bdcb 回路：
$$U_2 - 10 + (-3) = 0$$
$$U_2 = 13\text{V}$$

abcea 回路：
$$5 - (-3) - (-1) - 10 - U_1 = 0$$
$$U_1 = -1\text{V}（负号表示实际方向与图中参考方向相反）$$

由此例可以看出，列 KVL 方程时，也将遇到两套正、负号问题。一套是各部分电压的运算正、负号，它取决于各部分电压的参考方向是否与绕行方向一致，一致取"＋"，相反取"－"；另一套是各项电压值本身数值的正、负号，它取决于参考方向是否与实际方向一致。这好比上下楼梯，楼梯有高、低两端，是上楼还是下楼，取决于行走的方向。

基尔霍夫电压定律不仅适用于任一真实回路，还可以将 KVL 扩展到开口回路。图 2.4.9 所示电路并不是一个真实的闭合回路，a、d 端为开口，但在 a、d 两端用电压 U_{ad} 连接，即假想 a、d 之间有一个元件，其上的电压为 U_{ad}，这样就构成了一个假想回路 abcda，KVL 对假想回路同样适用。即：任一时刻，沿假想回路绕行一周，各段电压降的代数和恒等于零。

利用假想回路的方法可以很方便地求出电路中任意两点间的电压。比如求图 2.4.9 中 a、d 两点间的电压 U_{ad}，则可以对假想回路列出 KVL 方程：
$$U_1 + U_S - U_{ad} = 0$$
$$U_{ad} = U_1 + U_S$$

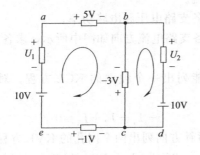

图 2.4.8　例 2.4.3 图

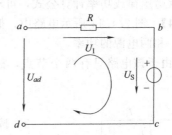

图 2.4.9　KVL 用于开口回路

4. 支路电流法

在进行复杂电路求解时，一般是电路中各元件的参数及电源电动势已知，需要求解电路的电流或某段电路上的电压。支路电流法是解决上述问题时应用较普遍的一种方法。支路电流法是以支路电流作为求解对象，利用基尔霍夫两条定律分别列出 KCL 方程和 KVL 方程，从而解出支路电流的方法。下面来说明这种方法。

首先介绍两个可以证明的结论。

① 一般讲，对于具有 n 个节点的电路，任意 $n-1$ 个节点的 KCL 方程都是独立的。

② 若一个电路具有 b 条支路、n 个节点，则可以列出的独立的 KVL 方程数目是 $b-n+1$ 个；并且对于一个平面网络，网孔数恰好是 $b-n+1$ 个，所以对所有网孔列出的 KVL 方程一定是相互独立的。

由上述结论可知，一个具有 b 条支路、n 个节点的电路，可以列出 $n-1$ 个独立的 KCL 方程和 $b-n+1$ 个独立的 KVL 方程，共 b 个独立方程；若这些方程都以支路电流为未知量，就可以解出 b 个支路电流，再通过支路的伏安关系求出各支路电压。

下面以图 2.4.10 所示电路为例来进一步说明这种方法。图 2.4.10 所示电路共有四个节点、六条支路、三个网孔、七个回路，六条支路电流 $I_1 \sim I_6$ 的参考方向如图中所示。假定各电阻和电源电压值均为已知，现在求各支路电流。

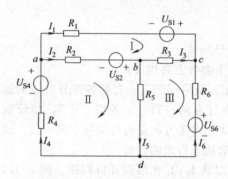

图 2.4.10 说明支路电流法电路图

① 首先可对任意三个节点列出三个独立的 KCL 方程

节点 a：$\qquad I_1 + I_2 - I_4 = 0$

节点 b：$\qquad -I_2 + I_3 + I_5 = 0$

节点 c：$\qquad -I_1 - I_3 - I_6 = 0$

② 选择绕行方向为顺时针，对三个网孔列出独立的 KVL 方程

网孔 Ⅰ：$\quad R_1 I_1 - U_{S1} - R_3 I_3 + U_{S2} - I_2 R_2 = 0$

网孔 Ⅱ：$\quad R_2 I_2 - U_{S2} + I_5 R_5 + I_4 R_4 - U_{S4} = 0$

网孔 Ⅲ：$\quad R_3 I_3 - R_6 I_6 + U_{S6} - I_5 R_5 = 0$

以上六个方程联立求解，即可求出六个支路电流 $I_1 \sim I_6$。

支路电流法的一般步骤可归纳如下。

① 找出电路中一共有几条支路，然后设每个支路电流为未知要求量，并在相应的支路处标出各个电流的参考方向。

② 标出电路中的节点，选择 $(n-1)$ 个节点，列出 $(n-1)$ 个独立的 KCL 方程。

③ 选网孔为回路，并设定其绕行方向，列出各网孔的独立的 KVL 方程。

④ 联立求解上述独立方程，得出各支路电流。

⑤ 根据欧姆定律或功率计算公式，可求解各支路电压和电路功率。

【例 2.4.4】 图 2.4.11 所示电路中，假定各支路电流方向如图中所示，求各支路电流 I_1、I_2、I_3 及 U_{ab} 和两电源的功率。

解：(1) 由于该电路只有两个节点，故只能列出一个独立的 KCL 方程，对节点 a 列出 KCL 方程

$$-I_1 - I_2 + I_3 = 0$$

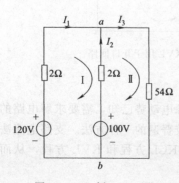

图 2.4.11 例 2.4.4 图

(2) 按顺时针方向列出两个网孔的 KVL 方程

网孔 Ⅰ：$\quad 2I_1 - 2I_2 + 100 - 120 = 0$

网孔 Ⅱ：$\quad 2I_2 + 54I_3 - 100 = 0$

(3) 联立求解上面三个方程，解得

$$I_1 = 6A, I_2 = -4A, I_3 = 2A, U_{ab} = 54I_3 = 54 \times 2 = 108(V)$$

其中 I_2 为负值，说明假定方向与实际方向相反。即 100V 电源此时不是对负载供电，而是 120V 电源对 100V 电源进行充电。汽车、摩托车、电传动机车、拖拉机等上面的蓄电池均工作在这种状态下，即当车辆行驶时，车上的发电机由车辆行

驶时的动力带动而发电，其发出的电一方面对车上的负载（如照明灯、电扇等）供电，另一方面对车上的蓄电池充电。当车辆停止运行时，则发电机停止工作，此时由蓄电池对车上的负载供电。

从本例的计算中还可得出一个很重要的结论：当两组电源并联向负载供电时，这两组电源的电动势应相等或接近相等。否则，电动势低的一组电源可能不仅不起电源作用，相反却变成了消耗电能的负载。

三、任务实施

（1）任务要求。学习直流电流表、电压表、万用表、直流稳压电源的使用方法；记好各电流值的正负值；提高测量多支路电路中电压、电流的能力；通过验证基尔霍夫定律的正确性，加深对定律的理解。

（2）仪器、设备、元器件及材料。直流可调稳压电源 $0\sim30\mathrm{V}$，万用表，直流毫安表 15/30/60 mA，直流电压表 7.5/15/30V，电阻 300Ω、150Ω、100Ω，基尔霍夫定律实验电路板。

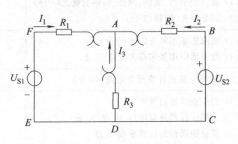

图 2.4.12　基尔霍夫定律实验电路

（3）任务内容及步骤

① 根据图 2.4.12 的电路参数（稳压电源电压取 $U_{S1}\leqslant15\mathrm{V}$，$U_{S2}\leqslant8\mathrm{V}$。电路参数：$R_1=300\Omega$，$R_2=150\Omega$，$R_3=100\Omega$），计算出待测的电流 I_1、I_2、I_3 和各电阻上的电压值，记入表中，以便实验测量时，可正确地选定毫安表和电压表的量程。

② 根据计算的各电流、电压值，确定仪表的量限。

③ 按图 2.4.12 接线。

④ 由图 2.4.12 所示电路中各电流的参考方向，测量各支路电流，确定被测电流的正负号后，将测量数据记录于表 2.4.1 中。

⑤ 由图 2.4.12 所示电路中各电压的参考方向，测量各元件上的电压，确定被测电压的正负号后，将测量数据记录于表 2.4.1 中。

⑥ 验证基尔霍夫定律。

⑦ 切断电源，数据经指导教师审阅后，方可拆除线路并整理仪器和实验设备。

表 2.4.1　基尔霍夫定律验证的数据测量及计算

测量项目		测量值						给定值	
		I_1/mA	I_2/mA	I_3/mA	U_{R1}/V	U_{R2}/V	U_{R3}/V	U_{S1}/V	U_{S2}/V
理论计算值								15	8
实际测量值									
仪表的量限									
基尔霍夫定律	KCL	节点	$\sum I=$						
	KVL	回路 1	$\sum U=$						
		回路 2	$\sum U=$						

（4）注意事项

① 电压表、电流表的正确连接；在测量时不要错将电流表当成电压表使用。

② 按图示参考方向测量时，若电流（或电压）表的指针反偏，说明实际方向与参考方向相反，此时应将表的接线对调，并在测量值前加"－"（负号）。

③ 实际电压源不允许短路。

（5）思考题

① 实验中，若用指针式万用表直流毫安挡测各支路电流，在什么情况下可能出现指针反偏，应如何处理？在记录数据时应注意什么？

② 测量误差产生的原因有哪些？

四、任务考评

评分标准见表 2.4.2。

表 2.4.2　评分标准

序号	考核内容	考核项目	配分	检测标准	得分
1	节点、支路、网孔、回路的概念	(1) 节点、支路、网孔、回路的概念 (2) 网孔与回路的区别	10 分	(1) 能认识节点、支路、网孔、回路的概念(5分) (2) 区分网孔、回路(5分)	
2	基尔霍夫定律及应用	(1) 基尔霍夫定律 (2) 基尔霍夫定律应用	10 分	(1) 能陈述基尔霍夫定律(5分) (2) 能灵活应用基尔霍夫定律(5分)	
3	支路电流法	支路电流法	40 分	会用支路电流法计算复杂电路(40分)	
4	会进行基尔霍夫定律的验证	(1) 检测前的准备工作 (2) 检测步骤与方法 (3) 操作的注意事项	40 分	(1) 会检查仪器的性能(5分) (2) 会操作仪器测量电压、电流(30分) (3) 能说明操作的注意事项(5分)	
	合计		100 分		

五、知识拓展

在电路中若任意选择一个节点作为参考点，则其他节点到参考点的电压称为节点电压。以节点电压为未知量，对节点列写独立的 KCL 方程，求出节点电压，再由节点电压求出欲求的支路电压或电流的分析方法，称为节点电压法。该方法不仅适用于平面电路，还可用于非平面电路，对多支路多网孔少节点的电路，相比用支路电流法，由于方程式的减少而较为方便，尤其对多支路两节点的电路的计算尤为简便。大型复杂网络用计算机辅助分析时，节点电压法是最重要的方法之一。

一个电路中的节点电压有 $(n-1)$ 个，n 是电路的节点数。所以，节点电压法需要列写的方程数是 $(n-1)$ 个。下面仍以具体例子说明这种方法。

图 2.4.13 中电路，共有三个网孔、四个节点、六条支路。假定取节点 4 作为参考节点，则节点 1、节点 2 和节点 3 为独立节点。电路中有三个节点电压，即 U_{14}，U_{24}，U_{34}，简写为 U_1，U_2，U_3。设各支路电流的参考方向如图 2.4.13 所示，对三个独立节点列写 KCL 方程

节点 1：$\qquad\qquad\qquad\quad I_1 + I_2 = I_{S1}$

节点 2：$\qquad\qquad\qquad\quad I_2 + I_3 = I_{S2}$ $\qquad\qquad\qquad$ (2.4.4)

节点 3：$\qquad\qquad\qquad\quad I_4 - I_1 = I_{S2}$

为得到以节点电压为未知量的方程式，将式（2.4.4）中的各支路电流都用节点电压表示，即

$$I_1 = G_1(U_1 - U_3)$$

$$I_2 = G_2(U_1 - U_2)$$
$$I_3 = -G_3 U_2$$ \hfill (2.4.5)
$$I_4 = G_4 U_3$$

将式（2.4.5）代入式（2.4.4），整理后，得到以下方程

节点 1： $\quad (G_1 + G_2)U_1 - G_2 U_2 - G_1 U_3 = I_{S1}$

节点 2： $\quad (G_2 + G_3)U_2 - G_2 U_1 = -I_{S2}$ \hfill (2.4.6)

节点 3： $\quad (G_1 + G_4)U_3 - G_1 U_1 = I_{S2}$

这就是图 2.4.13 所示电路以节点电压 $U_1 \sim U_3$ 为求解量的 KCL 方程，称为节点方程。这些方程联立求解出节点电压后，代入式（2.4.5），就可求出各支路电流。

应当指出：节点电压方程实质上还是 KCL 方程，其中的每一个乘积项都是一个不同形式的电流，只不过是将这个电流表示成电导与电压相乘的形式。

仔细观察式（2.4.6）会发现这是一组有规律的方程式，其规律如下。

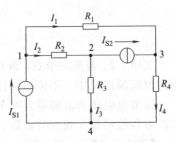

图 2.4.13 用节点电压法
求解的电路图

① 每个节点方程的等号左边的各项由两部分组成。一部分是由本节点的电压形成的流入（出）本节点的电流。例如对应节点 1 的方程中的第一项 $(G_1 + G_2)U_1$，其中 $(G_1 + G_2)$ 称为自电导，它是与本节点 1 相连的各支路的电导之和。另一部分是相邻节点的电压形成的流入（出）本节点 1 的电流。比如该方程式中的 $-G_2 U_2$ 和 $-G_1 U_3$，其中 $-G_2$、$-G_1$ 分别称为节点 2 对节点 1 和节点 3 对节点 1 的互电导，它们是相邻节点与本节点之间公共支路的电导。应该指出的是，因为一般假定所有节点电压的参考方向都是由独立节点指向参考节点，所以自电导总是正的，互电导总是负的。

② 每个节点方程的等号右边是流入该节点的所有电流源的代数和。流入取"＋"号，流出取"－"号。

式（2.4.6）可以推广为更多节点的情况。节点方程的一般形式可概括为：

自电导×本节点电压＋∑（互电导×相邻节点电压）＝与该节点相连的所有电流源电流的代数和
\hfill (2.4.7)

根据式（2.4.7）就可以对电路直接列出各节点方程。

节点电压法的一般步骤可归纳如下。

① 选取参考节点，一般取连接支路较多的节点，并在电路图上标以接地符号；再标定 $(n-1)$ 个独立结点，这些节点到参考节点的电压就是节点电压，其参考方向是由独立节点指向参考节点。注：参考节点的选择是任意的。

② 对各节点按式（2.4.6）列出节点方程，应注意自导总是正的，互导总是负的。

③ 连接到本节点的电流源，当流入本节点时前面取正号，反之取负号。

④ 求解方程组，得出各节点电压，再求出欲求的支路电压、电流（用结点电压表示）。

使用节点电压法时要注意以下几点。

① 如果电路中存在电压源与电阻的串联组合，应先把它们等效变换为电流源与电阻并联的组合，然后再列写方程。

② 若两节点间有一条支路仅含有恒压源时，且以它的一端为参考点，则恒压源的值即为节点电压值，因而不必再列写该节点的节点电压方程。

③ 当有理想电压源支路，且两端都不与参考节点相连时，对这样的电压源怎样处理呢？其实节点方程的本质是 KCL 方程，即电流平衡方程，方程中的各项都是某种形式的电流。因

此可以这样处理：把电压源电流设为新的未知变量列入节点方程，并将电压源电压与两端节点电压的关系作为补充方程，一并求解。其实在这里用了混合变量，除节点电压外，还把电压源的电流作为变量。有的教材把这种方法称为改进节点法。

④ 若两节点间含有恒流源支路时，则该恒流源的值即为该支路的电流值。

⑤ 若两节点间含有恒流源支路（或恒流源与电阻串联）时，两节点的节点电压公式的一般形式为：

$$U_a = \frac{\sum \dfrac{U_S}{R} + \sum I_S}{\sum \dfrac{1}{R}}$$

式中，I_S 若流向节点，取正值，否则取负值。在分母中，不要计入与恒流源串联的电阻，因为恒流源支路中，不论串入任何元件，都不影响恒流值。

以节点电压为求解量列写节点方程并求解的节点电压法的实质仍是基尔霍夫电流定律。其节点方程数目等于独立节点数，即（$n-1$）个。

【例 2.4.5】 电路如图 2.4.14 所示，用节点电压法求电流源两端电压 U。

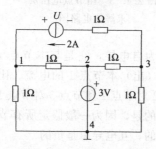

图 2.4.14 例 2.4.5 图

解： 本例电路中含有一个 3V 电压源，但没有串联电阻。因此，不能用含电流源电路代替。但注意到，如果选节点 4 为参考点，则这个电压源有一端与参考点相连，节点 2 的电压即为已知的，即 $U_2 = 3$V。因此，这个电路只有两个节点电压需要求解，即 U_1 和 U_3。所以，只要列两个节点方程就够了。

本例中还有一个 2A 电流源和 1Ω 电阻串联支路需要注意，因节点方程的实质是 KCL 方程，故 1Ω 电阻在列写节点方程时应不予考虑。列出节点方程如下

节点 1： $\qquad (1+1)U_1 - U_2 = 2$

节点 3： $\qquad (1+1)U_3 - U_2 = -2$

整理得

$$2U_1 - 3 = 2$$
$$2U_3 - 3 = -2$$

解得 $U_1 = 2.5$V，$U_3 = 0.5$V，$U_{13} = U_1 - U_3 = 2.5 - 0.5 = 2$ (V)，根据 KVL 方程得

$$U = 2 + U_{13} = 2 + 2 = 4(\text{V})$$

【例 2.4.6】 电路如图 2.4.15 所示，用节点法求电流源两端电压 U。

解： 本例电路中有四个节点，有两个电压源。如果选节点 4 为参考点，则 3V 电压源一端与它相连，节点 1 的电压就是已知的，即 $U_1 = 3$V。而 2V 电压源的两端都不与参考点相连，首先假定在该电压源中有一个电流 I，如图 2.4.15 中所示，这个电流可以作为节点方程中的一项。这样在节点方程中便多出一个未知量 I，可以利用这个电压源在电路中所处的位置，补充一个该电压源与其相连两个节点的节点电压的关系的方程，即 $U_3 - U_2 = 2$V，以使方程数与未知量数一致，使方程组有唯一解。因此，本例电路的节点方程及其补充方程为

节点 2： $\quad (2+4)U_2 - 2U_1 = 26 - I$

节点 3： $\quad (5+8)U_3 - 5U_1 = I$

补充方程： $\quad U_3 - U_2 = 2$

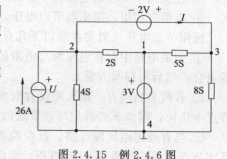

图 2.4.15 例 2.4.6 图

将 $U_1 = 3V$ 代入整理后可得

$$6U_2 = 32 - I$$
$$13U_3 = 15 + I$$
$$U_3 - U_2 = 2$$

解得 $U_2 = \dfrac{21}{19}V$，$U_3 = \dfrac{59}{19}V$，电流源两端电压为 $U = U_2 = \dfrac{21}{19}V$。

六、思考与练习

1. 若干个二端元件_____联组成的电路称为支路，各元件流过_____电流，含有电源的支路称为_____支路，不含有电源的支路称为_____支路。

2. 电路中____条或____条以上支路的连接点称为_____。

3. 网孔是其内部不含有其他_____的_____。

4. 网孔是_____，回路不一定是_____。

5. KCL 是遵循_____法则的，是体现电流_____原理的。应用它可列出_____个_____方程。它还可推广应用到任意假设的_____。

6. KVL 是遵循_____法则的，它反映了_____与_____无关的性质。应用它可列出_____个_____方程。它还可推广应用于_____。

7. 一个方程至少要包含一个未使用过的_____，这样的方程称为_____方程。

8. 应用 KCL 列出方程时，会有两套正、负号问题：一套是电流前的运算符号，它取决于电流的_____方向与_____的关系；另一套是电流值的性质符号，它取决于电流的_____方向与_____方向的关系。

9. 应用 KVL 列出方程时，也会有两套正、负号问题：一套是电压前的运算符号，它取决于电压的_____方向与_____方向的关系；另一套是电压值的性质符号，它取决于电压的_____方向与_____方向的关系。

10. 支路电流法是以_____为待求量，对_____来列方程的。设电路有 b 条支路、有 n 个节点，共需列_____个_____方程。其中可用 KCL 列出_____个_____电流方程；可用 KVL 列出_____个_____电压方程，然后_____来解。

11. 节点电压法是以_____为待求量的。在多支路两节点电路，计算节点电压的公式中，其分子 $\sum (U_S/R)$ 的正、负号取决于____与____的参考方向，若一致，则取____；$\sum (E/R)$ 的正、负号取决于____与____的参考方向，若一致，则取____。

12. 采用节点电压法解题时，若某一支路为恒压源，则该恒压源的值就是_____的值；若某一支路为恒流源或恒流源与电阻的串联，则该支路的电流值就是_____的值。

13. 求图 2.4.16（a）、（b）、（c）所示电路的各电流。

14. 在图 2.4.17 中，选取 ABCDA 为绕行方向，用 KVL 列出回路电压方程。

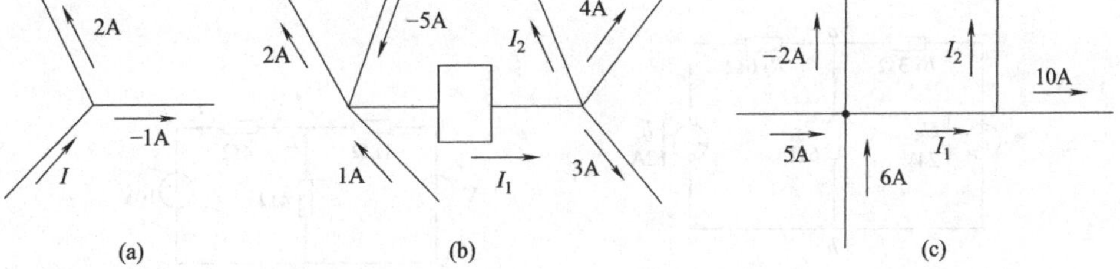

图 2.4.16　题 13 的电路

15. 如图 2.4.18 所示电路，已知 $I=-2A$，$U_{AB}=6V$。求电阻 R_1、R_2 的值。

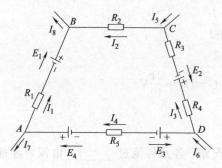

图 2.4.17　题 14 的电路

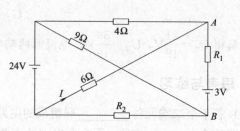

图 2.4.18　题 15 的电路

16. 求图 2.4.19 所示电路中各支路的电流和电压。

17. 用支路电流法求图 2.4.20 中各支路电流。

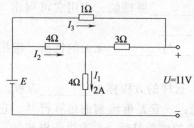

图 2.4.19　题 16 的电路

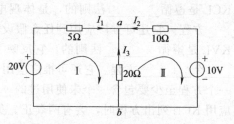

图 2.4.20　题 17 的电路

18. 在图 2.4.21 中，已知电动势 $E_1=16V$，$E_2=E_3=4V$，电流源 $I_4=1mA$，电阻 $R_1=8k\Omega$，$R_2=2k\Omega$，$R_5=4k\Omega$。求各支路电流。

19. 用节点电压法，求图 2.4.22 所示电路中各支路电流。

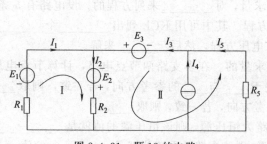

图 2.4.21　题 18 的电路

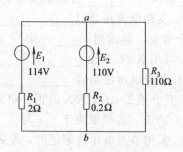

图 2.4.22　题 19 的电路

20. 用节点电压法求图 2.4.23 所示电路中各支路的电流。

21. 用支路电流法求图 2.4.24 所示电路中各支路的电流。

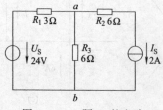

图 2.4.23　题 20 的电路

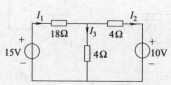

图 2.4.24　题 21 的电路

22. 用节点电压法求图 2.4.25 所示电路的电流 I。

23. 图 2.4.26 所示是某电路的一部分，试求电路中的 I 和 U_{ab}。

24. 图 2.4.27 所示是某电路的一部分，已知 3Ω 上的电压为 $6V$，试求电路中的 I。

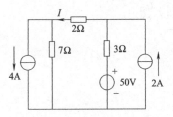

图 2.4.25　题 22 的电路

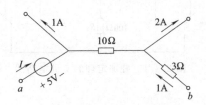

图 2.4.26　题 23 的电路

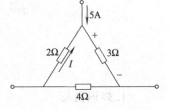

图 2.4.27　题 24 的电路

25. 图 2.4.28 所示电路，试用支路电流法求各支路电流。

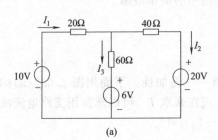

(a)

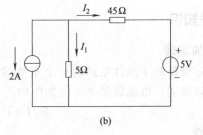

(b)

图 2.4.28　题 25 的电路

26. 图 2.4.29 所示电路，已知 $I_1 = 1A$，$I_2 = 3A$，试求 R_1 和 R_2。

27. 图 2.4.30 所示电路，试用支路电流法求电流 I。

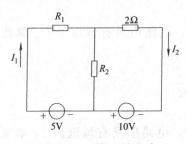

图 2.4.29　题 26 的电路

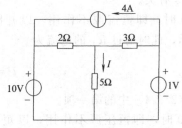

图 2.4.30　题 27 的电路

28. 试用节点电压法分析题 25 和题 27。

任务五　叠加定理的应用

一、任务分析

根据叠加定理，将多个电源共同激励的电路转化成多个单电源激励的电路的叠加，使复杂电路变成简单电路。

通过图 2.5.1 所示的项目训练，完成叠加定理的认识学习。掌握将多电源作用电路，转化成多个单电源的方法。用电压表、电流表测量电压、电流，根据数据的正负，找到电压、电流叠加的关系。

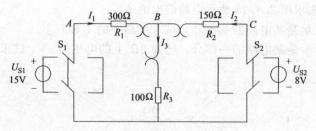

图 2.5.1　叠加定理的实训电路图

1. 知识目标

掌握用叠加定理分析电路的方法。

2. 技能目标

能通过实验验证叠加定理并能分析、排除线路中的简单故障。

二、相关知识

1. 叠加定理

叠加定理反映了线性电路的一个重要的性质——叠加性。下面用图 2.5.2(a) 的简单线性电路来加以说明，电流的参考方向如图中所示，现在来求 I。可以选择用支路电流法求解。

$$R_1 I + R_2 (I + I_S) = U_S$$

整理得

$$I = \frac{U_S}{R_1 + R_2} - \frac{R_2 I_S}{R_1 + R_2} \tag{2.5.1}$$

从式 (2.5.1) 可以发现，通过 R_1 的电流 I 由两部分组成，一部分是只与 U_S 有关，而另一部分只与 I_S 有关。

当 $I_S = 0$ 时，即恒流源不作用，以开路代替，电路中只有恒压源 U_S 单独作用，如图 2.5.2(b) 所示，此时通过 R_1 的电流为

$$I' = \frac{U_S}{R_1 + R_2}$$

这恰好是式 (2.5.1) 中的第一项。

当 $U_S = 0$ 时，即恒压源不作用，以短路代替，电路中只有恒流源 I_S 单独作用，如图 2.5.2(c) 所示，由分流公式得

$$I'' = -\frac{R_2}{R_1 + R_2} I_S$$

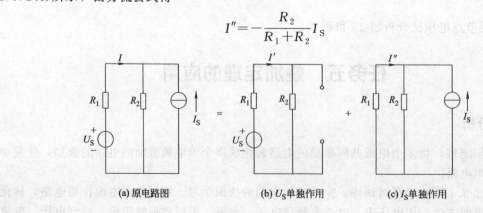

(a) 原电路图　　　(b) U_S 单独作用　　　(c) I_S 单独作用

图 2.5.2　叠加定理

这恰与式（2.5.1）第二项相符。由此得出

$$I=I'+I''=(U_\text{S}\text{单独作用时产生的分量})+(I_\text{S}\text{单独作用时产生的分量})$$

上述结果可以推广到一般情况，由此可得叠加定理，其内容可表述为：线性电路中，任一支路的响应（电压或电流）都等于电路中各个独立源（激励）单独作用时在该支路产生的响应（电压或电流）的代数和。

叠加定理是所有线性系统都具有的普遍性质，在此我们不做一般的证明。叠加定理只适用于线性电路，对非线性电路不适用。叠加定理不但可以用来计算复杂电路，其更重要之处在于它是分析电路的方法之一。后面遇到的正弦、非正弦交流电路（例如电子技术中会学到的交流电整流后的输出电流波形、晶体三极管放大电路集电极输出电压波形等）的分析均会用到叠加定理。

2. 叠加定理的应用

用叠加定理分析电路时应注意以下几点。

① 叠加定理只适用于计算线性电路中的电压和电流，而不能用来计算电路的功率。

② 叠加时，要注意总响应与各分量的参考方向。与总响应的参考方向一致的分量，前面取正号，反之取负号。

③ 叠加时，电路的连接结构及所有电阻不变。所谓恒压源不作用，就是用短路线代替它；而恒流源不作用，就是在该电流源处用开路代替。

④ 用叠加定理分析含受控源电路时，不能把受控源和独立源同样对待。因为受控源不是激励，受控源只能像电阻一样保留。

【例 2.5.1】　电路如图 2.5.3(a)所示，用叠加定理求 I，并求 8Ω 电阻的功率。

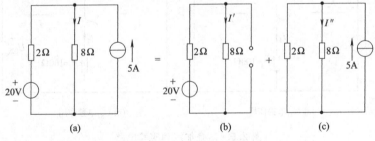

图 2.5.3　例 2.5.1 图

解：用叠加定理求解电路的步骤是：先求其分量，再求总量。

(1) 20V 电压源单独作用时：将 5A 电流源开路，如图 2.5.3(b)所示，可得

$$I'=\frac{20}{2+8}=2(\text{A})$$

(2) 5A 电流源单独作用时：将 20V 电压源短路，如图 2.5.3(c)所示，可得

$$I''=2\times\frac{5}{2+8}=1(\text{A})$$

(3) 两电源共同作用时的总电流：

$$I=I'+I''=1+2=3(\text{A})$$

(4) 8Ω 电阻的功率：

$$P=I^2\times8=3^2\times8=72(\text{W})(\text{吸收功率})$$

三、任务实施

(1) 任务要求。学习直流电流表、电压表、万用表、直流稳压电源的使用方法；记好各电

流值的正负值；提高测量多支路电路中电压、电流的能力；通过验证叠加定理的正确性，加深对定理的理解和学会电源的处理方法。

（2）仪器、设备、元器件及材料。直流可调稳压电源 0～30V，万用表，直流毫安表 15/30/60 mA，直流电压表 7.5/15/30V，电阻 300Ω、150Ω、100Ω，叠加定理实验电路板。

（3）任务内容及步骤

① 根据图 2.5.4 的电路参数和电流、电压的参考方向，分别计算两电源共同作用和单独作用时各支路电流和电压值，记入表中，以便实验测量时可正确地选定毫安表和电压表的量程。

② 根据计算的各电流、电压值，确定仪表的量限。

③ 按图 2.5.4 接线。

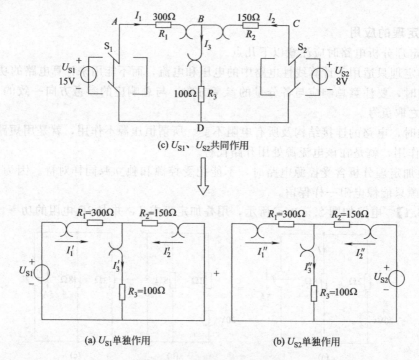

(c) U_{S1}、U_{S2}共同作用

(a) U_{S1}单独作用   (b) U_{S2}单独作用

图 2.5.4 叠加定理实验电路

④ 调 U_{S1} 至 15V，U_{S2} 至 8V。

⑤ 当 U_{S1} 单独作用（将开关 S_1 投向 U_{S1} 侧，开关 S_2 投向短路侧）时，如图 2.5.4 (a)所示，用电压表和毫安表（接电流插头）测量各支路电流及各电阻组件两端的电压，确定被测电流、电压的正负号后，将测量数据记录于表 2.5.1 中。

⑥ 当 U_{S2} 单独作用（将开关 S_1 投向短路侧，开关 S_2 投向 U_{S2} 侧）时，如图 2.5.4 (b)所示，重复上述测量，确定被测电流、电压的正负号后，将测试结果记录于表 2.5.1 中。

表 2.5.1 验证叠加定理的数据测量和计算

项 目		电 流 /mA			电 压 /V		
		I_1'	I_2'	I_3'	U_1'	U_2'	U_3'
$U_{S1}=$ V 单独作用	理论计算值						
	测值						
	量限						

项　目		电流 /mA			电压 /V		
		I_1''	I_2''	I_3''	U_1''	U_2''	U_3''
$U_{S2}=$　V 单独作用	理论计算值						
	测值						
	量限						
叠加 定理	理论计算值	I_1	I_2	I_3	U_1	U_2	U_3
	测值						
	量限						

⑦ 当 U_{S1}、U_{S2} 共同作用（开关 S_1 和 S_2 分别投向 U_{S1} 和 U_{S2} 侧）时，如图 2.5.4（c）所示，重复上述测量，确定被测电流、电压的正负号后，将测量结果记录于表 2.5.1 中。

⑧ 验证叠加定理。

⑨ 切断电源，数据经指导教师审阅后，方可拆除线路并整理仪器和实验设备。

（4）注意事项

① 电压表、电流表的正确连接；在测量时不要错将电流表当成电压表使用。

② 按图示参考方向测量时，若电流（或电压）表的指针反偏，说明实际方向与参考方向相反，此时应将表的接线对调，并在测量值前加"－"（负号）。

③ 实际电压源不允许短路，一个电源单独作用时，另一个电源必须从电路中拆除并将电路断口处用导线短接。

（5）思考题

① 绘制叠加定理的等效电路图时，独立电源应如何处理？受控源应如何处理？

② 叠加定理的适用范围是什么？

③ 实验中，若用指针式万用表直流毫安挡测各支路电流，在什么情况下可能出现指针反偏，应如何处理？在记录数据时应注意什么？

④ 在实验中，要令 U_1、U_2 分别单独作用，应如何操作？可否直接将不作用的电源（U_1 或 U_2）短接置零？

⑤ 实验电路中，若有一个电阻器改为二极管，试问叠加定理的叠加性还成立吗？为什么？

⑥ 各电阻器所消耗的功率能否用叠加定理计算得出？试用上述实验数据进行计算并做结论。

四、任务考评

评分标准见表 2.5.2。

表 2.5.2　评分标准

序号	考核内容	考核项目	配分	检测标准	得分
1	叠加定理	(1)叠加定理的物理意义 (2)叠加定理的等效电路图的绘制	20 分	(1)能描述叠加定理的内容(10 分) (2)能绘制出叠加定理的等效电路图(10 分)	
2	叠加定理的应用	用叠加定理求解某些适合于用叠加定理求解的电路	40 分	会用叠加定理求解某些适合于用叠加定理求解的电路(40 分)	
3	叠加定理的验证	(1)检测前的准备工作 (2)检测步骤与方法 (3)操作的注意事项	40 分	(1)会检查仪器的性能(5 分) (2)会操作仪器测量电压、电流(30 分) (3)能说明操作的注意事项(5 分)	
		合计	100 分		

五、思考与练习

1.叠加定理只适用于_____电路，对_____电路不适用。

2.叠加时，电路的连接结构及所有电阻不变。所谓电压源不作用，就是用_____代替它；而电流源不作用，就是在该电流源处用_____代替。

3.叠加时，要注意总响应与各分量的参考方向。与总响应的参考方向一致的分量，前面取_____号，反之取_____号。

4.用叠加定理求图2.5.5所示电路的电流I，并验证计算结果。

5.如图2.5.6所示电路，试用叠加定理求电压U。

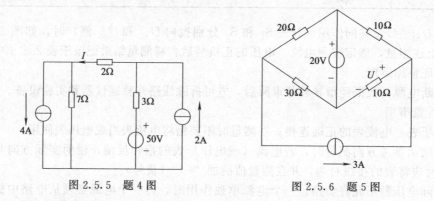

图2.5.5 题4图　　　　　　图2.5.6 题5图

6.如图2.5.7所示电路，如果将开关S闭合在a点，已知各电流为$I_1=5A$、$I_2=10A$、$I_3=15A$，试求当开关S闭合在b点时各电流值。

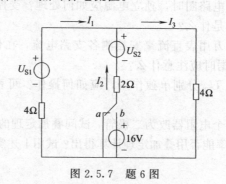

图2.5.7 题6图

任务六　有电源网络的等效变换、计算及测量

一、任务分析

戴维南定理是求线性含源二端网络等效电路的重要定理。应用戴维南定理将线性含源二端网络进行化简。特别是当只需求某一支路电流、电压时，可以将电路变换为无分支闭合电路，使电路大大地简化。

通过图2.6.1所示的项目训练，完成戴维南定理的认识学习，掌握线性含源二端网络等效电路，学会应用电压表、电流表测定等效电阻，加深理解戴维南定理的重要性。

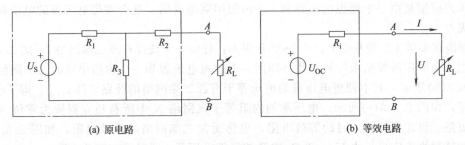

(a) 原电路 (b) 等效电路

图 2.6.1　戴维南定理的实训电路图

1. 知识目标

（1）掌握受控源的概念和有关计算。

（2）掌握戴维南定理和最大功率传输定理，能用其熟练分析基本直流电路。

2. 技能目标

能通过实验验证戴维南定理并能分析、排除线路中的简单故障。

二、相关知识

1. 等效电源定理

当只需要计算复杂电路中某一条支路电流时，如用支路电流法或其他方法求解就比较烦琐，用等效电源定理来求解最为简便。在实际的电源系统中都包含有许多供电及用电设备，各用电设备如照明灯、电风扇、电视机、电冰箱等都是并接在电源的两个接线端上。如图 2.6.2 (a) 中的虚线框表示的这种具有两个出线端并包含有电源的电路称为有源二端网络 N，如图 2.6.2 (b) 所示。如果有源二端网络 N 中的所有元件都是线性的，则称为线性有源二端网络；若二端网络中不含有电源，则称为无源二端网络。任何一个线性有源二端网络，不管其结构如何复杂，对于某一个用电设备（如一盏照明灯）而言，都可以用一个等效电压源来替代。这样一来，一个复杂的电路就变换成了一个等效电源和待求支路相串联的简单电路。这就是等效电源定理。

等效电源可分为等效电压源和等效电流源。用等效电压源来替代有源二端网络的分析法称为戴维南定理（又称等效电压源定理），用等效电流源来替代有源二端网络的分析法称为诺顿定理。

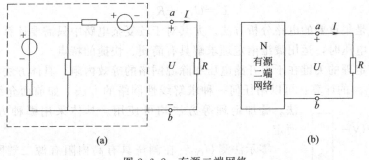

(a)　　　　　　　　(b)

图 2.6.2　有源二端网络

2. 戴维南定理

这个有源二端网络 N 对于所划出的支路（外电路）来说，相当于一个电源，因为这条支路中的电流、电压、功率就是由它供给的。因此，可以用一个电压源模型来等效代替有源二端网络，而所求支路中的电流 I 及端电压 U 不变。

电压源模型是由一个理想电压源和一个内阻串联组成的。这个理想电压源的电压和电阻怎样确定呢？

戴维南在多年实践的基础上，于 1883 年提出：任何一个线性有源二端网络 N［图 2.6.3(a)］都可以用一个电压源模型来等效代替（即用一个理想电压源和一个内阻串联的二端网络代替），如图 2.6.3(b)所示。其中理想电压源的电压等于有源二端网络的开路电压 U_{OC}，即 $I=0$ 时的输出电压，如图 2.6.3(c)所示；电压源的内阻等于该网络 N 中所有独立源皆为零值（即所有恒压源短路、恒流源开路）时的等效电阻，也称无源二端网络的等效电阻，如图 2.6.3(d)所示。这就是戴维南定理。由 U_{OC} 和 R_i 串联的等效电压源，即戴维南等效电路。

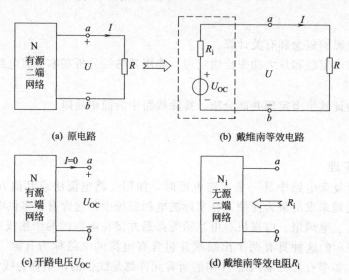

(a) 原电路　　　　　　　　　　　(b) 戴维南等效电路

(c) 开路电压 U_{OC}　　　　　　　(d) 戴维南等效电阻 R_i

图 2.6.3　戴维南定理

将有源二端网络变换为电压源模型后，一个复杂的电路就变换为一个简单的电路，这时就可以由图 2.6.3(b)直接应用全电路欧姆定律求出该电路的电流和端电压。

电流为

$$I = \frac{U_{OC}}{R_i + R}$$

端电压为

$$U = U_{OC} - R_i I$$

戴维南定理是很重要的电路分析方法。尤其对于较复杂电路中只需要计算电路中某一条指定支路的电流、电压时，运用戴维南定理求解具有简便、快捷的特点。

利用戴维南定理的关键在于求开路电压和除源网络的等效内阻，具体方法如下。

开路电压 U_{OC} 的计算：可以用任何一种求解线性网络的方法。如前面介绍过的节点电压法、叠加定理等方法均可使用。具体采用哪种方法视电路形式而定。

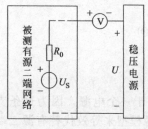

图 2.6.4　零示法测量电路

零示法测 U_{OC}：在测量具有高内阻有源二端网络的开路电压时，用电压表直接测量会造成较大的误差。为了消除电压表内阻的影响，往往采用零示法测量，如图 2.6.4 所示。

零示法测量原理是用一低内阻的稳压电源与被测有源二端网络进行比较，当稳压电源的输出电压与有源二端网络的开路电压相等时，电压表的读数将为"0"。然后将电路断开，测量此时稳压电源的输出电压，即为被测有源二端网络的开路电压。

等效电阻 R_i 的计算：对于简单电路可运用电阻串、并联或星形、三角形变换的方法化简求得等效电阻。当不能用电阻串、并联公式计算时，可用下列 3 种方法求得。

① 外加电压法：设网络 N 中所有电源均为零值（注意受控源不能做同样处理），得到一个无源二端网络 N_i，然后在 N_i 两端钮上施加电压 U，计算或测量出端钮上的电流 I，根据端钮处的伏安关系可以得出等效电阻为

$$R_i = \frac{U}{I}$$

实际上独立电源都具有一定的内阻，它并不能与电源本身分开。在去掉独立电源的同时，其内阻也被去掉，这将影响测量的准确性，因此这种测量方法仅适用于独立电压源内阻很小和独立电流源内阻很大的情况。

② 短路电流法：分别计算或测量出有源网络 N 的开路电压 U_{OC} 和短路电流 I_{SC}（注意：此时有源网络 N 的所有独立源和受控源均保留不变），则等效电阻为

$$R_i = \frac{U_{OC}}{I_{SC}}$$

这种方法简便，但如果二端网络的内阻很小，若将其输出端口短路则易损坏其内部元件，因此不宜用此法。应当注意：当 $U_{OC} = I_{SC} = 0$ 时，此法即失效。

③ 半偏法：如果有源二端网络不允许短路（在输出端钮处直接短路），则可先测开路电压 U_{OC}，再在网络输出端接入适当的电阻 R_L。测量 R_L 的电压 U（它和开路电压 U_{OC} 的值是不相等的），则有 $U_{OC} - U = IR_i = (U/R_L)R_i$。所以，$R_i = \left(\dfrac{U_{OC} - U}{U}\right)R_L = \left(\dfrac{U_{OC}}{U} - 1\right)R_L$。若调节 R_L，使其端电压 U 为开路电压 U_{OC} 的一半，即 $U = U_{OC}/2$。此时 R_L 的数值即等于 R_i。这种方法克服了前 3 种方法的局限性，在实际测量中被广泛采用。

对含有受控源的有源二端网络，求 R_i 时多用上述 3 种方法。

【例 2.6.1】 有一个有源二端网络开路电压 $U_{OC} = 0.5V$，当接上负载 $R_L = 6k\Omega$ 时，输出电压 $U = 0.3V$，求该网络的等效内阻 R_i。

解：由上式可得 $R_i = \left(\dfrac{U_{OC}}{U} - 1\right)R_L = \left(\dfrac{0.5}{0.3} - 1\right) \times 6 = 4(k\Omega)$。

综上所述，运用戴维南定理的具体解题步骤可归纳如下。

第一步：断开待求支路，即将原电路分为待求支路和有源二端网络两部分，并求出有源二端网络的开路电压。

第二步：求无源二端网络的等效内阻（即网络内所有恒压源短路，恒流源开路，内阻保留）。

第三步：用等效电压源模型代替有源二端网络，并将划出的待求支路接入电压源模型求解。

应用戴维南定理需要注意以下几点。

① 电压源的极性必须与开路电压的极性保持一致。

② 戴维南等效电路只对线性有源二端网络等效，不适合非线性的二端网络。但是外电路不受此限制，即外电路可以是线性电路也可以是非线性电路；可以是有源的也可以是无源的；可以是一个元件也可以是一个网络。

③ 只对外电路等效，对内电路不等效。即戴维南等效电路与有源二端网络内部的电压、电流以及功率关系一般是不等的。

【例 2.6.2】 电路如图 2.6.5(a)所示，应用戴维南定理，求流过 4Ω 电阻的电流 I_1。

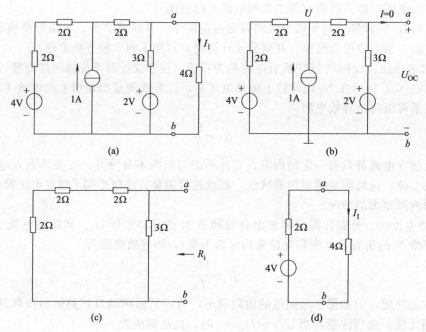

图 2.6.5　例 2.6.2 图

解：应用戴维南定理分析电路时一般先把电路分为两部分，对于本例，首先从 ab 处断开，求出 ab 左侧部分的戴维南等效电路。

① 求 U_{OC}：如图 2.6.5(b)所示，应用节点电压分析法，列节点方程

$$\left(\frac{1}{2+2}+\frac{1}{2+3}\right)U=1+\frac{4}{2+2}+\frac{2}{5}$$

解得

$$U=\frac{16}{3}\text{V}$$

$$U_{OC}=2+\frac{U-2}{2+3}\times 3=4(\text{V})$$

② 求 R_i：将原电路中的独立源置零后其电路如图 2.6.5（c）所示，可得

$$R_i=\frac{6\times 3}{6+3}=2(\Omega)$$

③ 将划出的待求支路接入电压源模型，如图 2.6.5（d）所示，由图可以求得

$$I_1=\frac{4}{2+4}=\frac{2}{3}(\text{A})$$

3. 诺顿定理

诺顿定理指出：任何一个线性有源二端网络，对外电路而言，可以用一个恒电流源 I_S 和电阻 R_S 并联来等效，如图 2.6.6(a)所示。等效电流源的恒流源 I_S 的大小等于有源二端网络 N 的短路电流（将负载 R 短路），如图 2.6.6（b）所示。等效电流源的内阻 R_S 等于有源二端网络除源（即将恒压源短路，恒流源开路）后，所得的无源二端网络的等效电阻，如图 2.6.6（c）所示。

由 I_S 和 R_S 并联的等效电流源，即诺顿等效电路。很显然，应用电压源与电流源之间的等效互换，可以从戴维南定理推导出诺顿定理，反之亦然。

4. 最大功率传输定理

在有源二端网络内部结构及参数一定的条件下，即 U_{OC}、R_i 一定时，要使负载上的功率

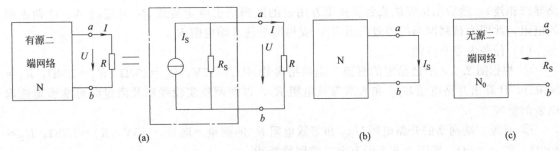

图 2.6.6　诺顿定理

P_L 最大，则 $R_L = R_i$，此时负载获得的最大功率为 $P_{ML} = \dfrac{U_{OC}^2}{4R_i}$。

负载获得最大功率的条件也称为最大功率传输定理。

【例 2.6.3】　如图 2.6.7 所示电路中，已知 $I_S = 2A$，$U_S = 8V$，$R_1 = 6\Omega$，$R_2 = 4\Omega$，$R_3 = 10\Omega$，试问 R_L 为何值时，它能获得最大功率，最大功率为多少？

解：（1）将图 2.6.7（a）电路从 a、b 处断开，如图 2.6.7（b）所示，求解其戴维南等效电路，可以利用实际电源模型等效变换去做，也可以直接分析电路求得，这里采用后一种方法。由于 a、b 两端断开，恒流源 I_S、电阻 R_1、恒压源 U_S 组成一单回路电路，因此：

$$U_{OC} = U_{ab} = I_S R_1 + U_S = 2 \times 6 + 8 = 20(V)，R_i = R_2 + R_1 + R_3 = 4 + 6 + 10 = 20(\Omega)$$

（2）根据最大功率传输条件可知，当 $R_L = R_i = 20\Omega$ 时，R_L 将获得最大功率，其大小为：

$$P_{ML} = \frac{U_{OC}^2}{4R_i} = \frac{20^2}{4 \times 20} = 5(W)$$

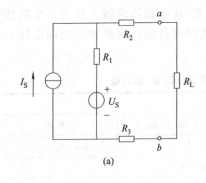
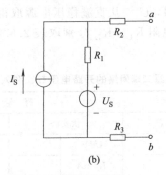
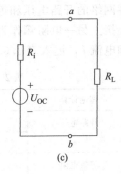

图 2.6.7　例 2.6.3 图

三、任务实施

（1）任务要求。学习直流电流表、电压表、万用表、直流稳压电源的使用方法；学会有源二端网络的开路电压和输入端等效电阻的测定方法；通过验证戴维南定理的正确性，加深对定理和等效概念的理解并学会独立电源的处理方法；了解有源二端网络最大功率的输出条件。

（2）仪器、设备、元器件及材料。直流可调稳压电源 $0 \sim 30V$，万用表，直流毫安表 $0 \sim 200mA$，直流电压表 $7.5/15/30V$，电阻 300Ω、150Ω、100Ω，电阻箱（$0 \sim 99999.9\Omega$），戴维南定理实验电路板。

（3）任务原理与说明。有源二端网络等效电阻（又称入端电阻）的直接测量法：将被测有源网络内的所有独立源置零（去掉恒流源 I_S 和恒压源 U_S，并在原恒压源所接的两点用一根短路导线相连），然后用伏安法或者直接用万用表的欧姆挡去测定负载 R_L 开路时 A、B 两点间的电阻，此即为被测网络的等效内阻 R_i，或称网络的入端电阻 R_i。

（4）任务内容及步骤

① 根据图 2.6.8 中已给定的有源二端网络参数（$U_S=15V$，$R_1=150\Omega$，$R_2=100\Omega$，$R_3=300\Omega$），计算出开路电压 U_{OC} 和入端等效电阻 R_i，以便调整实验线路及测量时可准确地选取电表的量程。

② 有源二端网络的开路电压 U_{OC} 和等效电阻 R_i 的测量。取 $U_S=15V$，$R_1=150\Omega$，$R_2=100\Omega$，$R_3=300\Omega$，按图 2.6.8 的有源二端网络接线。

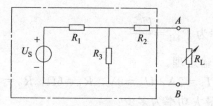 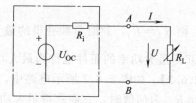

图 2.6.8 有源二端网络实验电路　　　　图 2.6.9 戴维南等效电源电路

测量开路电压和入端等效电阻，电路自拟。将测量结果记录在表 2.6.1 中。

用零示法测量被测网络的开路电压 U_{OC}。电路及数据表格自拟。

③ 有源二端网络外特性的测定。在图 2.6.8 所示的有源二端网络的 A、B 端钮上，接上电阻箱作为负载电阻 R_L，分别取表 2.6.2 所列各 R_L 值，测量相应的端电压 U 和电流 I，记入表 2.6.2 中（注意：表中要有 $R_L=R_i$ 的值）。

④ 测定戴维南等效电源的外特性。按图 2.6.9 接线，图中 U_{OC} 和 R_i 为图 2.6.8 中有源二端网络的开路电压和等效电阻，U_{OC} 从直流稳压电源取得，R_i 从电阻箱取得。在 A、B 端钮上接上另一电阻箱作为负载电阻 R_L。R_L 分别取表 2.6.2 所列的各值，测量相应的端电压 U 和电流 I，记入表 2.6.2 中。

表 2.6.1　有源二端网络的开路电压 U_{OC} 和入端等效电阻 R_i 的测量

理论计算	测 量 值			
开路电压 U_{OC}	直接测量法	伏安法	开、短 路法	半偏法
	$U_{OC}=$	U/V	U_{OC}/V	$U_{RL}=U_{OC}/2$
等效电阻 R_i	$R_i=$	I/mA	I_{SC}/mA	
		$R_i=$	$R_i=$	$R_i=$

表 2.6.2　有源二端网络外特性的测定

	负载电阻 R_L/Ω	0	50	100	150	200	R_i	250	300	开路
有源 二端 网络	计算值 U/V									
	测量值 U/V									
	量 限									
	计算值 I/mA									
	测量值 I/mA									
	量 限									
	$P=I^2R_L/W$									

续表

负载电阻 R_L/Ω			0	50	100	150	200	R_i	250	300	开路
戴维南等效电路	测量值	U/V									
	量　限										
	测量值	I/mA									
	量　限										
	$P=I^2R_L$/W										

（5）注意事项

① 电压表、电流表的正确连接；在测量时不要错将电流表当成电压表使用；测量时应注意电流表量程的更换。

② 电压源置零时不可将稳压源短接。

③ 用万用表直接测 R_0 时，网络内的独立源必须先置零，以免损坏万用表；其次，欧姆挡必须经调零后再进行测量。

④ 外加电源法测等效电阻时，注意电流表的极性。

⑤ 用零示法测量 U_{OC} 时，应先将稳压电源的输出调至接近于 U_{OC}，再接线测量。

⑥ 改接线路时，要关掉电源。

（6）思考题

① 在求戴维南等效电路时，做短路实验，测 I_{SC} 的条件是什么？在本实验中可否直接做负载短路实验？

② 说明测有源二端网络开路电压及等效内阻的几种方法，并比较其优缺点，几种方法测得的 U_{OC} 与 R_i 与预习时电路计算的结果做比较，你能得出什么结论？

③ 根据实验数据，绘出有源二端网络及其戴维南等效电源的外特性 $U=f(I)$；从特性曲线说明两个电路等效的意义；分析产生误差的原因。

④ 根据实验数据，绘出有源二端网络输出功率与负载电阻 R_L 的关系曲线 $P=f(R_L)$，从曲线上找出负载功率的最大点，该点是否符合 $R_L=R_i$ 的条件？

四、任务考评

评分标准见表 2.6.3。

表 2.6.3　评分标准

序号	考核内容	考核项目	配分	检测标准	得分
1	戴维南定理	（1）戴维南定理的含义 （2）应用戴维南定理求解某一支路电流的步骤 （3）等效电阻的求法 （4）开路电压的计算 （5）有源二端网络最大功率输出的条件	40分	（1）能描述戴维南定理的内容（5分） （2）掌握用戴维南定理求解某一支路电流的步骤（5分） （3）会求等效电阻（10分） （4）会计算开路电压（10分） （5）熟悉有源二端网络最大功率输出的条件（10分）	
2	戴维南定理的验证	（1）检测前的准备工作 （2）检测步骤与方法 （3）操作的注意事项	60分	（1）会检查仪器的性能（10分） （2）会操作仪器测量等效电阻电压、电流（30分） （3）能说明操作的注意事项（20分）	
		合计	100分		

五、思考与练习

1. 用恒压源与等效内阻_____联作为等效电源的是_____定律，用恒流源与等效内阻_____联作为等效电源的是_____定律。求等效电源的内阻时，必须除源，即将恒压源_____路，恒流源_____路，使成为一个_____源二端网络。

2. 电路如图 2.6.10 所示。求此二端网络的戴维南等效电路。

3. 在图 2.6.11 所示的电路中，已知 $R_1=4\Omega$，$R_2=R_6=2\Omega$，$R_3=5\Omega$，$R_4=10\Omega$，$R_5=8\Omega$，$E_1=E_2=40V$。试用戴维南定理，求流过电阻 R_3 的电流 I_3。

4. 图 2.6.12 所示电路，试求其戴维南等效电路和诺顿等效电路。

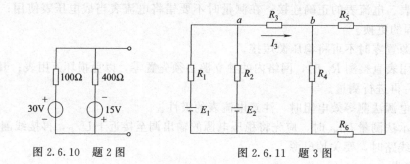

图 2.6.10 题 2 图   图 2.6.11 题 3 图

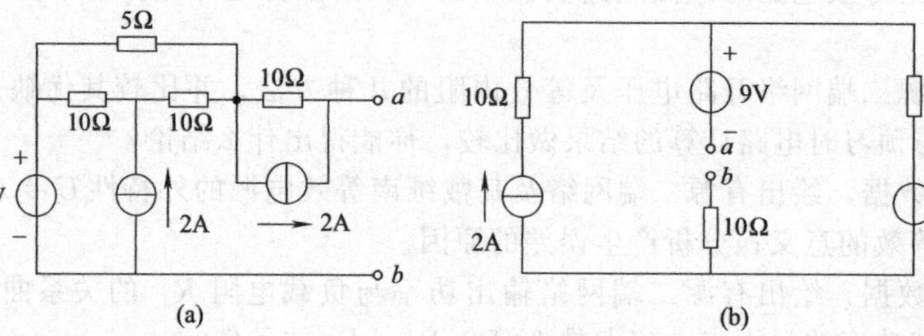

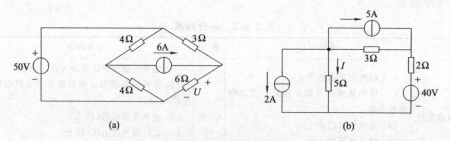

图 2.6.12 题 4 图

5. 图 2.6.13 所示电路，试用戴维南定理求电压 U 或电流 I。

图 2.6.13 题 5 图

6. 图 2.6.14 所示电路，当 R_L 为何值时，负载 R_L 能获得最大功率，并求此最大功率 $P_{\max}$。

7. 图 2.6.15 所示电路，求电压 U 和电流 I。

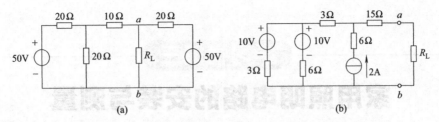

图 2.6.14　题 6 图

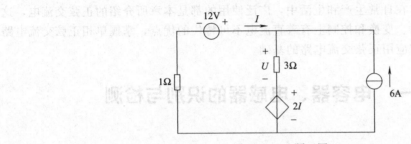

图 2.6.15　题 7 图

家用照明电路的安装与测量

本学习情境介绍的单相正弦交流电，其电量的大小和方向均随时间按正弦规律周期性变化，是交流电中的一种。在日常生产和生活中，广泛使用的都是本章所介绍的正弦交流电，这是因为正弦交流电在传输、变换和控制上有着直流电不可替代的优点，掌握单相正弦交流电路的基本知识是分析测量和应用正弦交流电路的基础。

任务一　电容器、电感器的识别与检测

一、任务分析

电容器、电感器是交流电路常用的电器元件。掌握电容器、电感器的识别与测量技能，是保证完成安装任务的前提和必要条件。

1. 知识目标

（1）掌握电容、电感元件的标识、符号。

（2）掌握电容、电感元件的参数、种类、符号及其储能特征。

（3）了解电容器的串、并联性质。

2. 技能目标

能识别、检测电容器、电感器。

二、相关知识

1. 电容器的基本知识

（1）电容器的基本概念。两个彼此绝缘（中间隔以绝缘物质）又互相靠近的导体就构成了一个电容器，这两个导体就是电容器的两个电极，中间的绝缘物质称为电介质。最简单的电容器是平行板电容器，它由两块相互平行靠得很近而又彼此绝缘的金属板构成。电容器的基本结构和符号如图 3.1.1 所示。

电容器最基本的特性是储存电荷。如果在电容器的两极板上加上电压，则在两个极板上将分别出现数量相等的正、负电荷，如图 3.1.2 所示，这样电容器就储存了一定量的电荷和电场

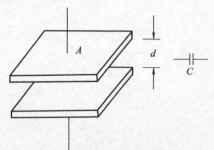

图 3.1.1　电容器的基本结构与符号

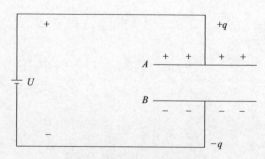

图 3.1.2　电容器储存电荷

能量。不同的电容器储存电荷量的能力不同，其极板上储存的电荷随外接电源电压的增加而增加。电容器所带的电荷量与它的两极板间电压的比值称为电容器的电容量，简称电容，表示电容器储存电荷的本领，文字符号用字母"C"表示，它的基本单位是法拉（F）。在工程应用中，法拉这个单位太大，不便于使用。工程上经常使用较小的单位：mF（毫法），μF（微法），nF（纳法），pF（皮法）。这几个单位的换算关系是：

$$1F = 10^3 \, mF(毫法) = 10^6 \, \mu F(微法) = 10^9 \, nF(纳法) = 10^{12} \, pF(皮法)$$

电容表达式及相关单位见表 3.1.1。

表 3.1.1　电容表达式及相关单位

电容表达式	相关量及单位
电容器的电容： $C = \dfrac{q}{u}$	C—电容器的电容，单位名称为法[拉]，符号是 F q—电容器所储存的电荷量，单位名称为库[仑]，符号是 C u—电容器两极板间电压，单位名称为伏[特]，符号是 V
平行板电容器电容： $C = \dfrac{\varepsilon S}{d}$	C—电容器的电容，单位名称为法[拉]，符号是 F ε—电介质的介电常数，单位名称为法[拉]每米，符号是 F/m S—两极板间正对的有效面积，单位名称为平方米，符号是 m^2 d—两极板间的距离，单位名称为米，符号是 m

电容是电容器固有的特性，其大小仅由自身因素（如结构、几何尺寸等）决定，而与两极板间电压的高低、所带电荷量的多少无关。

（2）电容器的参数和种类

1）电容器的参数。电容器的参数主要有额定工作电压、标称容量和允许误差，通常都标在电容器的外壳上。

① 额定工作电压。电容器的额定工作电压一般称为耐压，是指在规定的温度范围内，可以连续加在电容器上而不损坏电容器的最大电压值。在电容器外壳上所标的电压就是该电容器的额定工作电压，如图 3.1.3 所示，电容器上标着的"6.3V"，即为该电容器的额定工作电压。电容器上标着的额定工作电压，通常指的是直流工作电压值，如果该电容器用在交流电路中，应使交流电压的最大值不超过它的额定工作电压值，否则电容器将会被击穿。

② 标称容量和允许误差。电容器上所标明的电容的值称为标称容量。如图 3.1.3 所示，电容器上标着的"1000nF"，即为该电容器的标称容量。电容器的标称容量和它的实际容量之间总有一定的误差。国家对不同的电容器，规定了不同的误差范围，在此范围之内的误差称为允许误差。电容器的允许误差一般标在电容器的外壳上。

2）电容器参数的标注方法。电容器参数的标注方法有直标法、文字符号法、数码法和色标法。

① 直标法。直标法就是在电容器的表面直接标出其主要参数和技术指标的一种方法。如图 3.1.3 所示，电容器上标着"1000nF 6.3V"，即直标法，表示该电容的容量为 1000nF，耐压为 6.3V。

② 文字符号法。文字符号法是由数字和字母相结合表示电容器容量的一种方法。如 10p 代表 10pF；3n3 表示 3.3nF，即 3300 pF。其特点是省略 F，小数点部分用 m、μ、n、p 表示。

③ 数码法。标称容量一般用三位数字表示，第一、二位为有效数字位，第三位表示零的个数，电容的单位是 pF，如图 3.1.4 所示。如 102 表示 10×10^2 pF，即 $0.001 \mu F$；224 表示 22×10^4 pF，即 $0.22 \mu F$。电容器容量的允许偏差用文字符号表示为：D($\pm 0.5\%$)、F($\pm 1\%$)、G($\pm 2\%$)、J($\pm 5\%$)、K($\pm 10\%$)、M($\pm 20\%$)。

④ 色标法。色标法是用有颜色的带或点在电容器表面标示出其主要参数的标注方法。电容器的色码一般只有三环，前两环色码表示有效数字，第三环色码表示倍率，标称容量的单位为pF。若色环顺序排列分别为黄、紫、棕，则该电容器的标称容量为 $47 \times 10^1 pF$，即为470pF。

3）电容器的种类。电容器按其容量是否可变，可分为固定电容器、可变电容器和微调电容器。

① 固定电容器。固定电容器的容量是固定不变的，它的性能和用途与两极板间的介质有密切关系。一般常用的介质有纸介质、陶瓷、涤纶、金属氧化膜、云母、铝电解质，如图3.1.5所示。其中电解电容器的两极有正、负极之分，如图3.1.3所示，在其中一只脚上标有负号"—"表示该脚为负极，另一脚为正极。使用时切记不可将极性接反，不可接到交流电路中，否则电解电容器将会被击穿。电解电容器常用直标法直接标出容量值与耐压值。这种方法在较大的电解电容器上常见。陶瓷电容器的外壳是由陶瓷做成的，外形为扁平的近圆形，陶瓷电容器的外形如图3.1.4所示。陶瓷电容器常用数码法表示容量值。

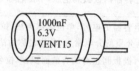
图 3.1.3 电解电容器

图 3.1.4 陶瓷电容器

纸介电容器　　　陶瓷电容器　　　涤纶电容器　　　铝电解电容器　　　云母电容器

图 3.1.5 固定电容器

② 可变电容器。容量能在较大范围内随意调节的电容器称为可变电容器，可分为单联可变电容器和双联可变电容器，如图3.1.6所示。这种电容器一般用在电子电路中作调谐元件，可以改变谐振回路的频率。

③ 微调电容器。容量在某一小范围内可以调整的电容器称为微调电容器，如图3.1.7所示。微调电容器主要在调谐回路中用于微调频率。

图 3.1.6 可变电容器

图 3.1.7 微调电容器

（3）电容器的充电和放电。做电容器的充、放电演示实验。按图3.1.8所示将电容器的充、放电实验电路连接好，其中，C 是一个大容量未充电电容器，E 是内阻很小（可忽略不计）的直流电源，EL 是白炽灯，实验前，开关 S 应放置在"2"位置。实验开始，将开关 S 置于"1"位置，发现白炽灯 EL 突然亮一下，然后慢慢变暗，最后处于完全不亮状态；同时

将观察到电流表最初偏转一个较大角度，然后
指针逐渐向零位偏转，最后指向零，而电压表
的指针变化是从零开始，慢慢上升，最后指向
一定位置后不变。再将开关 S 从"1"拨向"2"
位置，将会发现白炽灯与电流表的变化情况与
开关 S 置于"1"位置时相同，只是电压表的变
化情况相反，从最大慢慢变小，经过一段时间
后为零。

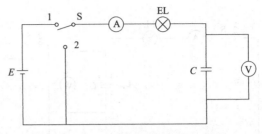

图 3.1.8　电容器充、放电实验电路

　　1) 电容器的充电功能。对图 3.1.8 所示电路，当开关 S 置于"1"位置时，其等效电路如
图 3.1.9(a)所示，去除观察电路现象用的电流表、电压表和白炽灯等仪表器件后，电路如图
3.1.9(b)所示，即电动势为 E 的直流电源直接接在电容器 C 两端。因为电容器两极板间是绝
缘物质，不导电，因此，直流电不能通过电容器，电容器具有隔断直流电的作用，即通常所说
的"隔直"作用。

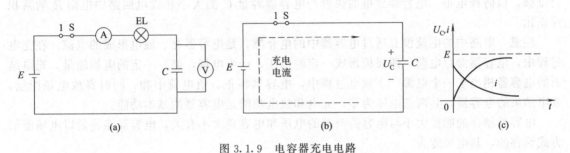

图 3.1.9　电容器充电电路

　　那么，当开关 S 置于"1"位置时，为什么会出现实验中的现象呢？这是由于 S 刚闭合的
瞬间，电容器的极板与电源之间存在着较大的电压，正电荷向电容器的上极板移动，负电荷向
电容器的下极板移动，电路中形成充电电流。开始时充电电流较大，随着电容器极板上电荷的
积聚，两者之间的电压逐渐减小，电流也就越来越小，当两者之间的电压为零时，充电结束，
充电电流为零。观察到的现象是：白炽灯突然亮，然后慢慢变暗，直到完全不亮；电流表的指
针偏转角度从大逐渐变小，最后为零。而随着充电的进行，电容器两端的电压 U_C 从"0"开
始慢慢变大，直到充电结束，此时 $U_C=E$。观察到的现象是：电压表的读数从"0"开始慢慢
变大，直到指针指向数值 E。如图 3.1.9(c)所示。

　　使电容器带电（储存电荷和电能）的过程称为充电。在充电过程中，电容器储存电荷，把
电能转换成电场能，因此，相对于电阻器这个"耗能元件"来说，电容器是一种"储能元件"。

　　2) 电容器的放电功能。对图 3.1.8 所示电路，当开关 S 从"1"拨向"2"位置时，其等
效电路如图 3.1.10(a)所示，去除观察电路现象用的电流表、电压表和白炽灯等仪表器件
后，电路如图 3.1.10 (b) 所示，即在充电结束后的电容器两端接了根短路线。此时电容器
便通过短路线开始放电，电路中存在放电电流。开始时，由于电容器两端的电压 U_C 较大，
放电电流较大，随着电容器极板上正、负电荷的不断中和，两极板间的电压 U_C 越来越小，
电流也就越来越小，当电容器两端电压 $U_C=0$ 时，放电电流为"0"，放电结束。观察到的
现象是：白炽灯突然亮，然后慢慢变暗，直到完全不亮；电流表的指针偏转角度从大逐渐
变小，最后为零；电压表的读数从最大"E"慢慢变小，直到指针指向"0"。如图 3.1.10(c)
所示。

　　使充电后的电容器失去电荷（释放电荷和电能）的过程称为放电。例如，用一根导线把电

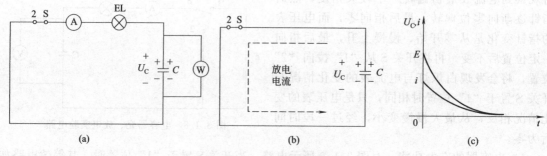

图 3.1.10 电容器放电电路

容器的两极板接通，两极板上的电荷互相中和，电容器就会放出电荷和电能。放电后电容器两极板之间的电场消失，电能转换为其他形式的能。

在进行电路或电器维修时，如果碰到大容量的电容器，应先通过短接将其电荷放掉后再进行维修，以防被电击。电容器放电的快慢与电容器容量 C 的大小和放电回路中电阻 R 的乘积成正比。

注意：电路中的电流没有通过电容器中的电介质，是电容器充、放电形成的电流。在充电过程中，电容器储存电荷，两极板形成一定的电压，产生电场，储存一定的电场能量，充电结束的电容器相当于一个电源；在放电过程中，电容器将正、负电荷中和，同时释放电场能量，放电结束的电容器，其两端电压为零。充电和放电功能是电容器的基本功能。

电容器储存的能量大小与电容器两端的电压和电容量大小有关，电容器能量是以电场能的方式储存的，其电场能为

$$W_C = \frac{1}{2}CU^2 \tag{3.1.1}$$

式中 W_C——电场能量，单位名称为焦［耳］，符号是 J。

【例 3.1.1】 某电容容量为 $220\mu F$，对它进行充电后，测得它两端的电压为 20V，此时该电容内储存的电场能量是多少？

解：$W_C = \frac{1}{2}CU^2 = \frac{1}{2} \times 220 \times 10^{-6} \times 20^2 = 0.044$（J）

（4）电容器的串联和并联。当一只电容器的容量或耐压不能满足电路的要求时，常将几只电容器进行串联或并联使用，以满足电路的要求。

1）电容器的串联。将两只或两只以上的电容器首尾相接，连成一个无分支的电路，称为电容器的串联。图 3.1.11 所示为三只电容器串联的电路。

电容器串联电路的特点见表 3.1.2。

图 3.1.11 电容器串联电路

表 3.1.2　电容器串联电路的特点

项目	特点	表达式
电荷量	每只电容器所带电荷量相等	$q=q_1=q_2=\cdots=q_n$
电压	总电压等于各电容器上的电压之和	$U=U_1+U_2+\cdots+U_n$
电压与电容关系	各电容器上分得的电压与自身电容成反比	$U_1=\dfrac{q_1}{C_1},U_2=\dfrac{q_2}{C_2},\cdots,U_n=\dfrac{q_n}{C_n}$
电容量	总电容的倒数等于各电容器电容的倒数之和	$\dfrac{1}{C}=\dfrac{1}{C_1}+\dfrac{1}{C_2}+\cdots+\dfrac{1}{C_n}$

电容器串联后，相当于增大了两极板间的距离，总电容比其中任何一只电容都小，其等效关系与电阻并联时相似。当 n 个相同容量的电容器串联时，其总电容 $C_{总}=C/n$。

当一个电容器的耐压不能满足电路要求时，可用多个电容器串联。但应注意，电容大的电容器分配的电压小，电容小的电容器分配的电压反而大。因此电容器串联电路常应用于耐压不够的场合。

【例 3.1.2】　有两个电容器 C_1 和 C_2，其中 C_1 为 $10\mu F$，C_2 为 $5\mu F$，把它们串联后其等效电容为多少？

解：串联后的等效电容

$$C=\frac{C_1C_2}{C_1+C_2}=\frac{10\times5}{10+5}=\frac{10}{3}=3.3(\mu F)$$

【例 3.1.3】　有两个电容器，其中电容器 C_1 的容量为 $20\mu F$，额定工作电压为 $25V$；电容器 C_2 的容量为 $10\mu F$，额定工作电压为 $16V$。若将这两个电容器串联后接到电压为 $36V$ 的电路上，问电路能否正常工作？

解：总电容

$$C=\frac{C_1C_2}{C_1+C_2}=\frac{20\times10}{20+10}=\frac{20}{3}=6.7(\mu F)$$

各电容器所带的电荷量

$$q=q_1=q_2=CU=6.7\times10^{-6}\times36=2.4\times10^{-4}(C)$$

电容器 C_1 两端所加的电压

$$U_1=\frac{q_1}{C_1}=\frac{q}{C_1}=\frac{2.4\times10^{-4}}{20\times10^{-6}}=12(V)$$

电容器 C_2 两端所加的电压

$$U_2=\frac{q_2}{C_2}=\frac{q}{C_2}=\frac{2.4\times10^{-4}}{10\times10^{-6}}=24(V)$$

由于电容器 C_2 两端所加的电压是 $24V$，超过了它的额定工作电压，C_2 会被击穿，导致 $36V$ 电压全部加到了 C_1 上，C_1 也会被击穿。因此，电路不能正常工作。

2）电容器的并联。将两只或以上的电容器接在两个节点之间，这种连接方式称为电容器的并联。图 3.1.12 所示为三只电容器并联电路。

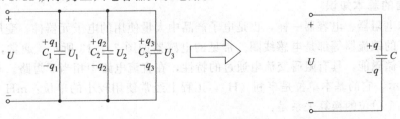

图 3.1.12　电容器并联电路

电容器并联电路的特点见表 3.1.3。

表 3.1.3　电容器并联电路的特点

项目	特点	表达式
电荷量	总电荷量等于各并联电容器所带电荷量之和	$q=q_1+q_2+\cdots+q_n$
电压	各电容器上的电压相等，且为电源电压	$U=U_1=U_2=\cdots=U_n$
电荷量与电容关系	各电容器上分得的电荷量与自身电容成正比	$q_1=C_1U_1,q_2=C_2U_2,\cdots,q_n=C_nU_n$
电容量	总电容等于各电容器电容之和	$C=C_1+C_2+\cdots+C_n$

电容器并联后，相当于增大了两极板间的面积，总电容比其中任何一只电容都大，其等效关系与电阻串联时相似。当 n 个相同容量的电容器并联时，其总电容 $C_{总}=nC$。

电容器并联电路中，每个电容器均承受着外加电压，因此，每个电容器的额定工作电压均应大于外加电压。否则，一个电容器被击穿，整个并联电路被短路，会对电路造成危害。

【例 3.1.4】　两个电容器的容量和额定工作电压分别为"$20\mu F/25V$""$30\mu F/16V$"，现将它们并联起来后接到 15V 的电压上。问：（1）此时的等效电容为多少？（2）两个电容器储存的电荷量分别为多少？

解：（1）此时的等效电容

$$C=C_1+C_2=20+30=50（\mu F）$$

（2）两个电容器储存的电荷量分别为

$$q_1=C_1U=20\times10^{-6}\times15=3\times10^{-4}（C）$$

$$q_2=C_2U=30\times10^{-6}\times15=4.5\times10^{-4}（C）$$

【例 3.1.5】　已知电容器 A 的电容为 $10\mu F$，充电后电压为 30V，电容器 B 的电容为 $20\mu F$，充电后电压为 15V，将它们并联接在一起后，电容器两端的电压为多少？

解：①连接前

电容器 A 的电荷量为：

$$q_A=C_AU_A=10\times10^{-6}\times30=3\times10^{-4}（C）$$

电容器 B 的电荷量为：

$$q_B=C_BU_B=20\times10^{-6}\times15=3\times10^{-4}（C）$$

② 并联后

总电荷量为：

$$q=q_A+q_B=3\times10^{-4}+3\times10^{-4}=6\times10^{-4}（C）$$

总电容为：

$$C=C_A+C_B=10\times10^{-6}+20\times10^{-6}=3\times10^{-5}（F）$$

电压为：

$$U=q/C=6\times10^{-4}/3\times10^{-5}=20（V）$$

2. 电感器的基本知识

电感器和电阻器、电容器一样，也是电子产品中大量使用的电子元器件。变压器、电机的线圈，日光灯的镇流器等都是电感线圈。常见的电感器如图 3.1.13 所示。通常，电感器由线圈构成，能存储磁能，具有阻碍交流电通过的特性，在直流电路中相当于短路。电感的文字符号用"L"表示，它的基本单位是亨利（H），工程上经常使用较小的单位：mH（毫亨），μH（微亨）。这几个单位的换算关系是：

$$1H=1000mH（毫亨）=1000000\mu H（微亨）$$

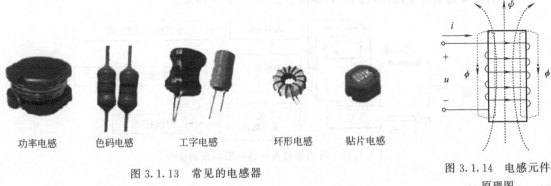

功率电感　　色码电感　　工字电感　　环形电感　　贴片电感

图 3.1.13　常见的电感器

图 3.1.14　电感元件
原理图

如图 3.1.14 所示，线性电感（L 为常数）有下式成立：

$$\psi = N\phi = Li \tag{3.1.2}$$

式中，N 为线圈的匝数；ϕ 为穿过线圈的磁通，Wb；ψ 为穿过线圈的磁链，Wb；i 为线圈中通过的电流，A。

$$L = \frac{\psi}{i} \tag{3.1.3}$$

假设 u、i、e（电动势）的参考方向为关联参考方向，则电感元件的电压电流关系为：

$$u = -e = L \frac{\mathrm{d}i}{\mathrm{d}t} \tag{3.1.4}$$

电感 L 储存的能量为

$$W_L = \frac{1}{2} Li^2 \tag{3.1.5}$$

常用的电感器有片状电感、绕线电感、色环电感和磁珠；电感器常用的标识方法有色环法和数码法等。

1）片状电感。片状电感的外形酷似电容，如图 3.1.15 所示。片状电感的电感量通常用数码法表示。三位数中前两位数字为有效数字，第三位数字为有效数字后的"0"的个数，得出的电感量为微亨，其误差等级用英文字母表示：J，K，M 分别表示 $\pm 5\%$，$\pm 10\%$，$\pm 20\%$。

2）绕线电感。绕线电感通常用金属线圈与环形磁石自行绕制，一般情况无标记或者直接用文字符号法标示。

3）色环电感。色环电感的外形与色环电阻的外形很相似，如图 3.1.16 所示，体形比色环电阻稍大一些，电感量及误差范围表示方法与色环电阻的表示方法基本相同，只是得出结果的单位是微亨（μH），而不是欧姆（Ω）。

例如：某色环电感的第一道到第四道色环依次是"红、紫、黑、银"，则该电感的电感量为 27μH，误差范围为 $\pm 10\%$。

4）磁珠。磁珠的外观是一个黑色的小圆柱体，通常情况下表面没有标记（见图 3.1.17），电感量及误差范围需查包装盒或产品说明书。

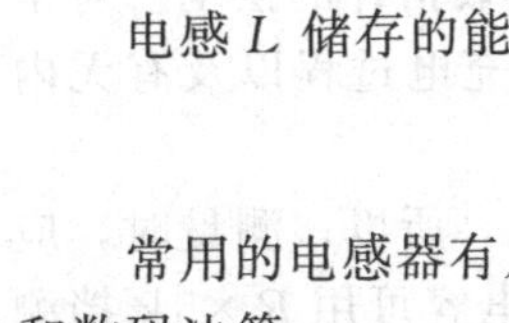

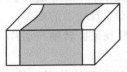

图 3.1.15　片状电感 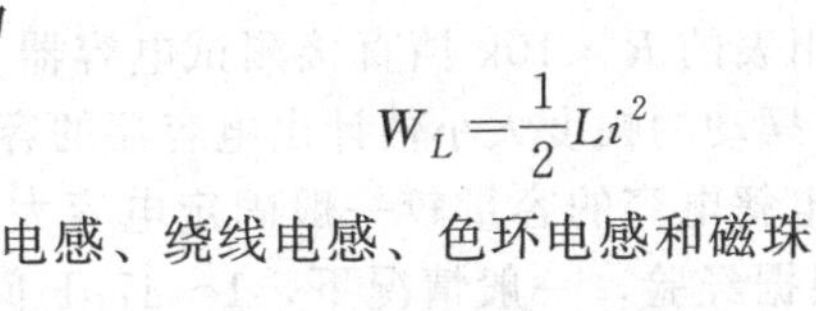　　　　　　图 3.1.16　色环电感 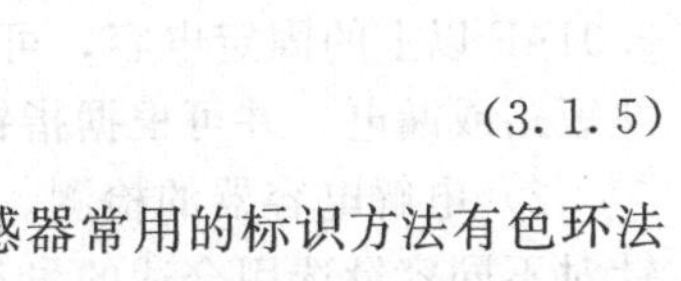　　　　　　图 3.1.17　磁珠

用万用表检查电感线圈出现的几种情况，如图 3.1.18 所示。

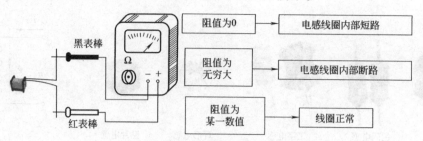

图 3.1.18　万用表检查电感线圈出现的情况

三、任务实施

（1）电容器的检测

1）固定电容器的检测。10pF 以下的固定电容器容量太小，用万用表进行测量，只能定性地检查其是否有漏电、内部短路或击穿现象。测量时，可选用万用表 $R×10k$ 挡，用两表笔分别任意接电容的两个引脚，阻值应为无穷大。若测出阻值（指针向右摆动）为零，则说明电容漏电损坏或内部击穿。检测 10pF～0.01μF 固定电容器是否有充电现象，进而判断其好坏。万用表选用 $R×1k$ 挡。选用硅三极管组成复合管。万用表的红表笔和黑表笔分别与复合管的发射极 e 和集电极 c 相接。由于复合三极管的放大作用，把被测电容的充放电过程予以放大，使万用表指针摆幅度加大，从而便于观察。应注意的是：在测试操作时，特别是在测较小容量的电容时，要反复调换被测电容引脚接触 A、B 两点，才能明显地看到万用表指针的摆动。对于 0.01μF 以上的固定电容，可用万用表的 $R×10k$ 挡直接测试电容器有无充电过程以及有无内部短路或漏电，并可根据指针向右摆动的幅度大小估计出电容器的容量。

2）电解电容器的检测。因为电解电容的容量较一般固定电容大得多，所以，测量时，应针对不同容量选用合适的量程。根据经验，一般情况下，1～47μF 间的电容可用 $R×1k$ 挡测量，大于 47μF 的电容可用 $R×100$ 挡测量。

将万用表红表笔接负极，黑表笔接正极，在刚接触的瞬间，万用表指针即向右偏转较大偏度（对于同一电阻挡，容量越大，摆幅越大），接着逐渐向左回转，直到停在某一位置。此时的阻值便是电解电容的正向漏电阻，此值略大于反向漏电阻。实际使用经验表明，电解电容的漏电阻一般应在几百千欧以上，否则，将不能正常工作。在测试中，若正向、反向均无充电的现象，即表针不动，则说明容量消失或内部断路；如果所测阻值很小或为零，说明电容漏电大或已击穿损坏，不能再使用。

对于正、负极标志不明的电解电容器，可利用上述测量漏电阻的方法加以判别。即先任意测一下漏电阻，记住其大小，然后交换表笔再测出一个阻值。两次测量中阻值大的那一次便是正向接法，即黑表笔接的是正极，红表笔接的是负极。

使用万用表电阻挡，采用给电解电容进行正、反向充电的方法，根据指针向右摆动幅度的大小，可估测出电解电容的容量。

3）可变电容器的检测。用手轻轻旋动转轴，应感觉十分平滑，不应感觉有时松时紧甚至有卡滞现象。将转轴向前、后、上、下、左、右等各个方向推动时，转轴不应有松动的现象。

用一只手旋动转轴，另一只手轻摸动片组的外缘，不应感觉有任何松脱现象。转轴与动片之间接触不良的可变电容器，是不能再继续使用的。

将万用表置于 $R×10k$ 挡，一只手将两个表笔分别接可变电容器的动片和定片的引出端，另一只手将转轴缓缓旋动几个来回，万用表指针都应在无穷大位置不动。在旋动转轴的过程中，如果指针有时指向零，说明动片和定片之间存在短路点；如果碰到某一角度，万用表读数不为无穷大而是出现一定阻值，说明可变电容器动片与定片之间存在漏电现象。

（2）电感器检测方法

1）色码电感器的检测。将万用表置于 $R \times 1$ 挡，红、黑表笔各接色码电感器的任一引出端，此时指针应向右摆动。根据测出的电阻值大小：被测色码电感器电阻值为零，其内部有短路性故障；被测色码电感器直流电阻值的大小与绕制电感器线圈所用的漆包线径、绕制圈数有直接关系，只要能测出电阻值，则可认为被测色码电感器是正常的。

2）变压器的检测。将万用表拨至 $R \times 1$ 挡，按照变压器的各绕组引脚排列规律，逐一检查各绕组的通断情况，进而判断其是否正常。检测绝缘性能，将万用表置于 $R \times 10k$ 挡，做如下几种状态测试：初级绕组与次级绕组之间的电阻值；初级绕组与外壳之间的电阻值；次级绕组与外壳之间的电阻值。

上述测试结果出现三种情况：阻值为无穷大表示正常；阻值为零表示有短路性故障；阻值小于无穷大，但大于零表示有漏电性故障。

（3）思考题

① 如何测量电容与电感的精确数值？

② 影响测量精度的因素有哪些？

四、任务考评

评分标准见表 3.1.4。

表 3.1.4　评分标准

序号	考核内容	考核项目	配分	检测标准	得分
1	电容器类型识别	电解电容与普通电容的识别	20 分	能区分电解电容与普通电容	
2	电容器容量的识别	(1)电解电容读数 (2)普通电解电容数码法读数	20 分	(1)对给定电解电容读数正确 (2)对给定普通电容读数正确	
3	电容器的串并联	(1)了解电容器的串联 (2)了解电容器的并联	20 分	(1)能应用电容器的串联 (2)能应用电容器的并联	
4	电感器类型识别	贴片电感与贴片电容的区别	30 分	能区分贴片电感与贴片电容	
5	电感器容量的识别	电感器容量读数	10 分	对给定电感器容量读数正确	
	合计		100 分		

五、知识拓展

电容器是电子设备中最基础也是最重要的元件之一。电容器的产量占全球电子元器件产品（其他的还有电阻器、电感器等）的 40% 以上。基本上所有的电子设备，小到充电器、数码照相机，大到航天飞机、火箭中都可以见到它的身影。作为一种最基本的电子元器件，电容器对于电子设备来说就像食品对于人一样不可缺少。

电容器的种类繁多，用途非常广泛，主要应用在电源电路、信号电路、电力系统及工业中。

在电源电路和信号电路中，电容器主要用于实现旁路、去耦、滤波、储能、耦合等方面的作用。

（1）旁路。旁路电容的主要功能是产生一个交流分路，把输入信号中的干扰作为滤除对象，可将混有高频电流和低频电流的交流电中的高频成分旁路掉。

（2）去耦。去耦电容也称退耦电容，它的作用是把输出信号中的高频干扰作为滤除对象，防止干扰信号返回电源。

高频旁路电容一般比较小，根据谐振频率一般取 $0.1\mu F$、$0.01\mu F$ 等，而去耦电容的容量一般较大，可能是 $10\mu F$ 或者更大。

（3）滤波。滤波电容在电源整流电路中主要用来滤除交流成分，使输出的直流电更加平滑。

（4）储能。电容器能够储存电能，是一种储能元件，用于必要时释放。如照相机闪光灯、加热设备等，如今某些电容器的储能水平已经接近锂电池的水准，一个电容器储存的电能可以供一部手机使用一天。

（5）耦合。耦合电容的作用就是利用电容"通交流、隔直流"的特性，将交流信号从前一级传到下一级。

在电力系统中，电容器是提高功率因数的重要元器件；在工业上，使用的常常是电动机等电感性负载，通常采用并联电容器的办法使电网平衡。

六、思考与练习

1. 是非题

（1）从公式 $C=q/U$ 可知，电容器的电容会随其两端所加电压的增大而增大。　　（　　）

（2）几个电容器串联后的总电容一定大于其中任何一个电容器的容量。　　（　　）

（3）若干只不同容量的电容器并联，各电容器所带电荷量均相等。　　（　　）

（4）耐压是指电容器正常工作时允许加的最大电压值。　　（　　）

（5）某瓷片电容器标有"103"字样，则其标称容量为 $103\mu F$。　　（　　）

（6）两个 $10\mu F$ 的电容器，耐压分别为 10V 和 20V，则串联后总的耐压为 30V。　　（　　）

（7）在电容器的充电过程中，电路中的充电电流变化为从 0 到最大。　　（　　）

（8）电解电容的两个极有正、负极性之分，使用时要特别注意。　　（　　）

（9）利用万用表的电阻挡对较大容量的电容器进行检测时，转换开关通常置于 $R\times10k$ 挡。

（　　）

（10）在进行电路或电器维修时，如果碰到大容量的电容器，应先通过短接把其电荷放掉后再进行维修，以防被电击。　　（　　）

2. 选择题

（1）有一电容为 $30\mu F$ 的电容器，接到直流电源上对它充电，这时它的电容为 $30\mu F$；当它不充电时，它的电容是（　　）。

　　A. 0　　　　　　　　B. $15\mu F$　　　　　　　　C. $30\mu F$　　　　　　　　D. $10\mu F$

（2）有两个电容器 C_1 和 C_2 并联，且 $C_1=2C_2$，则 C_1、C_2 所带的电荷量 q_1、q_2 间的关系是（　　）。

　　A. $q_1=q_2$　　　　　　B. $q_1=2q_2$　　　　　　C. $2q_1=q_2$　　　　　　D. 以上答案都不对

（3）有两个电容器 C_1 和 C_2 串联，且 $C_1=2C_2$，则 C_1、C_2 两极板间的电压 U_1、U_2 间的关系是（　　）。

　　A. $U_1=U_2$　　　　　　B. $U_1=2U_2$　　　　　　C. $2U_1=U_2$　　　　　　D. 以上答案都不对

（4）$1\mu F$ 和 $2\mu F$ 的电容器串联后接在 30V 的电源上，则 $1\mu F$ 电容器两端电压为（　　）。

　　A. 10V　　　　　　　　B. 15V　　　　　　　　C. 20V　　　　　　　　D. 30V

（5）两个相同电容器并联之后的等效电容，与它们串联之后的等效电容之比为（　　）。

　　A. 1∶4　　　　　　　　B. 4∶1　　　　　　　　C. 1∶2　　　　　　　　D. 2∶1

（6）电容器并联使用时将使总电容（　　）。

　　A. 增大　　　　　　　　B. 减小　　　　　　　　C. 不变　　　　　　　　D. 无法判断

（7）电路如图 3.1.19 所示，已知 $U=10\text{V}$，$R_1=2\Omega$，$R_2=8\Omega$，$C=100\mu\text{F}$，则电容器两端的电压 U_C 为（　　　）。

　　A. 10V　　　　　　　B. 8V　　　　　　　C. 2V　　　　　　　D. 0

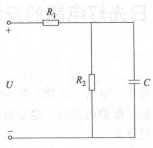

图 3.1.19　题（7）的电路

（8）电容器在放电过程中，其两端电压 U_C 和放电电流 $i_\text{放}$ 的变化是（　　　）。

　　A. U_C 增大，$i_\text{放}$ 减小　　　　　　　　B. U_C 减小，$i_\text{放}$ 增大

　　C. U_C 减小，$i_\text{放}$ 减小　　　　　　　　D. U_C 增大，$i_\text{放}$ 增大

（9）一个电容器外壳上标有"224"的字样，则该电容器的标称容量为（　　　）。

　　A. 224pF　　　　　B. 224μF　　　　　C. 0.22pF　　　　　D. 0.22μF

（10）用万用表的电阻挡（$R\times1\text{k}$）对 $10\mu\text{F}$ 的电解电容器进行质量检测时，如果指针根本不偏转，则说明电容器内部可能（　　　）。

　　A. 短路　　　　　　B. 断路　　　　　　C. 断路或短路　　　D. 无法确定

3. 分析与计算题

（1）现有一个电容器，它的电容为 $10\mu\text{F}$，加在电容器两端的电压为 300V，求该电容器极板上存储的电荷量为多少？

（2）在某电子电路中需用一只耐压为 500V、电容为 $4\mu\text{F}$ 的电容器，但现在只有耐压为 250V、电容为 $4\mu\text{F}$ 的电容器若干，问通过怎样的连接方法才能满足要求？

（3）现有容量为 $0.25\mu\text{F}$、耐压为 300V 和容量为 $0.5\mu\text{F}$、耐压为 250V 的两个电容器。1）将两个电容器并联后的总电容是多少？耐压又是多少？2）将两个电容器串联后，如果在它两端加 500V 的电压，则电容器是否会被击穿？

4. 实践与应用题

（1）图 3.1.20 所示为某个云母电容器外形，试解释其所标注的各项参数的含义。

（2）图 3.1.21 所示为某电解电容器外形，请写出 3 种判断电解电容器极性的方法及其操作过程。

图 3.1.20　云母电容器外形

图 3.1.21　电解电容器外形

5. 思考题

（1）常用的电容器有哪些？

（2）电容器的标示方法有哪些？

（3）电容器上标有 202 数码，电容器的读数是多少？

任务二　日光灯电路的安装与测量

一、任务分析

常见电量包括电流、电压、电功率、电功（电能）等。电量的测量是了解电路工作状态的主要手段，是对电路进行分析、控制、保护的基础。电量的测量主要借助各种仪器或仪表。在对电量进行测量前，必须理解其物理意义。

1. 知识目标

（1）了解正弦交流电的产生。

（2）理解正弦交流电的特征。

（3）掌握正弦交流电路的三要素及相位差的概念。

（4）掌握正弦交流电的解析表示法、波形表示方法、相量表示法。

（5）掌握纯电阻、纯电感、纯电容的单相交流电路计算方法。

（6）理解相量图，会运用相量法求解单一元件的正弦交流电路。

（7）理解交流电路中有功功率、无功功率、视在功率、功率因数的概念，了解提高功率因数的意义。

（8）掌握复阻抗的概念，掌握 RLC 串联电路的计算，会运用相量法求解。

（9）会计算 RLC 串联交流电路中有功功率、无功功率、视在功率、功率因数。

（10）掌握 RLC 并联电路的计算。

（11）了解提高功率因数的方法。

（12）了解串联谐振与并联谐振的特征。

2. 技能目标

（1）会测定单一元件交流电路中 R、L、C 元件的伏安特性。

（2）会测量日光灯电路的电流、电压、功率，会计算功率因数、电感参数，学会简单的故障排查方法。

二、相关知识

1. 交流电的概念

一个直流理想电压源 U_S 作用于电路中，电路中的电压 U 和电流 I 是不随时间变化的，如图 3.2.1(a)所示，这种恒定的电压和电流统称为直流电量。

如果一个随时间按正弦规律变化的理想电源 u_S 作用于电路中，则电路中的电压 u 与电流 i 也随时间按正弦规律变化，且在一个周期内，其平均值为零，如图 3.2.1(b)所示。这种随时间按正弦规律周期性变化的电压和电流统称为正弦电量，或称为正弦交流电。

学习情境二分析的电路是直流电路，而在实际中应用最多的还是交流电。其中随时间按正弦规律变化的交流电称为正弦交流电；不按正弦规律变化的交流电称为非正弦交流电。正弦交流电，除了它易于产生、易于转换和易于传输外，还由于同频率的正弦量之和或差仍为同频率的正弦量，正弦量的导数或积分仍为频率不变的正弦量。因此当一个或几个同频率的正弦电压源作用于线性电路时，电路中各部分的电压和电流都是同一频率的正弦量，这将使电压和电流

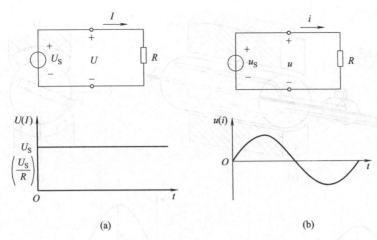

图 3.2.1   直流电量与交流电量

的测量和计算都较为方便。

2. 正弦交流电动势的产生

电能是现代社会最主要的能源之一。发电机是将其他形式的能源转换成电能的机械设备，它由水轮机、汽轮机、柴油机或其他动力机械驱动，将水流、气流、燃料燃烧或原子核裂变产生的能量转化为机械能传给发电机，再由发电机转换为电能。发电机在工农业生产、国防、科技及日常生活中有广泛的用途。

发电机的形式很多，但其工作原理都基于电磁感应定律和电磁力定律。因此，其构造的一般原则是：用适当的导磁和导电材料构成互相进行电磁感应的磁路和电路，以产生电磁功率，达到能量转换的目的。

发电机的分类可归纳如下：直流发电机，交流发电机，同步发电机，异步发电机。交流发电机还可分为单相发电机与三相发电机。三相又分有刷和无刷。

发电机通常由定子、转子、端盖及轴承等部件构成。定子由定子铁芯、线包绕组、机座以及固定部分和其他结构件组成。转子由转子铁芯（或磁极、磁轭）、绕组、集电环、滑环、电刷及支架、风扇及转轴等部件组成。由轴承及端盖将发电机的定子、转子连接组装起来，使转子能在定子中旋转，做切割磁力线的运动，从而产生感应电势，通过接线端子引出，接在回路中，便产生了电流。

图 3.2.2（a）所示为最简单的交流发电机的结构。它主要由一对能够产生磁场的磁极（定子）和能够产生感应电动势的线圈（转子）组成。转子线圈的两端分别接到两只互相绝缘的铜环上，铜环与连接外电路的电刷接触。通常把磁极做成特定的形状，如图 3.2.2(b)所示，使电枢表面上的磁感应强度按正弦规律分布，如图 3.2.2(c)所示，即：

$$B = B_m \sin\alpha \tag{3.2.1}$$

式中，α 为线圈平面与中性面的夹角。当电枢按逆时针方向以速度 v 作等速旋转时，线圈 $a'b'$ 边和 $a''b''$ 边分别切割磁力线，产生感应电动势，如图 3.2.2(d)所示。

其大小为：

$$e' = e'' = Blv\sin\alpha \tag{3.2.2}$$

根据右手定则，线圈两边产生的感应电动势的方向始终相反，如图 3.2.2(b)$\otimes$、$\odot$符号所示。因此整个线圈产生的总感应电动势为线圈两边感应电动势之和，即：

$$e = e' + e'' = 2B_m lv\sin\alpha \tag{3.2.3}$$

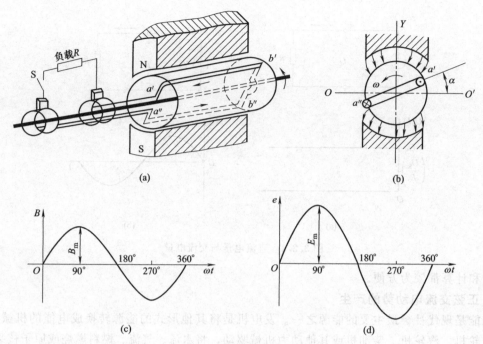

图 3.2.2 交流发电机原理图

设感应电动势的最大值为：
$$E_m = 2B_m lv$$

则式（3.2.3）可表示为：
$$e = E_m \sin\alpha \tag{3.2.4}$$

如果线圈从中性面开始，以角速度 ω 作等速运动，则式（3.2.4）也可写成：
$$e = E_m \sin\omega t \tag{3.2.5}$$

上述各式都是从线圈平面与中性面重合的时刻开始计时的，如果不是这样，而是从线圈平面与中性面成一夹角 φ 时开始计时（图 3.2.3），那么，经过时间 t，线圈平面与中性面间的角度是 $\omega t + \varphi$，感应电动势的公式就变为
$$e = E_m \sin(\omega t + \varphi) \tag{3.2.6}$$

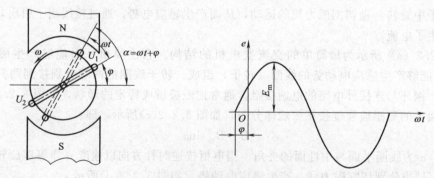

图 3.2.3 线圈平面与中性面成一夹角 φ 时
产生的正弦电动势波形图

3. 正弦量的三要素

一个按正弦规律变化的交流电动势作用于电路中，电路中的电压 u 和电流 i 也随时间按正弦规律变化。正弦交流电在任一瞬时的值称为瞬时值，用小写字母来表示，如 e、u、i 分别表

示电动势、电压和电流的瞬时值。现以电流为例说明正弦交流电的数学表达式和三要素。

图 3.2.4 是一个正弦电流随时间变化的曲线，这种曲线称为波形图。图中 T 为电流 i 变化一周所需的时间，称为周期，其单位为秒（s），周期较小的单位还有毫秒（ms）、微秒（μs）。电流每秒完成周期性变化的次数称为频率，用符号 f 表示，单位为赫（Hz）。频率较大的单位还有千赫（kHz）、兆赫（MHz）。

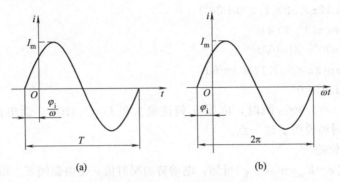

图 3.2.4　正弦交流电流

根据定义，周期和频率互为倒数，即

$$f = \frac{1}{T} \text{ 或 } T = \frac{1}{f} \tag{3.2.7}$$

正弦交流电波形图的横坐标可用 t 表示，也可用 ωt 表示，分别如图 3.2.4（a）和（b）所示。该正弦电流的数学表达式为

$$i = I_m \sin(\omega t + \varphi_i) \tag{3.2.8}$$

式中，i 为正弦电流的瞬时值；I_m 为正弦电流的最大值；ω 为正弦量的角频率；φ_i 称为初相位；t 为时间。由式（3.2.8）可知，对于一个正弦电流 i，如果 I_m、ω、φ_i 为已知，则它与时间 t 的关系就是唯一确定的。因此最大值、角频率、初相位称为正弦量的三要素，现分析如下。

（1）最大值。由于正弦函数的最大值是 1，所以式（3.2.8）中 I_m 为电流 i 的最大值，也称为振幅或峰值。正弦量的最大值用带 m 下标的大写字母来表示，如 I_m、U_m、E_m 分别表示正弦电流、正弦电压和正弦电动势的最大值。最大值表示了正弦量的变化幅度，对于一个确定的正弦量，其最大值是一个常数。

（2）角频率。式（3.2.8）中的 ω 在数值上等于单位时间内正弦函数辐角的增长值，称为角频率，它的单位为弧度每秒（rad/s）。由于在一个周期 T 秒内辐角增大 2π 弧度，故

$$\omega = \frac{2\pi}{T} \tag{3.2.9}$$

式（3.2.7）和式（3.2.9）表明，频率、周期和角频率三个物理量都是说明正弦交流电变化快慢的同一物理实质的。三个量中只要知道一个，便可求出其他两个量。例如我国工业和民用电的频率 $f = 50\text{Hz}$（称为工频），其周期为 $T = 1/50\text{s} = 0.02\text{s}$，角频率 $\omega = 2\pi/T = 2\pi f = 314\text{rad/s}$。

【例 3.2.1】 某正弦电压的最大值 $U_m = 310\text{V}$，初相位 $\varphi_u = 30°$；某正弦电流的最大值 $I_m = 14.1\text{A}$，初相 $\varphi_i = -60°$。它们的频率均为 50Hz。试分别写出电压和电流的瞬时值表达式。并画出它们的波形。

解： 电压的瞬时值表达式为

$$\begin{aligned} u &= U_m \sin(\omega t + \varphi_u) \\ &= 310 \sin(2\pi f t + \varphi_u) \\ &= 310 \sin(314t + 30°)\text{V} \end{aligned}$$

电流的瞬时值表达式为
$$i = I_m \sin(\omega t + \varphi_i)$$
$$= 14.1 \sin(314t - 60°) A$$

电压和电流波形如图 3.2.5 所示。

【例 3.2.2】 试求例 3.2.1 中电压 u 和电流 i 在 $t = 1/300s$ 时的瞬时值。

解：
$$u = 310 \sin(2\pi \times 50t + 30°)$$
$$= 310 \sin(2\pi \times 50 \times 1/300 + 30°)$$
$$= 310 \sin(\pi/3 + 30°)$$
$$= 310 \sin 90° = 310(V)$$
$$i = 14.1 \sin(2\pi \times 50 \times 1/300 - 60°)$$
$$= 14.1 \sin 0° = 0$$

计算表明，在 $t = 1/300s$ 瞬时，电压 u 到达最大值 $U_m = 310V$，而电流 i 到达零点。图 3.2.5 的波形图也同样说明了这一点。

（3）相位和相位差

1）相位。由式 $e = E_m \sin(\omega t + \varphi)$ 可知，电动势的瞬时值 e 是由振幅 E_m 和正弦函数 $\sin(\omega t + \varphi)$ 共同决定的。把 t 时刻线圈平面与中性面的夹角 $(\omega t + \varphi)$ 叫做该正弦交流电的相位或相角。φ 是 $t = 0$ 时的相位，叫做初相位，简称初相。初相一般用弧度表示，也可用角度表示。这个角度通常用不大于 $180°$ 的角来表示。图 3.2.5 中 u 和 i 分别表示初相为 $30°$ 及初相为 $-60°$ 的两个正弦量的波形。

2）相位差。两个同频率正弦量的相位之差叫做相位差，用 $\Delta\varphi$ 表示。上例中电压与电流的相位差为
$$\Delta\varphi = (\omega t + \varphi_u) - (\omega t + \varphi_i) = \varphi_u - \varphi_i$$

其数值为
$$\Delta\varphi = 30° - (-60°) = 90°$$

即两个同频率正弦量的相位差等于它们的初相差。

若 $\Delta\varphi > 0$ 表明 $\varphi_u > \varphi_i$，那么就称 u 超前 i，或 i 滞后 u 一个相位角 φ。若 $\Delta\varphi = 0$ 表明 $\varphi_u = \varphi_i$，那么就称这两个交流电同相，如图 3.2.6(a) 所示。

若 $\Delta\varphi = \pm180°$，那么就称这两个交流电反相。如图 3.2.6(b) 所示。

若 $\Delta\varphi < 0$ 表明 $\varphi_u < \varphi_i$，那么 u 滞后 i，或 i 超前 u。

若 $\Delta\varphi = 90°$，那么就称这两个交流电正交。

据上所述，两个同频率的正弦量计时起点（$t = 0$）不同时，则它们的相位和初相位不同，但它们之间的相位差不变。在交流电路中，常常需研究多个同频率正弦量之间的关系，为了方便起见，可以选择其中某一正弦量作为参考，称为参考正弦量。令参考正弦量的初相 $\varphi = 0$，其他各正弦量的初相，即为该正弦量与参考正弦量的相位差（或初相差）。如图 3.2.5 所表达的 u 与 i，当选取 i 为参考量，令 i 的初相 $\varphi_i = 0$，则 u 的初相为 $\varphi_u = 90° - 0° = 90°$。这时电流和电压的表达式分别为
$$i = 14.1 \sin\omega t \, A$$
$$u = 310 \sin(\omega t + 90°) V$$

当选取 u 为参考正弦量时，即令 u 的初相 $\varphi_u = 0$，则 i 的初相为 $\varphi_i = -90° - 0° = -90°$。这时电压和电流的表达式分别为
$$u = 310 \sin\omega t \, V$$
$$i = 14.1 \sin(\omega t - 90°) A$$

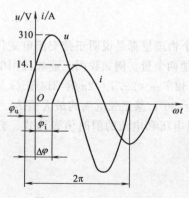

图 3.2.5 例 3.2.1 波形

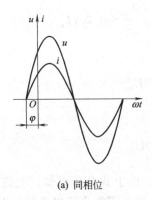 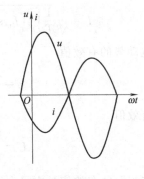

(a) 同相位　　　　　　　　　　　　(b) 反相位

图 3.2.6　两个正弦量的同相位

【例 3.2.3】　已知正弦电压 u 和电流 i_1、i_2 的瞬时值表达式为

$$u = 310\sin(\omega t - 45°)\,\text{V}$$

$$i_1 = 14.1\sin(\omega t - 30°)\,\text{A}$$

$$i_2 = 28.2\sin(\omega t + 45°)\,\text{A}$$

试以电压 u 为参考相量重新写出电压 u 和电流 i_1、i_2 的瞬时表达式。

解：若以电压 u 为参考量，则电压 u 的表达式为 $u = 310\sin\omega t\,\text{V}$

由于 i_1 与 u 的相位差为　　　$\varphi_1 = \varphi_{i_1} - \varphi_u = -30° - (-45°) = 15°$

故电流 i_1 的瞬时值表达式为　　　$i_1 = 14.1\sin(\omega t + 15°)\,\text{A}$

由于 i_2 与 u 的相位差为　　　$\varphi_2 = \varphi_{i_2} - \varphi_u = 45° - (-45°) = 90°$

故电流 i_2 的瞬时值表达式为　　　$i_2 = 28.2\sin(\omega t + 90°)\,\text{A}$

（4）有效值和平均值

1）有效值。交流电的瞬时值是随时间而变化的，因此不便用它来表示正弦量的大小，在电工技术中，通常所说的交流电的电压或电流的数值，都是指它们的有效值。

交流电的有效值是根据电流的热效应原理来规定的，即交流电流的有效值是热效应与它相等的直流电流的数值。当某一交流电流 i 通过一电阻 R 在一个周期内所产生的热量，与某一直流电流 I 通过同一电阻在相同时间内产生的热量相同时，则这一直流电流的数值就称为该交流电流的有效值。

交流电流 i 在一个周期（T 秒）内，通过某一电阻 R 所产生的热量为

$$Q_{\text{ac}} = \int_0^T i^2 R\,\mathrm{d}t$$

某一直流电流 I 在相同时间（T 秒）内通过同一电阻 R 所产生的热量为

$$Q_{\text{dc}} = I^2 R T$$

若两者相等，则　　　　　　　　$RI^2 T = \int_0^T i^2 R\,\mathrm{d}t$

由上式可得

$$I = \sqrt{\frac{1}{T}\int_0^T i^2\,\mathrm{d}t} \tag{3.2.10}$$

这就是交流电流的有效值。

式（3.2.10）对于计算任一周期电流的有效值都是适用的，可见交流电的有效值就是它的均方根值。电动势、电压和电流的有效值分别用大写的 E、U、I 表示。对于正弦交流电流，则有

$$I = \sqrt{\frac{1}{T}\int_0^T (I_m \sin\omega t)^2 \, dt} = \frac{I_m}{\sqrt{2}} = 0.707 I_m \tag{3.2.11}$$

同理，交流电动势的有效值

$$E = \frac{E_m}{\sqrt{2}} = 0.707 E_m \tag{3.2.12}$$

交流电压的有效值

$$U = \frac{U_m}{\sqrt{2}} = 0.707 U_m \tag{3.2.13}$$

可见，正弦交流电的有效值是它最大值的 $1/\sqrt{2}$。由上式分析可知，交流电的有效值是从能量转换角度去考虑的等效直流值。引入有效值后，便可借鉴直流电路的分析方法去处理交流电路的问题。通常交流电机和电器的铭牌上所标的额定电压和额定电流都是指有效值，一般的交流电压表和电流表的读数也是指有效值。

【例 3.2.4】 试求【例 3.2.3】中正弦电压 u 和电流 i_1、i_2 的有效值。

解：电压 u 的有效值

$$U = \frac{U_m}{\sqrt{2}} = \frac{310}{\sqrt{2}}\text{V} = 220\text{V}$$

电流 i_1 的有效值

$$I_1 = \frac{I_{1m}}{\sqrt{2}} = \frac{14.1}{\sqrt{2}}\text{A} = 10\text{A}$$

电流 i_2 的有效值

$$I_2 = \frac{I_{2m}}{\sqrt{2}} = \frac{28.2}{\sqrt{2}}\text{A} = 20\text{A}$$

2）平均值。正弦交流电的波形是对称于横轴的，在一个周期内的平均值恒等于零，所以一般所说的平均值是指半个周期内的平均值。根据分析计算，正弦交流电在半个周期内的平均值为

$$E_{av} = 0.637 E_m \tag{3.2.14}$$
$$U_{av} = 0.637 U_m \tag{3.2.15}$$
$$I_{av} = 0.637 I_m \tag{3.2.16}$$

4. 正弦量的相量表示法

前已指出，正弦量可以用三角函数式或用波形图来表示，这两种方法明确地表达了正弦量的三要素。但是，用这两种方法进行运算十分不便。因此，有必要寻求使正弦量运算更简便的方法。以下介绍的正弦量相量表示法将为分析、计算正弦交流电路带来极大方便。

（1）旋转矢量。设一正弦电流 $i = I_m \sin(\omega t + \varphi_i)$，它可以用这样一个旋转矢量来表示：过直角坐标的原点作一矢量，矢量的长度等于该正弦量的最大值 I_m，矢量与横轴正向的夹角等于该正弦量的初相角 φ，该矢量逆时针方向旋转，其旋转的角速度等于该正弦量的角频率 ω，那么这个旋转矢量任意瞬时在纵轴上的投影，就是该正弦函数 i 在该瞬时的数值。如图 3.2.7 所示，当 $\omega t = 0$ 时，矢量在纵轴上的投影为 $i_0 = I_m \sin\varphi$；当 $\omega t = \omega t_1$ 时，矢量在纵轴上的投影为 $i_1 = I_m \sin(\omega t_1 + \varphi)$，如此等等。这就是说正弦量可以用一个旋转矢量来表示。

求解一个正弦量必须求得它的三要素。但在分析正弦交流电路时，由于电路中所有的电压、电流都是同频率的正弦量，且它们的频率与正弦电源的频率相同，而电源频率往往是已知的，因此通常只要分析最大值（或有效值）和初相位两个要素就够了，而旋转矢量的角速度 ω 可以省略，只需用一个有一定长度、与横轴有一定夹角的矢量来表示正弦量。不仅如此，正弦量还可用以复数运算为基础的相量来表示。

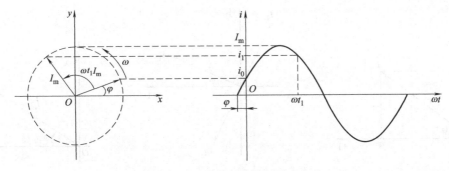

图 3.2.7　正弦量用旋转矢量来表示

（2）复数。一个复数有多种表达形式，常见的有代数形式、三角函数形式和指数形式三种。复数的代数形式是

$$A = a + jb \tag{3.2.17}$$

式中，a、b 均为实数，分别称为复数的实部和虚部；$j = \sqrt{-1}$ 为虚数单位（数学中虚数单位用 i 表示，而在电路中因 i 已表示电流，为避免混淆而改用 j）。

复数 A 也可以用实轴与虚轴组成的复平面上的有向线段 OA 矢量来表示，如图 3.2.8 所示。

在图 3.2.8 中，矢量长度 $r = OA$ 称为复数的模；矢量与实轴的夹角 φ 称为复数的辐角，各量之间的关系为

$$r = \sqrt{a^2 + b^2} \tag{3.2.18}$$

$$\varphi = \arctan \frac{b}{a} \tag{3.2.19}$$

$$a = r\cos\varphi \qquad b = r\sin\varphi \tag{3.2.20}$$

于是可得复数的三角函数形式为

$$A = r(\cos\varphi + j\sin\varphi) \tag{3.2.21}$$

将欧拉公式 $e^{j\varphi} = \cos\varphi + j\sin\varphi$ 代入上式，则得复数的指数形式

$$A = r e^{j\varphi} \tag{3.2.22}$$

实用上为了便于书写，常把指数形式写成坐标形式，即

$$A = r\angle\varphi \tag{3.2.23}$$

复数的加减必须用代数形式进行，复数的乘除一般采用指数（或坐标）形式较为方便。

设有两个复数 $A_1 = a_1 + jb_1 = r_1\angle\varphi_1$，$A_2 = a_2 + jb_2 = r_2\angle\varphi_2$，则两复数之和为

$$A_1 + A_2 = (a_1 + a_2) + j(b_1 + b_2)$$

两复数之积为 $\qquad A_1 \cdot A_2 = r_1 r_2 \underline{\angle\varphi_1 + \varphi_2}$

作为两个复数相乘的特例，是一个复数乘以 $+j$ 或 $-j$。因为

$$+j = 0 + j = 1\angle 90°$$

故可以把 $+j$ 看成是一个模为 1、辐角为 90° 的复数，所以

$$A_1 = 1\angle 90° A_1 = A_1 \underline{\angle\varphi_1 + 90°}$$

上式表明，任一复数乘以 $+j$ 时，其模不变，辐角增大 90°，相当于在复平面上把复数矢量逆时针方向旋转 90°，如图 3.2.9 所示。同理

$$A_1 = A_1 \underline{\angle\varphi_1 - 90°}$$

即任一复数乘以 $-j$ 时，其模不变，辐角减小 90°，相当于在复平面上把复数矢量顺时针方向旋转 90°，如图 3.2.9 所示。

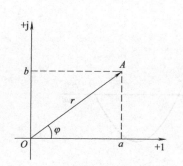

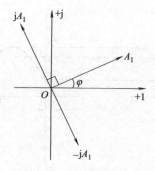

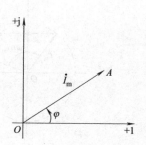

图 3.2.8　用复平面上的矢量表示复数　　　图 3.2.9　j 的几何意义　　　图 3.2.10　正弦量的相量表示法

（3）相量。由上述可知，正弦量可以用矢量来表示，而矢量又可以用复数来表示，因而正弦量必然可以用复数来表示。用一个复数来表示正弦量的方法称为正弦量的相量表示法。

前已指出，正弦时间函数 $i=I_\mathrm{m}\sin(\omega t+\varphi)=\sqrt{2}\,I\sin(\omega t+\varphi)$ 可以用直角坐标系中的一个矢量来表示，矢量的长度等于该正弦量的最大值 I_m，矢量与横轴的夹角等于该正弦量的初相位 φ。若将该矢量在复平面上图示出来，就如图 3.2.10 所示，这就是说复平面上有一矢量 OA，其长度等于 I_m，它与横轴的夹角为 φ。

那么此复平面上的矢量 OA 即可代表正弦函数 $i=I_\mathrm{m}\sin(\omega t+\varphi)$。

而复平面上的这个矢量又可用复数表示为

$$\dot{I}_\mathrm{m}=I_\mathrm{m}\angle\varphi \tag{3.2.24}$$

它既表达了正弦量的量值（大小），又表达了正弦量的初相位。把表示正弦量的复数称为相量。相量符号是在大写字母上加黑点"·"，这是为了与一般的复数相区别。

为了使计算结果直接得出正弦量的有效值，通常使相量的模等于正弦量的有效值，即将原来以最大值表示的模乘以 $1/\sqrt{2}$。这样正弦函数 $i=I_\mathrm{m}\sin(\omega t+\varphi)=\sqrt{2}\,I\sin(\omega t+\varphi)$

$$\dot{I}=I\angle\varphi \tag{3.2.25}$$

$\dot{I}$ 称为有效值相量，而 $\dot{I}_\mathrm{m}$ 则称为最大值（或幅值）相量。有效值相量直接表示出正弦量的有效值和初相位，更便于运算。当然，只有当电路中的电动势、电压和电流都是同频率的正弦量时，才能用相量来进行计算。

研究多个同频率正弦交流电的关系时，可按各正弦量的大小和初相，用矢量画在同一个坐标的复平面上，称为相量图。例如在【例 3.2.1】中电压 u 和电流 i 两个正弦量用波形表示如图 3.2.5 所示。若用相量图表示则如图 3.2.11（a）所示。电压相量 $\dot{U}$ 比电流相量 $\dot{I}$ 超前 $90°$ 角，也就是正弦电压 u 比正弦电流 i 超前 $90°$ 角。画相量图时要注意各正弦量之间的相位差，可以取其中一个相量作为参考相量，令其初相角为零，即画在横轴方向上，其他相量的位置按其与此相量之间的相位差定出。例如取 $\dot{I}$ 为参考相量，则图 3.2.11(a) 可改画成图 3.2.11(b) 所示，若取 $\dot{U}$ 为参考相量，则可画成图 3.2.11(c) 所示。

在分析电路时，常常利用相量图上的各相量之间的关系，用几何方法求出所需结果。

【例 3.2.5】已知图 3.2.12（a）电路中，$i_1=\sqrt{2}\times8\sin(\omega t+60°)$ A，$i_2=\sqrt{2}\times6\sin(\omega t-30°)$ A，试求总电流 i 的有效值及瞬时值表达式。

解：先将正弦电流 i_1 和 i_2 用相量来表示，分别为

$$\dot{I}_1=8\angle60°\,\mathrm{A}$$

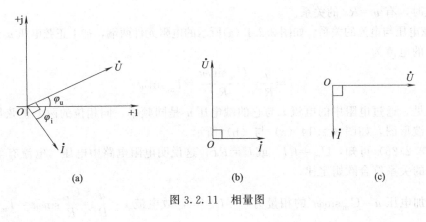

图 3.2.11　相量图

$$\dot{I}_2 = 6\angle-30° \text{A}$$

画出相量图如图 3.2.12(b)所示，然后用平行四边形法则求出总电流 i 的相量 $\dot{I}$。由于 $\dot{I}_1$
与 $\dot{I}_2$ 的夹角是 90°，故 $I=\sqrt{I_1^2+I_2^2}=\sqrt{8^2+6^2}\ \text{A}=10\text{A}$。

这就是总电流 i 的有效值。相量 $\dot{I}$ 与横轴的夹角 φ 就是 i 的初相角。

$$\varphi = \arctan\frac{8}{6}-30°=23.1°$$

所以总电流的瞬时值表达式为　　　　　　$i=\sqrt{2}\times10\sin(\omega t+23.1°)\text{A}$

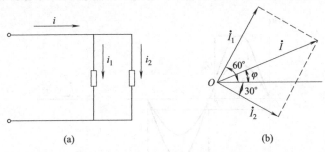

图 3.2.12　例 3.2.5 的电路及相量图

计算表明，$I_1=8\text{A}$，$I_2=6\text{A}$，而 $I=10\text{A}$，显然 $I\neq I_1+I_2$。这是因为同频率正弦量相加时，除了要考虑它们的数值外，还要考虑它们的相位问题，这是与直流不同之处。

5. 单一参数电路元件的交流电路

最简单的交流电路是由电阻、电感、电容单个电路元件组成的，这些电路元件由 R、L、C 三个参数中的一个来表征其特性，故称这种电路为单一参数电路元件的交流电路。工程实际中的某些电路就可以作为单一参数电路元件的交流电路来处理，另外，复杂的交流电路也可以认为是由单一参数电路元件组合而成的，因此掌握单一参数电路元件的交流电路的分析是很重要的。

(1) 电阻电路。图 3.2.13(a)所示为仅有电阻参数的交流电路，在交流电路中，尽管电流与电压随时间周期性变化，但只要电阻是线性的，那么电阻中的电流和它两端的电压在任一瞬时仍然服从于欧姆定律。当电流和电压的参考方

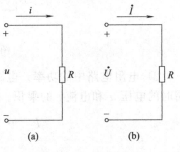

图 3.2.13　电阻电路

向选取一致时，有 $u = Ri$ 的关系。

1）正弦电压与电流的关系。如图 3.2.13(a)所示的电阻元件两端，加上正弦电压 $u = U_m \sin\omega t$，则通过电阻的电流为

$$i = \frac{u}{R} = \frac{U_m \sin\omega t}{R} = I_m \sin\omega t \tag{3.2.26}$$

由此可见，通过电阻中的电流 i 与它的端电压 u 是同频率、同相位的两个正弦量。于是可画出它们的波形图，如图 3.2.14（a）与（b）所示。

由式（3.2.26）可知，$U_m = RI_m$ 或 $U = RI$，这说明电阻电路中电压、电流有效值（或最大值）之间的关系符合欧姆定律。

由于外加电压 $u = U_m \sin\omega t$ 的相量为 $\dot{U} = U\angle 0°$，故电流 $i = \dfrac{u}{R} = \dfrac{U_m}{R}\sin\omega t = I_m \sin\omega t$ 的相量为

$$\dot{I} = I\angle 0° = \frac{U}{R}\angle 0° = \frac{\dot{U}}{R} \text{ 或 } \dot{U} = R\dot{I} \tag{3.2.27}$$

这就是电阻电路中欧姆定律的相量形式。它既表达了电压与电流有效值之间的关系（$U = RI$），又表达了电压 u 与电流 i 同相位。根据式（3.2.27）同样可以画出图 3.2.14（a）、（b）的波形图和相量图。

由式（3.2.27）所表达的电压相量 $\dot{U}$ 和电流相量 $\dot{I}$ 之间的关系，图 3.2.13（a）的电路可用图 3.2.13（b）的相量模型来代替，即电压、电流以相量表示，而电阻不变。

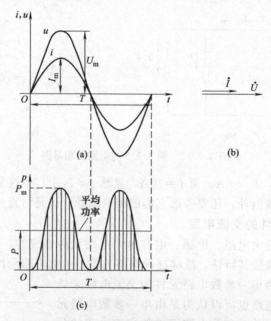

图 3.2.14 电阻电路的波形图与相量图

2）电阻电路中的功率。电路任一瞬间所吸收的功率称为瞬时功率，以 p 表示。它等于该瞬时的电压 u 和电流 i 的乘积。电阻电路所吸收的瞬时功率为

$$p = ui = U_m\sin\omega t\, I_m\sin\omega t = \sqrt{2}U \times \sqrt{2}I\sin^2\omega t$$
$$= UI(1 - \cos 2\omega t) = UI - UI\cos 2\omega t \tag{3.2.28}$$

　　由此可见，电阻从电源吸收的瞬时功率是由两部分组成的，第一部分是恒定值 UI，第二部分是幅值为 UI，并以 2ω 的角速度随时间变化的交变量 $UI\cos 2\omega t$。P 的变化曲线如图 3.2.14（c）所示。从功率曲线可以看出，电阻所吸收的功率在任意瞬时总是大于零的。这一事实，说明电阻是耗能元件。

　　瞬时功率无实用意义，通常所说的功率是指一个周期内电路所消耗（吸收）功率的平均值，称为平均功率或有功功率，简称功率，用 P 表示。

$$P=\frac{1}{T}\int_0^T UI\,(1-\cos 2\omega t)\,\mathrm{d}t=UI=I^2R=\frac{U^2}{R} \tag{3.2.29}$$

　　此式说明，正弦交流电路中电阻所消耗的功率与直流电路有相似的公式，但要注意式（3.2.29）中的 U 与 I 是正弦电压与正弦电流的有效值。平时所讲的 40W 灯泡、25W 电烙铁等都是指有功功率。

　　综上所述，电阻电路中电压与电流的关系可以用欧姆定律 $\dot{U}=R\,\dot{I}$ 来表达，电阻消耗的功率与直流电路有相似的公式，即 $p=UI=I^2R=U^2/R$。

　　【例 3.2.6】　已知一白炽灯，工作时的电阻为 484Ω，其两端的正弦电压 $u=311\sin(314t-60°)$ V，试求：①通过白炽灯的电流的相量及瞬时值表达式；②白炽灯工作时的功率。

　　解：①电压相量为
$$\dot{U}=U\angle\varphi_u=\frac{311}{\sqrt{2}}\angle-60°\,\mathrm{V}$$

电流相量为
$$\dot{I}=\frac{\dot{U}}{R}=\frac{220\angle-60°}{484}\,\mathrm{A}\approx 0.45\angle-60°\,\mathrm{A}$$

电流瞬时值表达式为
$$i=\sqrt{2}I\sin(\omega t+\varphi_u)\,\mathrm{A}$$
$$=0.45\sqrt{2}\sin(314t-60°)\,\mathrm{A}$$

　　② 平均功率　$P=UI=220\times 0.45\,\mathrm{W}=100\,\mathrm{W}$

　　（2）电感电路。在交流电路中，如果只用电感线圈作负载，而且线圈的电阻和分布电容均忽略不计，那么这样的电路就叫做纯电感电路，如图 3.2.15 所示。

　　1）电流与电压的关系。在电感线圈两端加上交流电压 u_L，线圈中必定要产生交流电流 i。由于这一电流时刻都在变化，因而线圈内将产生感应电动势，其大小为：$e_L=-L\dfrac{\Delta i}{\Delta t}$

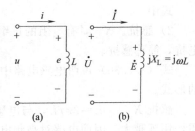

图 3.2.15　电感电路

　　则线圈两端的电压为：
$$u_L=-e_L=L\frac{\Delta i}{\Delta t} \tag{3.2.30}$$

　　设通过线圈的电流为：
$$i=I_m\sin\omega t \tag{3.2.31}$$

　　则
$$e=-L\frac{\Delta i}{\Delta t}=-\omega L I_m\cos\omega t$$
$$=\omega L I_m\sin(\omega t-90°)$$
$$=E_m\sin(\omega t-90°) \tag{3.2.32}$$
$$u=-e=\omega L I_m\cos\omega t=\omega L I_m\sin(\omega t+90°)$$
$$=U_m\sin(\omega t+90°) \tag{3.2.33}$$

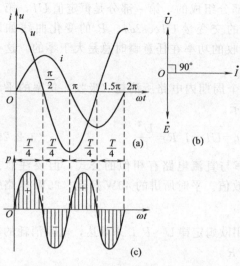

图 3.2.16 电感电路的波形图与相量图

比较以上两式可知，通过电感的电流 i 与它的端电压 u 及电动势 e 都是同频率的正弦量，但有不同的相位，电压超前于电流 $\pi/2$ 弧度（或 90°），就时间来说，电压超前于电流 $T/4$（电动势滞后于电流 $\pi/2$ 弧度，时间上滞后 $\pi/4$）。于是可画出它们的波形图和相量图，如图 3.2.16（a）和（b）所示。从图中可以看出，在第一个 1/4 周期内，i 从零开始增长，在零时变化率最大，故电压最高，达到最大值 U_m；当电流逐步上升时，其变化率逐渐减小，故电压逐渐下降；当电流达到最大值 I_m 时，其变化率为零，故电压通过零点。在第二个 1/4 周期内，电流由最大值开始下降，$\Delta i / \Delta t < 0$，故电压反向，即为负值；由于电流下降的变化率是逐渐增大的，故反向电压也逐渐增大；当电流下降至零时，电压达负的最大值。第三与第四个 1/4 周期与此相仿。在第二与第四个 1/4 周期内，电压与电流反向，这是与电阻电路的不同之处。

由式（3.2.32）、式（3.2.33）可知

$$U_m = E_m = \omega L I_m = X_L I_m \tag{3.2.34}$$

或

$$U = E = \omega L I = X_L I \tag{3.2.35}$$

$$I = \frac{U_L}{X_L} \tag{3.2.36}$$

式中

$$X_L = \omega L \tag{3.2.37}$$

2）感抗。X_L 具有电阻的量纲，单位为欧姆（Ω），起阻碍电流通过的作用，称为电感的电抗，简称感抗。

式（3.2.36）说明电感电路中的电压与电流有效值（或最大值）之间的关系具有欧姆定律的形式。

感抗 $X_L = \omega L = 2\pi f L$，与电感 L 和频率 f 成正比。在 L 一定时，频率越高，对电流的阻碍作用就越大。因而电感对高频电流具有扼流作用。在极端情况下，若 $f \to \infty$，则 $X_L \to \infty$，此时电感可视为开路；$f = 0$（直流）时，则 $X_L = 0$，此时电感可视为短路。

由式（3.2.33）和式（3.2.37）可得

$$\dot{U} = -\dot{E} = j\omega L \dot{I} = jX_L \dot{I} \tag{3.2.38}$$

这就是电感电路中欧姆定律的相量形式。它既表达了电压与电流之间的关系 $U = X_L I$，又表达了电压相位超前于电流 90°。根据式（3.2.38）同样可以画出图 3.2.16（a）、（b）的波形图及相量图。由式（3.2.38）可知，图 3.2.15（a）的电路可用图 3.2.15（b）来代替，即电压、电流和电动势以相量表示，而将 L 变成 jX_L。

应该注意，感抗 X_L 只等于电感元件上电压与电流的最大值或有效值之比，不等于它们的瞬时值之比。而且感抗只对正弦电流才有意义。

3）电感电路中的功率。电感电路所吸收的瞬时功率为

$$\begin{aligned} p &= ui = U_m \sin(\omega t + 90°) I_m \sin\omega t \\ &= U_m I_m \sin\omega t \cos\omega t \\ &= UI \sin 2\omega t \end{aligned} \tag{3.2.39}$$

由此可见，电感从电源吸收的瞬时功率是幅值为 UI，并以 2ω 的角频率随时间变化的正弦量。其变化曲线如图 3.2.16（c）所示。从功率曲线可以看出，电感从电源吸收的功率有正有负，正者是向电源吸取，负者是向电源反馈，曲线所包围的正、负面积相等，故平均功率（有功功率）$P = \dfrac{1}{T}\displaystyle\int_0^T p\,\mathrm{d}t = 0$。

这就是说，电感不消耗有功功率，但是电感与电源之间存在着能量的交换。在第一个 1/4 周期内，电感中的电流在增大，磁场在建立，电感从电源中吸取能量，所以 $p > 0$（u 与 i 的方向一致），这一过程电感是将电能转换为磁场能；在第二个周期 1/4 内，电感中的电流在减小，磁场在消失，此时电感将所储存的能量释放出来反馈给电源，所以 $p < 0$（u 与 i 方向相反），这一过程是将磁场能转换为电能；在第三个 1/4 周期内，电感又有一储能过程；在第四个 1/4 周期内，电感又有一放能过程。电感中的能量转换就是这样交替不已，在一个周期内吸收和放出的能量相等，因而平均值为零。这一事实说明，电感不消耗能量，是一储能元件，在电路中起着能量的"吞吐"作用。

电感虽然不消耗功率，但与电源之间有能量的交换，电源要供给它电流，而实际电源的额定电流是有限的，所以电感元件对电源来说仍是一种负载，它要占用电源设备的容量；此外，电源对电感元件提供电流时，通电线路上的电阻仍要消耗功率。电感与电源之间交换的最大值用 Q_L 表示

$$Q_L = UI = I^2 X_L = \dfrac{U^2}{X_L} \qquad\qquad (3.2.40)$$

式（3.2.40）与电阻电路中的 $P = UI = I^2 R = U^2/R$ 在形式上是相似的，且有相同的量纲，但有本质的区别。P 是电路中消耗的功率，称为有功功率，其单位是瓦（W），而 Q_L 只反映电路中能量的互换速度，不是消耗的功率，是为了与有功功率相区别而称为无功功率，其单位是乏尔（var），简称乏。综上所述，电感电路中电压与电流的关系可由欧姆定律 $\dot{U} = \mathrm{j}X_L \dot{I}$ 来表达，电感不消耗功率，其无功功率是 $Q_L = UI = I^2 X_L = \dfrac{U^2}{X_L}$。

【例 3.2.7】 设有一电感线圈，其电感 $L = 0.5\mathrm{H}$，电阻可略去不计，接于 $50\mathrm{Hz}$、$220\mathrm{V}$ 的电压上，试求：①该电感的感抗；②电路中的电流 I 及其与电压的相位差 φ；③电感的无功功率 Q_L；④若外加电压的数值不变，频率变为 $5000\mathrm{Hz}$，重求以上各项。

解： ① 感抗　　　　$X_L = 2\pi f L = 2 \times 3.14 \times 50 \times 0.5 = 157(\Omega)$

② 选电压 $\dot{U}$ 为参考相量，即 $\dot{U} = 220\angle 0° \mathrm{V}$，则

$$\dot{I} = \dfrac{\dot{U}}{\mathrm{j}X_L} = \dfrac{220\angle 0°}{\mathrm{j}157}\mathrm{A} = -\mathrm{j}1.4\mathrm{A}$$

即电流的有效值 $I = 1.4\mathrm{A}$，相位上滞后于电压 90°。

③无功功率　　　　$Q_L = I^2 X_L = 1.4^2 \times 157 = 308(\mathrm{var})$

或　　　　　　　　$Q_L = UI = 220 \times 1.4 = 308(\mathrm{var})$

④ 当频率为 $5000\mathrm{Hz}$ 时　　$X'_L = 2\pi f' L = 2\pi \times 5000 \times 0.5 = 15700(\Omega)$

即感抗增大到 100 倍，电流减小到原值的 1/100，即 $I' = 1.4/100\mathrm{A} = 0.014\mathrm{A}$，电流的相位仍滞后于电压 90°；无功功率也减小为原值的 1/100，即 $Q'_L = 308/100\mathrm{var} = 3.08\mathrm{var}$。

本例说明，电感对于不同频率的电流呈现出不同的感抗。频率越高，则感抗越大，电流越小，因而与电源交换功率的最大值也越小。

（3）电容电路。在交流电路中，如果只用电容器作为负载，而且电容器的绝缘电阻很大，

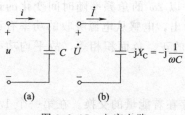

图 3.2.17　电容电路

介质损耗和分布电感均可忽略不计，那么这样的电路就叫做纯电容电路，如图 3.2.17 所示。

1）正弦电压与电流的关系。前面已经指出，直流电不能通过电容器，但当电容器接到交流电路中，由于外加电压不断变化，电容器就不断进行充、放电，电路中也就有了电流，就好像交流电"通过"了电容器。电容器两端的电压是随电荷的积累（即充电）而升高，随电荷的释放（即放电）而降低的。由于电荷的积累和释放需要一定的时间，因此电容器两端的电压变化总是滞后于电流的变化。

设在 Δt 时间内电容器极板上的电荷变化量是 ΔQ，则有

$$i = \frac{\mathrm{d}Q}{\mathrm{d}t} = C\frac{\mathrm{d}u}{\mathrm{d}t} \tag{3.2.41}$$

在图 3.2.17（a）所示的正弦交流电路中，设电压 u 为参考正弦量，即

$$u = U_m \sin\omega t \tag{3.2.42}$$

则

$$i = C\frac{\mathrm{d}u}{\mathrm{d}t} = \omega C U_m \cos\omega t$$

$$= \omega C U_m \sin(\omega t + 90°) = I_m \sin(\omega t + 90°) \tag{3.2.43}$$

由此可见，通过电容器的电流与它的端电压是同频率的正弦量，电流超前电压 $T/4$。于是可以画出它们的波形图和相量图，如图 3.2.18（a）、（b）所示。

由式（3.2.43）可知　$I_m = \omega C U_m$，$I = \omega C U$

或

$$U_m = \frac{1}{\omega C}I_m = X_C I_m \tag{3.2.44}$$

$$U = \frac{1}{\omega C}I = X_C I \tag{3.2.45}$$

式中

$$X_C = \frac{1}{\omega C} \tag{3.2.46}$$

2）容抗。由式（3.2.46）可以看出，X_C 具有电阻的量纲，单位为欧（Ω），起阻碍电流通过的作用，称为电容的电抗，简称容抗，式（3.2.45）说明，电容电路中的电压与电流有效值（或最大值）之间，具有欧姆定律的形式。

式（3.2.46）所表达的容抗 $X_C = 1/(\omega C) = 1/(2\pi fC)$，它与电容 C 和频率 f 成反比，在 C 一定时，频率越高，对电流的阻碍作用越小。在极端情况下，若 $f \to \infty$，则 $X_C \to 0$，此时电容可视为短路；当 $f \to 0$（直流），则 $X_C \to \infty$，此时电路可视为开路，也就是说电容不允许直流通过，起了"隔直"作用。由式（3.2.43）和式（3.2.46）可知，$\dot{I} = \mathrm{j}\omega C \dot{U} = \dfrac{\dot{U}}{-\mathrm{j}\dfrac{1}{\omega C}} = \dfrac{\dot{U}}{-\mathrm{j}X_C}$

或

$$\dot{U} = -\mathrm{j}X_C \dot{I} \tag{3.2.47}$$

这就是电容电路中欧姆定律的相量形式，它既表达了电压与电流有效值之间的关系 $U = X_C I$，又表达了电流在相位上超前于电压 90°。根据式（3.2.47）同样可画出图 3.2.18（a）、（b）的波形图及相量图。由式（3.2.47）可知，图 3.2.17（a）的电路可用图 3.2.17（b）来代替，即电压、电流以相量表示，而将 C 变换成 $-\mathrm{j}X_C$。

与电抗相似，容抗 X_C 等于电容元件上电压与电流的最大值或有效值之比，不等于它们的瞬时值之比。而且容抗只对正弦电流才有意义。

3）电容电路中的功率。电容电路所吸收的瞬时功率为

$$p = ui = U_\mathrm{m}\sin\omega t \times I_\mathrm{m}\sin(\omega t + 90°) = UI\sin2\omega t$$

(3.2.48)

由此可见，电容从电源吸取的瞬时功率是幅值为 UI，并以 2ω 角频率随时间变化的正弦量，其变化曲线如图 3.2.18(c) 所示，从功率曲线可以看出其平均功率 $p = 0$。

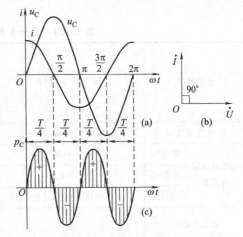

这就是说，电容不消耗有功功率，但电容与电源之间存在着能量的交换。在第一个 1/4 周期内，电容中的端电压在增大，电场在建立，电容从电源吸取能量，所以 $p > 0$，这一过程是电容将电能转换为电场能（充电）；在第二个 1/4 周期内，电容将所储存的能量释放出来回馈给电源，所以 $p < 0$，这一过程是电容释放能量的过程（放电）；在第三个 1/4 周期内，电容反方向充电；在第四个 1/4 周期内，电容反方向放电。电容中的能量转换就是这样交替不已。在一个周期内充放电能量相等，平均值为零。这一事实说明，电容不消耗能量，但可储存能量，是一个储能元件，在电路中起着能量的"吞吐"作用。

图 3.2.18 电容电路的波形图与相量图

与电感相似，电容与电源功率交换的最大值，称为无功功率，用 Q_C 表示。即

$$Q_\mathrm{C} = UI = I^2 X_\mathrm{C} = \frac{U^2}{X_\mathrm{C}}$$

(3.2.49)

综上所述，电容电路中电压与电流的关系可由欧姆定律 $\dot{U} = -\mathrm{j}X_\mathrm{C}\dot{I}$ 来表示，电容不消耗功率，其无功功率是 $Q_\mathrm{C} = UI = I^2 X_\mathrm{C} = U^2/X_\mathrm{C}$。

【例 3.2.8】 设有一电容器，其电容 $C = 38.5\mu\mathrm{F}$，电阻可略去不计，接于 50Hz、220V 的电压上。试求：①该电容的容抗；②电路中的电流 I 及其电压的相位差 φ；③电容的无功功率 Q_C；④若外加电压的数值不变，频率变为 5000Hz，重求以上各项。

解： ① 容抗 $$X_\mathrm{C} = \frac{1}{2\pi fC} = \frac{1}{2\pi \times 50 \times 38.5 \times 10^{-6}} \approx 80(\Omega)$$

② 选电压 $\dot{U}$ 为参考相量，即 $\dot{U} = 220\angle0°\mathrm{V}$，则电流 $\dot{I} = \dfrac{\dot{U}}{-\mathrm{j}X_\mathrm{C}} = \dfrac{220}{-\mathrm{j}80}\mathrm{A} = \mathrm{j}2.75\mathrm{A}$

即电流的有效值为 2.75A，相位上超前于电压 90°。

③ 无功功率 $$Q_\mathrm{C} = I^2 X_\mathrm{C} = 2.75^2 \times 80 = 605(\mathrm{var})$$
或 $$Q_\mathrm{C} = UI = 220 \times 2.75 = 605(\mathrm{var})$$

④ 当频率为 5000Hz 时，$X_\mathrm{C}' = 1/(2\pi f'C) = 1/(2\pi \times 5000 \times 38.5 \times 10^{-6}) \approx 0.8(\Omega)$。即容抗减小为原值的 1/100，因而电流增大到 100 倍，即 $I' = 275\mathrm{A}$，电流的相位仍超前于电压 90°；无功功率也增大到 100 倍，$Q_\mathrm{C}' = 60500\mathrm{var} \approx 60.5\mathrm{kvar}$。

此例说明，同一电容对不同频率的电流呈现出不同的容抗。频率越高，则容抗越小，电流越大、无功功率也越大，与电感的情况恰好相反（见例 3.2.7）。

根据以上讨论，可把电阻电路、电感电路和电容电路的基本性质列表比较，如表 3.2.1 所示。

表 3.2.1　单一参数电路元件的交流电路基本性质

		电阻 R	电感 L	电容 C
电路模型				
电路参数		电阻 R	电感 L	电容 C
电压与电流的关系	瞬时值	$u=iR$	$u=L\dfrac{\mathrm{d}i}{\mathrm{d}t}$	$i=C\dfrac{\mathrm{d}u}{\mathrm{d}t}$
	有效值	$U=RI$	$U=X_{\mathrm{L}}I$	$U=X_{\mathrm{C}}I$
	相位	电压与电流同相	电压超前于电流90°	电压滞后电流90°
电阻或电抗		R	$X_{\mathrm{L}}=\omega L$	$X_{\mathrm{C}}=\dfrac{1}{\omega C}$
用相量表示电压与电流的关系	相量模型			
	相量关系式	$\dot{U}=RI$	$\dot{U}=\mathrm{j}X_{\mathrm{L}}\dot{I}$	$\dot{U}=-\mathrm{j}X_{\mathrm{C}}\dot{I}$
	相量图			
有功功率		$P=UI=I^2R$	$P=0$	$P=0$
无功功率		$Q=0$	$Q_{\mathrm{L}}=UI=I^2X_{\mathrm{L}}$	$Q_{\mathrm{C}}=UI=I^2X_{\mathrm{C}}$

6. 电阻、电感、电容串联电路

实际电路的电路模型一般都是由几种理想电路元件组成的，因此，研究含有几个参数的电路就更具有实际意义。本节讨论的 RLC 串联电路是一种典型电路，从中引出的一些概念和结论可用于各种复杂的交流电路，而单一参数电路、RL 串联电路、RC 串联电路则可看成是它的特例。

（1）电压与电流之间的关系。设在图 3.2.19（a）所示的 RLC 串联电路中有正弦电流 $i=I_{\mathrm{m}}\sin\omega t$ 通过，则该电流在电阻、电感和电容上产生的电压降为

$$u_{\mathrm{R}}=U_{\mathrm{Rm}}\sin\omega t=RI_{\mathrm{m}}\sin\omega t$$
$$u_{\mathrm{L}}=U_{\mathrm{Lm}}\sin(\omega t+90°)=X_{\mathrm{L}}I_{\mathrm{m}}\sin(\omega t+90°)$$
$$u_{\mathrm{C}}=U_{\mathrm{Cm}}\sin(\omega t-90°)=X_{\mathrm{C}}I_{\mathrm{m}}\sin(\omega t-90°)$$

它们是与电流有相同频率的正弦量，但有不同的相位。根据基尔霍夫定律显然有

$$u=u_{\mathrm{R}}+u_{\mathrm{L}}+u_{\mathrm{C}}$$

由于 u_{R}、u_{L}、u_{C} 是同频率的正弦量，故可以用相量来表示，即

$$\dot{U}=\dot{U}_{\mathrm{R}}+\dot{U}_{\mathrm{L}}+\dot{U}_{\mathrm{C}} \tag{3.2.50}$$

将 $\dot{U}_{\mathrm{R}}=RI$、$\dot{U}_{\mathrm{L}}=\mathrm{j}X_{\mathrm{L}}\dot{I}$、$\dot{U}_{\mathrm{C}}=-\mathrm{j}X_{\mathrm{C}}\dot{I}$ 代入上式得

$$\dot{U} = R\dot{I} + jX_L\dot{I} - jX_C\dot{I}$$

$$= [R + j(X_L - X_C)]\dot{I}$$

$$= (R + jX)\dot{I} = Z\dot{I} \tag{3.2.51}$$

式中
$$X = X_L - X_C = \omega L - \frac{1}{\omega C} \tag{3.2.52}$$

X 是感抗与容抗之差，称为电抗，单位为（Ω）。

$$Z = R + jX = R + j(X_L - X_C) \tag{3.2.53}$$

Z 是一个复数，称为复阻抗，单位也是欧（Ω），也具有对电流起阻碍作用的性质。但是要注意 Z 不是代表正弦量的复数，故在它的符号上面不加"·"，以示与代表正弦量的复数（相量）之间的区别。

既然 Z 是一个复数，故可写成

$$Z = |Z| \angle \varphi \tag{3.2.54}$$

复阻抗的模（简称阻抗）

$$|Z| = \sqrt{R^2 + X^2} = \sqrt{R^2 + (X_L - X_C)^2} \tag{3.2.55}$$

复阻抗的辐角（称为阻抗角）

$$\varphi = \arctan \frac{X}{R} = \arctan \frac{X_L - X_C}{R} \tag{3.2.56}$$

显然
$$R = |Z|\cos\varphi, X = |Z|\sin\varphi$$

$|Z|$ 与 R、X 之间符合直角三角形的关系，如图 3.2.20 所示，称为阻抗三角形。

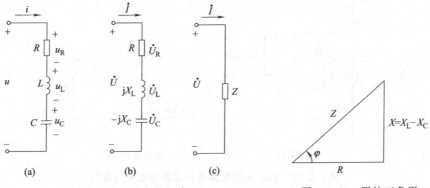

图 3.2.19　RLC 串联电路　　　　　　图 3.2.20　阻抗三角形

式 $\dot{U} = Z\dot{I}$ 与直流电路中的欧姆定律 $U = RI$ 有相似的形式，称为正弦交流电路的欧姆定律相量形式。它既表达了电路中电压与电流有效值之间的关系 $U = |Z|I$，又表达了电压与电流之间的相位差角 φ。这是因为 $\dot{U} = Z\dot{I} = |Z| \angle \varphi \dot{I} = |Z| \dot{I} \angle \varphi$。

若 $\varphi > 0$，则电压超前于电流 φ 角；若 $\varphi < 0$，则电压滞后于电流 φ 角；若 $\varphi = 0$，则电压与电流同相位。

根据 $\dot{U} = Z\dot{I}$ 所表达的电压相量 $\dot{U}$ 与电流相量 $\dot{I}$ 之间的关系可知，图 3.2.19(a) 的电路可用图 3.2.19(b) 和 (c) 来代替。用图 3.2.19(b) 是将电压和电流以相量表示，而电路中的电阻参数不变，电感 L 变换成 jX_L，电容 C 变换成 $-jX_C$。图 3.2.19(c) 是将图 3.2.19(b) 中的感抗与容抗合并成电抗，然后电阻和电抗以复阻抗 Z 来表示。有了以相量形式表示的电路图，给求解电路带来很大方便。由图 3.2.19(c)，可直接写出电压、电流相量之间的关系 $\dot{U} = Z\dot{I} =$

$(R+jX)\dot{I}=R\dot{I}+j(X_L-X_C)\dot{I}=\dot{U}_R+\dot{U}_L+\dot{U}_C$。

由式$\dot{U}=Z\dot{I}$可画出如图 3.2.21（a）所示的相量图。图中假定$X_L>X_C$，即电感的电压U_L大于电容上的电压U_C。由相量图可知，电阻上的电压$\dot{U}_R=R\dot{I}$，电抗上的电压$\dot{U}_X=jX\dot{I}=j(X_L-X_C)\dot{I}$与外加电压$\dot{U}=Z\dot{I}$也组成一个直角三角形，称为电压三角形，如图 3.2.21（b）所示。显然，电压三角形是阻抗三角形各边乘以$\dot{I}$而得，所以这两个三角形是相似三角形。但要注意，电压三角形的各边都是相量，即为相量三角形，而阻抗三角形的各边不是相量。电压与电流的相位差φ，就是复阻抗的阻抗角。因为

$$\varphi=\arctan\frac{U_X}{U_R}=\arctan\frac{U_L-U_C}{U_R}$$
$$=\arctan\frac{X}{R}=\arctan\frac{X_L-X_C}{R} \tag{3.2.57}$$

上式表明，当电流的频率一定时，电路的性质（电压与电流的相位差）由电路参数（R、L、C）决定。

① 当$X>0$时，即$X_L>X_C$时，则$U_L>U_C$，此时$\varphi>0$，表明电流$\dot{I}$比电压$\dot{U}$滞后φ角，如图 3.2.21（a）所示。电路中的电感电压$\dot{U}_L$补偿电容电压$\dot{U}_C$尚有余量，即电感的作用大于电容的作用，故称这种电路为电感性电路。

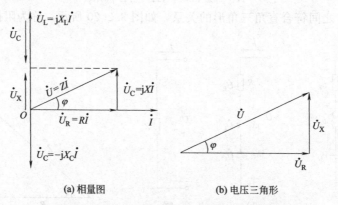

(a) 相量图　　　　　　(b) 电压三角形

图 3.2.21　RLC 串联电路的相量图与电压三角形

② 当$X<0$时，即$X_L<X_C$时，则$U_L<U_C$，此时表明电流$\dot{I}$比电压$\dot{U}$超前φ角，如图 3.2.22 所示。电路中的电容电压$\dot{U}_C$补偿电感电压$\dot{U}_L$尚有余量，即电容的作用大于电感的作用，故称这种电路为电容性电路。

③ 当$X=0$时，即$X_L=X_C$时，则$U_L=U_C$，此时$\varphi=0$，表明电流$\dot{I}$与电压$\dot{U}$同相位，如图 3.2.23 所示。电路中的电感电压$\dot{U}_L$与电容电压$\dot{U}_C$正好平衡，即电感的作用和电容的作用互相抵消，故称这种电路为电阻性电路。这种情况表明电路发生了谐振。这时外加电压$\dot{U}$与电阻上的电压$\dot{U}_R$相等，即$\dot{U}=\dot{U}_R$。电路谐振时有许多特殊现象，后面将专门予以讨论。

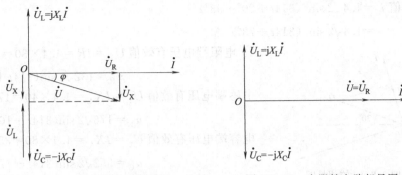

图 3.2.22　电容性电路相量图　　　　图 3.2.23　电阻性电路相量图

当电路中只有单一参数电路元件或两个参数电路元件串联时，它们的电压与电流的关系都统一在公式 $\dot{U}=Z\dot{I}$ 中。例如对于电阻电路，$X_L=0$，$X_C=0$，$Z=R+jX=R$，则 $\dot{U}=Z\dot{I}=R\dot{I}$，即 $U=RI$，电压与电流同相位；对于电感电路，$R=0$，$X_C=0$，$Z=R+jX=jX_L$，则 $\dot{U}=Z\dot{I}=jX_L\dot{I}$，即 $U=X_LI$，电压超前于电流 90°；对于电容电路，$R=0$，$X_L=0$，$Z=R+j(X_L-X_C)=-jX_C$，则 $\dot{U}=Z\dot{I}=-jX_C\dot{I}$，即 $U=X_CI$，电压滞后于电流 90°。同理，对于 RL 串联电路，可看成是 $X_C=0$ 的 RLC 串联电路；而对于 RC 串联电路，则可看成是 $X_L=0$ 的 RLC 串联电路。

【例 3.2.9】 已知 RLC 串联电路的电路参数为 $R=100\Omega$、$L=300\text{mH}$、$C=100\mu\text{F}$，接于 100V、50Hz 的交流电源上，试求电流 I，并以电源电压为参考相量写出电源电压和电流的瞬时值表达式。

解：感抗　　　　　　　$X_L=\omega L=2\pi\times50\times300\times10^{-3}=94.2(\Omega)$

容抗　　　　　　　　　$X_C=\dfrac{1}{\omega C}=\dfrac{1}{314\times100\times10^{-6}}=31.8(\Omega)$

阻抗　　$|Z|=\sqrt{R^2+(X_L-X_C)^2}=\sqrt{100^2+(94.2-31.8)^2}=117.8(\Omega)$

故电流　　　　　　　　$I=\dfrac{U}{|Z|}=\dfrac{100}{117.8}=0.85(\text{A})$

以电源电压为参考相量，则电源电压的瞬时值表达式为

$$u=\sqrt{2}\times100\sin\omega t\,(\text{V})$$

又因阻抗角　　　　　$\varphi=\arctan\dfrac{X}{R}=\arctan\dfrac{94.2-31.8}{100}=32°$

故电流的瞬时值表达式为　　$i=\sqrt{2}\times0.85\sin(\omega t-32°)\text{A}$

【例 3.2.10】 已知 RLC 串联电路，已知 $R=30\Omega$，$L=127\text{mH}$，$C=40\mu\text{F}$，电源电压 $u=220\sqrt{2}\,(\sin314t+20°)$ V。

求：① 电路的感抗、容抗和阻抗；② 电流有效值及瞬时值的表达式；③ 各部分电压有效值及瞬时值的表达式；④ 作相量图。

解：① 感抗 $X_L=\omega L=314\times127\times10^{-3}=40$（$\Omega$）

容抗 $X_C=1/\omega C=(314\times40\times10^{-6})^{-1}=80$（$\Omega$）

阻抗 $|Z|=\sqrt{R^2+(X_L-X_C)^2}=50$（$\Omega$）

② 电流有效值 $I=U/|Z|=220/50=4.4$（A）

相位差角 $\varphi=\arctan\dfrac{X_L-X_C}{R}=-53°$

电流瞬时值 $i=4.4\sqrt{2}\sin(314t+20°+53°)$

$=4.4\sqrt{2}\sin(314t+73°)$ A

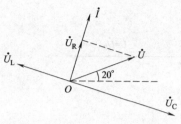

图 3.2.24　例 3.2.10 的相量图

③ 电阻端电压有效值 $U_R=IR=4.4\times30=132(V)$

$$u_R=132\sqrt{2}\sin(314t+73°)V$$

电感端电压有效值 $U_L=IX_L=4.4\times40=176(V)$

$$u_L=176\sqrt{2}\sin(314t+163°)V$$

电容端电压有效值 $U_C=IX_C=4.4\times80=352(V)$

$$u_C=352\sqrt{2}\sin(314t-17°)V$$

显然：$U\neq U_R+U_L+U_C$

只有 $\dot{U}=\dot{U}_R+\dot{U}_L+\dot{U}_C$

④ 作相量图如图 3.2.24 所示。

【例 3.2.11】　已知某继电器的电阻为 $2k\Omega$，电感为 43.3H，接于 380V 的工频交流电源上。试求通过线圈的电流及电流与外加电压的相位差。

解： 这是 RL 串联电路，可看成是 $X_C=0$ 的 RLC 串联电路，其电路图如图 3.2.25（a）所示。

① 先求出阻抗后求解。电路中的电抗为

$$X=X_L=2\pi fL=2\pi\times50\times43.3\approx13600(\Omega)$$

阻抗　　　　　$|Z|=\sqrt{R^2+X^2}=\sqrt{2000^2+13600^2}=13700(\Omega)$

阻抗角　　　　$\varphi=\arctan\dfrac{X}{R}=\arctan\dfrac{13600}{2000}=\arctan6.8=81.63°$

故线圈中的电流　　　　$I=\dfrac{U}{|Z|}=\dfrac{380}{13700}=27.7(mA)$

电压与电流的相位差角即为阻抗角 $\varphi=81.63°$，电流滞后于电压。

② 用相量图求解。以电流 $\dot{I}$ 为参考相量，由于此电路是电感性电路，故电压 $\dot{U}$ 必超前于电流 $\dot{I}$ 某一角度 φ，且 $\dot{U}_R$、$\dot{U}_X$ 与 $\dot{U}$ 组成电压三角形，如图 3.2.25（c）所示。于是电流滞后于电压

$$\varphi=\arctan\dfrac{U_X}{U_R}=\arctan\dfrac{X}{R}=81.63°$$

而　　　　　　$U_R=U\cos\varphi=380\cos81.63°=55.3(V)$

$$I=\dfrac{U_R}{R}=\dfrac{55.3}{2000}=27.7(mA)$$

③ 用复数运算求解。将电路中的电压、电流以相量表示，其相量模型如图 3.2.25（b）所示。若以外加电压 $\dot{U}$ 为参考相量，即令 $\dot{U}=380\angle0°V$，则通过线圈的电流数值和相位可一并

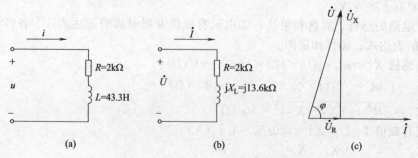

图 3.2.25　例 3.2.11 的电路及相量图

求出：

$$\dot{I} = \frac{\dot{U}}{Z} = \frac{380\angle 0°}{2000+j13600} = \frac{380}{13700\angle 81.63°}(A)$$

$$= 27.7\angle -81.63°(mA)$$

【**例 3.2.12**】　图 3.2.26 是一种移相电路。已知 $R=2k\Omega$，输入电压频率 $f=1000Hz$，要想使输出电压 u_o 比输入电压 u_{in} 超前 $60°$，求电容 C 的大小。

解： 根据题意，作出电路的相量图如图 3.2.27 所示。

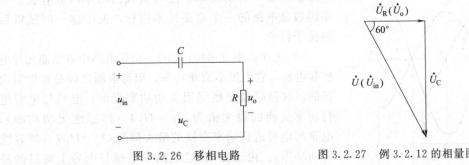

图 3.2.26　移相电路　　　　图 3.2.27　例 3.2.12 的相量图

$$\tan 60° = \frac{U_C}{U_R} = \frac{X_C}{R}$$

$$X_C = R\tan 60° = 2\times\sqrt{3}\approx 3.5(k\Omega)$$

$$C = \frac{1}{\omega X_C} = \frac{1}{2\pi f X_C}$$

$$= \frac{1}{2\times 3.14\times 1000\times 3.5\times 10^3} = 0.05\times 10^{-6}\ (F)$$

（2）RLC 串联电路的功率。在分析单一参数电路元件的交流电路时已经知道，电阻是消耗能量的，而电感和电容是不消耗能量的，只在电感、电容与电源之间进行能量的交换。那么在 RLC 串联电路中能量交换的情况又是怎样的呢？电路的功率又是如何计算的呢？

1）瞬时功率和平均功率。RLC 串联电路所吸收的瞬时功率为

$$p = ui = (u_R+u_L+u_C)i$$

$$= u_R i+u_L i+u_C i$$

$$= p_R+p_L+p_C$$

由于电感和电容不消耗能量，电路所消耗的功率就是电阻所消耗的功率，所以该电路在一周期内消耗的平均功率为

$$P = \frac{1}{T}\int_0^T (u_R i+u_L i+u_C i)dt = \frac{1}{T}\int_0^T u_R i\,dt$$

$$= U_R I_R = I_R^2 R = \frac{U_R^2}{R} \tag{3.2.58}$$

由电压三角形可知　　　　　　　$U_R = U\cos\varphi$

所以　　　　　　　　　　　　　$P = UI\lambda$ 　　　　　　　　　　　　　(3.2.59)

式中，$\lambda=\cos\varphi$ 为功率因数，平均功率 P 又称为有功功率。

使用上列两式时需注意：$P\neq U^2/R$，而 $P=U_R^2/R$；$P\neq UI$，而是 $P=U_R I_R=UI_R\cos\varphi$。

式（3.2.59）说明，交流电的功率表达式比直流电的功率表达式多了一个系数 λ，此系数

称为功率因数。因此，φ 角又称为功率因数角。

2）视在功率。式（3.2.59）中，U 与 I 的乘积 UI，具有功率的形式，且与功率有相同的量纲，但却不是电路实际所消耗的功率，称为视在功率，用 S 表示，即

$$S = UI = I^2 \mid Z \mid = U^2 / \mid Z \mid \qquad (3.2.60)$$

视在功率的单位为伏安（V·A）。

一般变压器的额定容量 S_N 就是以视在功率表示的，它是额定电压 U_N 和额定电流 I_N 的乘积。至于它能向外电路输出多少有功功率，还与负载的功率因数有关。功率因数是电路的一个重要技术指标，关于这一问题以后再给予讨论。

3）无功功率（单位：var）。由于电路中有储能元件电感和电容，它们虽不消耗功率，但与电源之间是有能量交换的，这种能量交换仍用无功功率表示。电感与电源进行功率交换的最大值为 $Q_L = U_L I$（即感性无功功率），电容与电源进行功率交换的最大值为 $Q_C = U_C I$（即容性无功功率）。由于在 RLC 电路中电感与电容上流过的是同一电流 i，而电压 U_L 和 U_C 是反相的，如图 3.2.28 所示，所以感性无功功率 Q_L 与容性无功功率 Q_C 作用也是相反的。当电感上的 p_L 为正值时，电容上的 p_C 恰为负值，即当电感吸取能量时，电容恰好放出能量，反之亦然。这样就减轻了电源的负担，使它与负载之间传输的无功功率等于 Q_L 与 Q_C 之差，因此电路总的无功功率

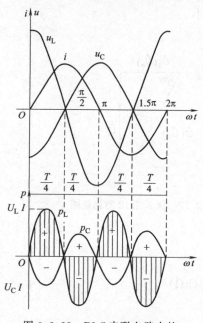

图 3.2.28　RLC 串联电路中的电压与功率曲线

$$Q = Q_L - Q_C = U_L I - U_C I$$

$$= (U_L - U_C) I = U_X I = X I^2 = \frac{U_X^2}{X} \qquad (3.2.61)$$

由电压三角形可知

$$U_X = U \sin\varphi$$

故

$$Q = UI \sin\varphi \qquad (3.2.62)$$

使用上列两式时需注意：$Q \neq U^2 / X$，而是 $Q = U_X^2 / X$；$Q \neq UI$，而是 $Q = U_X I = UI \sin\varphi$。对于感性电路，$X_L > X_C$，则 $Q = Q_L - Q_C > 0$；对于容性电路，$X_L < X_C$，则 $Q = Q_L - Q_C < 0$。为了计算方便，有时把容性电路的无功功率取为负值。例如一个电容元件的无功功率为 $Q = -Q_C = -U_C I$。

4）功率三角形。由公式 $P = UI \cos\varphi$，$Q = UI \sin\varphi$ 及 $S = UI$ 可知，有功功率 P、无功功率 Q 和视在功率 S 也组成一个直角三角形，如图 3.2.29 所示。显然有

$$S = \sqrt{P^2 + Q^2} \qquad (3.2.63)$$

$$\varphi = \arctan\frac{Q}{P} \qquad (3.2.64)$$

功率三角形也可由阻抗三角形各边乘以 I^2 而得，因此功率三角形、电压三角形、阻抗三角形它们是相似三角形。

值得指出，对于任何复杂电路，电路中所消耗的总有功功率等于各部分有功功率之和，即

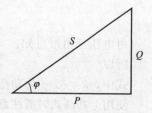

图 3.2.29　功率三角形

$$P = \sum P_K \tag{3.2.65}$$

总无功功率等于各部分无功功率之和，即

$$Q = \sum Q_K \tag{3.2.66}$$

但是，在一般情况下，总视在功率不等于各部分视在功率之和。

7. 正弦交流电路的分析方法

（1）相量分析法。电路中各电压、电流用相量表示，各电路元件用复数阻抗表示，直流电路的定律、定理及电路分析方法均适用于正弦交流电路。

在 RLC 串联电路中，已导出了正弦交流电路中欧姆定律的相量形式，同样，还可以导出基尔霍夫定律的相量形式。这样一来，直流电路中由欧姆定律和基尔霍夫定律所推导出来的一切结论、定理和分析方法都可以扩展到正弦交流电路中了。

1）基尔霍夫定律的相量形式。基尔霍夫电流定律对电路中的任一节点任一瞬时都是成立的，即 $\sum i_K = 0$。将方程改写成 $i_1 + i_2 + \cdots + i_n = 0$。

如果这些电流 i_K 都是同频率的正弦量，则可用相量表示为

$$\dot{I}_1 + \dot{I}_2 + \cdots + \dot{I}_n = 0$$

或

$$\sum \dot{I}_K = 0 \tag{3.2.67}$$

这就是基尔霍夫电流定律在正弦交流电路中的相量形式。它与直流电路中的基尔霍夫电流定律 $\sum I_K = 0$ 在形式上相似。

基尔霍夫电压定律对电路中的任一回路任一瞬时都是成立的，即 $\sum U_K = 0$。同样，如果这些电压 u_K 都是同频率的正弦量，则可用相量表示为

$$\sum \dot{U}_K = 0 \tag{3.2.68}$$

这就是基尔霍夫电压定律在正弦交流电路中的相量形式。它与直流电路中的基尔霍夫电压定律 $\sum U_K = 0$ 在形式上相似。由此还可以推导出基尔霍夫电压定律在正弦交流电路中的另一相量形式

$$\sum Z_K \dot{I}_K = \sum \dot{E}_K \tag{3.2.69}$$

它与直流电路中基尔霍夫电压定律另一表达式 $\sum R_K I_K = \sum E_K$ 在形式上相似。

由此可以得出结论：在正弦交流电路中，以相量形式表示的欧姆定律和基尔霍夫定律都与直流电路有相似的表达形式。因而在直流电路中由欧姆定律和基尔霍夫定律推导出来的支路电流法、叠加定理、戴维宁定理等都可以同样扩展到正弦交流电路中。在扩展中，直流电路中的电动势 E、电压 U 和电流 I 分别要用相量 $\dot{E}$、$\dot{U}$ 和 $\dot{I}$ 来代替，电阻 R 要用复阻抗 Z 来代替。

2）复阻抗的串联和并联。正弦交流电路中的复阻抗 Z 与直流电路中的电阻 R 是相对应的，因而直流电路中的电阻串并联公式也同样可以扩展到正弦交流电路中，用于复阻抗的串并联计算。如图 3.2.30（a）所示的多个复阻抗串联时，其总复阻抗等于各个分复阻抗之和，即

$$Z = Z_1 + Z_2 + \cdots + Z_n \tag{3.2.70}$$

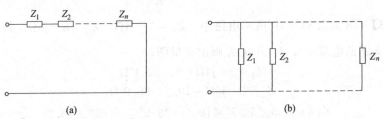

图 3.2.30　复阻抗的串联和并联

图 3.2.30（b）所示的多个复阻抗并联时，其总复阻抗的倒数等于各分阻抗倒数之和，即

$$\frac{1}{Z}=\frac{1}{Z_1}+\frac{1}{Z_2}+\cdots+\frac{1}{Z_n} \tag{3.2.71}$$

当两个复阻抗并联时

$$Z=\frac{Z_1 Z_2}{Z_1+Z_2} \tag{3.2.72}$$

若两个相并联的复阻抗相等，则

$$Z=\frac{Z_1}{2}=\frac{Z_2}{2} \tag{3.2.73}$$

必须注意，上列各式是复数运算，而不是实数运算。因此，在一般情况下，当阻抗串联时，$|Z|\neq|Z_1|+|Z_2|+\cdots+|Z_n|$；阻抗并联时，$\frac{1}{|Z|}\neq\frac{1}{|Z_1|}+\frac{1}{|Z_2|}+\cdots+\frac{1}{|Z_n|}$ 以及 $|Z|\neq\frac{|Z_1||Z_2|}{|Z_1|+|Z_2|}$。

（2）画相量图法。根据已知条件，选择合适的参考相量，画出相量图，利用相量图中的几何关系求解待求量。

（3）正弦交流电路分析举例。电感性负载与电容并联是单相正弦交流电路中最常见的并联电路，如图 3.2.31 所示。电感性负载与电容并联电路的电压电流相量图如图 3.2.32 所示。

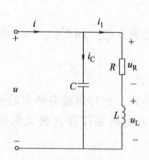

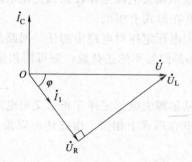

图 3.2.31　电感性负载与电容并联电路图　　图 3.2.32　电感性负载与电容并联电路的电压电流相量图

设电源电压为：$u=\sqrt{2}U\sin\omega t$

$$i_C=\sqrt{2}\frac{U}{X_C}\sin\left(\omega t+\frac{\pi}{2}\right)$$

则

$$i_1=\sqrt{2}I_1\sin(\omega t-\varphi_1)$$

$$I_1=\frac{U}{\sqrt{R^2+X_L^{\ 2}}}$$

$$\varphi_1=\arctan\frac{X_L}{R}$$

【例 3.2.13】　图 3.2.33（a）所示电路中，$Z_1=3+\mathrm{j}4\Omega$，$Z_2=8-\mathrm{j}6\Omega$，外加电压 $\dot{U}=220\angle0\mathrm{V}$。试求各支路的电流 $\dot{I}_1$、$\dot{I}_2$ 和 $\dot{I}$ 并画出相量图。

解：
$$Z_1=3+\mathrm{j}4\Omega=5\angle53.1°\Omega$$
$$Z_2=8-\mathrm{j}6\Omega=10\angle-36.9°\Omega$$

故复阻抗　$Z=\dfrac{Z_1 Z_2}{Z_1+Z_2}=\dfrac{5\angle53.1°\times10\angle-36.9°}{3+\mathrm{j}4+8-\mathrm{j}6}\Omega=\dfrac{50\angle16.2°}{11.2\angle-10.3°}\Omega=4.47\angle26.5°\Omega$

所以
$$\dot{I}_1 = \frac{\dot{U}}{Z_1} = \frac{220\angle 0°}{5\angle 53.1°}A = 44\angle -53.1°A$$

$$\dot{I}_2 = \frac{\dot{U}}{Z_2} = \frac{220\angle 0°}{10\angle -36.9°}A$$

$$\dot{I} = \frac{\dot{U}}{Z} = \frac{220\angle 0°}{4.47\angle 26.5°}A = 49.2\angle -26.5°A$$

或
$$\dot{I} = \dot{I}_1 + \dot{I}_2 = (44\angle -53.1° + 22\angle 36.9°)A = 49.2\angle -26.5°A$$

相量图如图 3.2.33（b）所示。

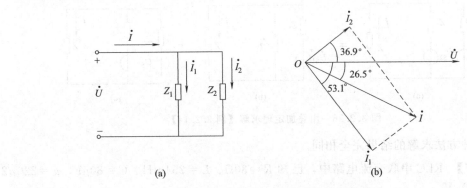

图 3.2.33　例 3.2.13 的电路图和相量图

【例 3.2.14】　两台交流发电机，供电给一负载 $Z = 5 + j5\Omega$，每台发电机的理想电压源电压 U_{S1}、U_{S2} 均为 110V，内阻抗 $Z_1 = Z_2 = 1 + j1\Omega$，两台发电机 U_{S1}、U_{S2} 的相位差为 30°。试求负载电流 $\dot{I}$。

解：根据题意可画出图 3.2.34 所示的电路图。若以 $\dot{U}_{S1}$ 为参考相量，则 $\dot{U}_{S1} = 110\angle 0°V$，设 $\dot{U}_{S2}$ 比 $\dot{U}_{S1}$ 超前 30°，则 $\dot{U}_{S2} = 110\angle 30° = (95.2 + j55)$ V，已知的电路参数 $Z_1 = Z_2 = 1 + j1 = 1.41\angle 45°\Omega$，$Z = 5 + j5 = 7.07\angle 45°\Omega$。

① 用支路电流法求解。假定各支路电流的参考方向，选取独立回路 Ⅰ 和 Ⅱ，并指定回路的循环方向，如图 3.2.34 所示。

由节点
$$\dot{I}_1 + \dot{I}_2 - \dot{I} = 0$$

由回路 Ⅰ
$$Z_1 \dot{I}_1 - Z_2 \dot{I}_2 = \dot{U}_{S1} - \dot{U}_{S2}$$

由回路 Ⅱ
$$Z_2 \dot{I}_2 + Z\dot{I} = \dot{U}_{S2}$$

解方程组可得负载电流
$$\dot{I} = 13.7\angle -30°$$

需要指出的是，交流发电机并联运行时，除了理想电压源的有效值、频率应相同，波形、内阻应尽量相近外，相位还必须一致。对本例的进一步分析可知，第一台发电机实际上并没有发电，而是吸收功率变成了负载。

②用戴维南定理求解。由图 3.2.35（a）可求网络的开路电压 $\dot{U}$ 及等效复阻抗 Z（将各个理想电压源短路，即其 $\dot{U}_{S1}$、$\dot{U}_{S2}$ 为零），再由图 3.2.35(b)求出负载电流 $\dot{I}$。

③用叠加定理求解。图 3.2.36(a)的电路可视为是图 3.2.36(b)和图 3.2.36(c)之叠加，则负载电流 $\dot{I} = \dot{I}' + \dot{I}''$。

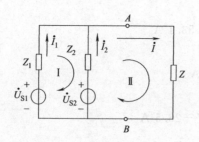

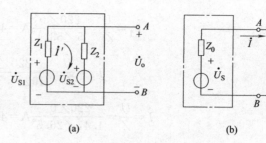

图 3.2.34　【例 3.2.14】的电路　　　　图 3.2.35　用戴维南定理求解【例 3.2.14】

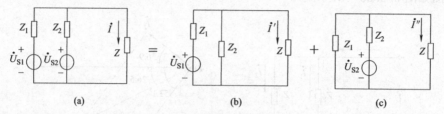

图 3.2.36　用叠加定理求解【例 3.2.14】

用以上三种方法求解的结果完全相同。

【例 3.2.15】　RLC 串联交流电路中，已知 $R=30\Omega$、$L=254\text{mH}$、$C=80\mu\text{F}$，$u=220\sqrt{2}\sin(314t+20°)$ V。

求：电路的有功功率、无功功率、视在功率、功率因数。

解：$|Z|=\sqrt{R^2+(X_L-X_C)^2}=\sqrt{30^2+(79.8-39.8)^2}=50\ (\Omega)$

$\tan\varphi=\dfrac{X_L-X_C}{R}=\dfrac{79.8-39.8}{30}=\dfrac{4}{3}$，$\varphi=53°$

$U=\dfrac{U_m}{\sqrt{2}}=\dfrac{220\sqrt{2}}{\sqrt{2}}=220\ (\text{V})$

$I=\dfrac{U}{|Z|}=\dfrac{220}{50}=4.4\ (\text{A})$

视在功率：　　　　　　$S=UI=220\times4.4=968(\text{V}\cdot\text{A})$

有功功率：　　　　　　$P=UI\cos\varphi=968\times\cos53.1°=581.2(\text{W})$

无功功率：　　　　　　$Q=UI\sin\varphi=968\times\sin53.1°=774.1(\text{var})$

功率因数：　　　　　　$\lambda=\cos\varphi=\cos53.1°=0.6$

8. 电路的谐振

在 RLC 串联电路中已指出，当电感上的电压与电容上的电压相等时，它们正好互相抵消，电路中的电流与电压同相位，这时就称电路发生了谐振。研究谐振的目的在于掌握这一客观规律，以便在生产实践中充分地利用它，同时也要防止它可能造成的危害。

谐振分为串联谐振和并联谐振两种，下面分别予以讨论。

（1）串联谐振。在一般情况下，RLC 串联电路中的电流与电压相位是不同的。但是可以用调节电路参数（L、C）或改变外加电压频率的方法，使电抗

$$X=X_L-X_C=0$$

即

$$\omega L-\frac{1}{\omega C}=0 \tag{3.2.74}$$

这时电路中的阻抗 $Z_0=R+jX=R$ 是电阻性的，故电流与电压同相位，也就是说电路发

生了谐振。由于电路中电阻、电感及电容元件是串联的，故称为串联谐振。

由谐振条件式（3.2.74）可得谐振时的角频率为

$$\omega_0 = \frac{1}{\sqrt{LC}} \tag{3.2.75}$$

谐振频率为

$$f_0 = \frac{1}{2\pi\sqrt{LC}} \tag{3.2.76}$$

当电路参数 L、C 一定时，f_0 为一定值，故 f_0 又称为电路的固有频率。由此可见，若要使电路在频率为 f 的外加电压情况下发生谐振，可以用改变电路参数（L、C）的办法，使电路的固有频率 $f_0 = \dfrac{1}{2\pi\sqrt{LC}}$ 与外加电压的频率 f 相等来实现。

串联谐振有以下特征。

① 电流与电压同相位，电路呈电阻性。

串联谐振时电压与电流的相量图如图 3.2.23 所示。

② 阻抗最小，电流最大。

谐振时电抗为零，故阻抗最小，其值为

$$Z = R + \text{j}X = R$$

这时电路中的电流最大，称为谐振电流，其值为

$$I_0 = \frac{U}{|Z|} = \frac{U}{R}$$

图 3.2.37 是阻抗和电流随频率变化的曲线 。

③ 电感端电压与电容端电压大小相等，相位相反。电阻端电压等于外加电压。

谐振时电感端电压与电容端电压相互补偿，这时外加电压与电阻上的电压相平衡，即

$$\dot{U}_\text{L} = -\dot{U}_\text{C}$$

$$\dot{U} = \dot{U}_\text{R}$$

④ 电感和电容的端电压有可能大大超过外加电压。

谐振时电感或电容的端电压与外加电压的比值为

$$Q = \frac{U_\text{L}}{U} = \frac{X_\text{L}I}{RI} = \frac{X_\text{L}}{R} = \frac{\omega_0 L}{R} \tag{3.2.77}$$

当 $X_\text{L} \gg R$ 时，电感和电容的端电压就大大超过外加电压，二者的比值 Q 称为谐振电路的品质因数，它表示在谐振时电感或电容上的电压是外加电压的 Q 倍。Q 值一般可达几十至几百，因此串联谐振又称为电压谐振。

串联谐振在有些地方是有害的，例如在电力工程中，若电压为 380V，$Q = 10$，则在谐振时电感或电容上的电压就是 3800V，这是很危险的，如果 Q 值再大，则更危险。所以在电力工程中一般应避免发生串联谐振。但在无线电工程中，串联谐振却得到广泛应用，例如在收音机里常被用来选择信号。

图 3.2.38（a）是收音机中的磁性天线。绕在磁棒上的线圈两端接上可变电容 C，当各台不同频率的电磁波信号经过天线时，线圈中便感应出不同频率的电动势，其原理如图 3.2.38（b）所示，电路中的电流是各个不同频率的电动势 e_1、e_2、$\cdots e_n$ 所产生的电流之叠加，如果调节电容 C 使之与某电台的信号频率 f_1 发生谐振，则电路对该电台信号源 e_1 的阻抗最小，该频率的信号电流最大，在电感的两端就会得到最高的输出电压，经放大后，扬声器便播出该电台的节目。而对于其他电台的信号频率 $f_2 \cdots f_n$，电路不发生谐振，阻抗很大，故电流受到

抑制，电感上输出的电压就很小。因此调节电容 C 的数值，电路就会对不同的频率发生谐振，从而达到选择电台的目的。如果谐振电路的 Q 值越大，则选频特性越好。

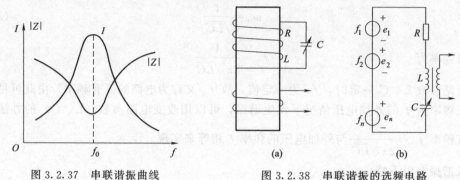

图 3.2.37　串联谐振曲线　　　　　图 3.2.38　串联谐振的选频电路

【**例 3.2.16**】　某收音机输入回路可简化为 RLC 串联电路。线圈电感 $L=250\mu\mathrm{H}$，电容 C 为可变电容器。要使该输入回路接收信号的频率范围为 $535\sim1605\mathrm{kHz}$，试计算电容器 C 的变化范围。

解：输入回路发生串联谐振时，$X_\mathrm{L}=X_\mathrm{C}$

$$\omega_0 L = \frac{1}{\omega_0 C}$$

$$C = \frac{1}{\omega_0^2 L} = \frac{1}{(2\pi f_0)^2 L}$$

$f_1 = 535\times 10^3\,\mathrm{Hz}$ 时　　$C_1 = \dfrac{1}{(2\pi\times 535\times 10^3)^2\times 250\times 10^{-6}} = 354.4\ (\mathrm{pF})$

$f_2 = 1605\times 10^3\,\mathrm{Hz}$ 时　$C_2 = \dfrac{1}{(2\pi\times 1605\times 10^3)^2\times 250\times 10^{-6}} = 39.4\ (\mathrm{pF})$

（2）并联谐振。谐振也可以发生在并联电路中，下面以电感线圈与电容器并联的电路为例来讨论并联谐振。

如果一电感线圈与电容器相并联，当电路参数选取适当时，可使总电流 $\dot{I}$ 与外加电压 $\dot{U}$ 同相位，就称这电路发生了并联谐振。由于线圈总是具有电阻的，所以实际电路可看成是 R、L 串联后与 C 的并联，如图 3.2.39 所示。此时 RL 支路中的电流

$$\dot{I}_1 = \frac{\dot{U}}{R+\mathrm{j}X_\mathrm{L}} = \frac{\dot{U}}{R+\mathrm{j}\omega L}$$

电容支路中的电流　　$\dot{I}_\mathrm{C} = \dfrac{\dot{U}}{-\mathrm{j}X_\mathrm{C}} = \dfrac{\dot{U}}{-\mathrm{j}\dfrac{1}{\omega C}} = \mathrm{j}\omega C\dot{U}$

故总电流　　$\dot{I} = \dot{I}_1 + \dot{I}_\mathrm{C} = \dfrac{\dot{U}}{R+\mathrm{j}\omega L} + \mathrm{j}\omega C\dot{U}$

$$= \left[\frac{R-\mathrm{j}\omega L}{R^2+(\omega L)^2} + \mathrm{j}\omega C\right]\dot{U}$$

$$= \left\{\frac{R}{R^2+(\omega L)^2} + \mathrm{j}\left[\omega C - \frac{\omega L}{R^2+(\omega L)^2}\right]\right\}\dot{U} \qquad (3.2.78)$$

此式表明，若要使电路中的电流 $\dot{I}$ 与外加电压 $\dot{U}$ 同相位，则需 $\dot{I}$ 的虚部为零，即

$$\omega C = \frac{\omega L}{R^2 + (\omega L)^2} \qquad (3.2.79)$$

在一般情况下，线圈的电阻 R 很小，线圈的感抗 $\omega L \gg R$，故

$$\omega C = \frac{1}{\omega L}$$

由此可得谐振角频率

$$\omega_0 \approx \frac{1}{\sqrt{LC}} \qquad (3.2.80)$$

$$f_0 \approx \frac{1}{2\pi\sqrt{LC}} \qquad (3.2.81)$$

这就是说，当电感线圈的感抗 $\omega L \gg R$ 时，并联谐振的条件与串联谐振的条件基本相同。即相同的电感和电容当它们接成并联或串联时，谐振频率几乎相等。

并联谐振的相量图如图 3.2.40 所示。并联谐振有以下特征。

① 电流与电压同相位，电路呈电阻性。

② 阻抗最大，电流最小。

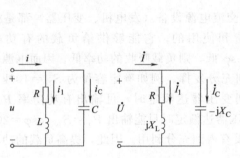

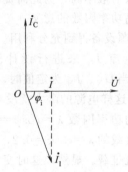

图 3.2.39 并联谐振电路　　图 3.2.40 并联谐振相量图

由于电流与电压同相，式（3.2.78）中电流 $\dot{I}$ 的虚部为零。故谐振时的电流

$$\dot{I}_0 = \frac{R}{R^2 + (\omega_0 L)^2}\dot{U} = \frac{\dot{U}}{\frac{R^2 + (\omega_0 L)^2}{R}} = \frac{\dot{U}}{Z}$$

式中

$$Z = \frac{R^2 + (\omega_0 L)^2}{R} \approx \frac{(\omega_0 L)^2}{R} \qquad (3.2.82)$$

因电阻很小，故并联谐振呈高阻抗特性。若 $R \to 0$，则 $Z \to \infty$，即电路不允许频率为 f_0 的电流通过。

③ 电感电流与电容电流几乎大小相等，相位相反。

由于 $\dot{U}$ 与 $\dot{I}$ 同相，且 $\dot{I}$ 的数值极小，故 $\dot{I}_1$ 与 $\dot{I}_2$ 必然近乎大小相等，相位相反。

④ 电感或电容支路的电流有可能大大超过总电流。

电感支路（或电容支路）的电流与总电流之比为电路的品质因数，其值为

$$Q = \frac{I_1}{I_0} = \frac{\dfrac{U}{\omega_0 L}}{\dfrac{U}{|Z_0|}} = \frac{|Z_0|}{\omega_0 L} = \frac{\dfrac{(\omega_0 L)^2}{R}}{\omega_0 L} = \frac{\omega_0 L}{R} \qquad (3.2.83)$$

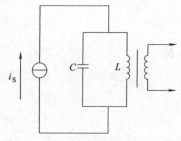

图 3.2.41 并联谐振的选频电路

即通过电感或电容支路的电流是总电流的 Q 倍。Q 值一般可达几十至几百，故并联谐振又称为电流谐振。并联谐振也可用来进行选频，例如图 3.2.41 为一个含有多个不同频率信号的信号源，i_S 与 LC 并联电路连接，当并联电路对其中某一频率的信号发生谐振时，会对其呈现出最大的阻抗，从而在信号源两端得到最高的电压，而对其他频率的信号则呈现小阻抗，电压很低。因此可以在并联谐振电路的两端把所需频率的信号选出来，其他频率的信号被抑制掉，这样就达到了选频的目的。选频特性的好坏同样由 Q 值决定。

9. 功率因数的提高

实际用电器的功率因数都在 1 和 0 之间，例如白炽灯的功率因数接近 1，日光灯在 0.5 左右，工农业生产中大量使用的异步电动机满载时可达 0.9 左右，而空载时会降到 0.2 左右，交流电焊机只有 0.3~0.4，交流电磁铁甚至低到 0.1。由于电力系统中接有大量的感性负载，线路的功率因数一般不高，为此需提高功率因数。

（1）提高功率因数的意义

1）使电源设备得到充分利用。一般交流电源设备（发电机、变压器）都是根据额定电压 U_N 和额定电流 I_N 来进行设计、制造和使用的。它能够供给负载的有功功率为 $P_1 = U_N I_N \cos\varphi$。当 U_N、I_N 为定值时，若 $\cos\varphi$ 低，则负载吸收的功率低，因而电源供给的有功功率 P_1 也低，这样电源的潜力就没有得到充分发挥。例如额定容量为 $S_N = 100\text{kV} \cdot \text{A}$ 的变压器，若负载的功率因数 $\lambda = \cos\varphi = 1$，则变压器达额定时，可输出有功功率 $P_1 = S_N \cos\varphi = 100\text{kW}$；若负载的 $\lambda = \cos\varphi = 0.2$，则变压器达额定时只能输出 $P_1 = S_N \cos\varphi = 20\text{kW}$。若增加输出，则电流过载。显然，这时变压器没有得到充分利用。因此，提高负载的功率因数，可以提高电源设备的利用率。

2）降低线路损耗和线路压降。输电线上的损耗为 $P_1 = I^2 R_1$（R_1 为线路电阻），线路压降为 $U_1 = R_1 I$，而线路电流 $I = \dfrac{P_1}{U \cos\varphi}$。由此可见，当电源电压 U 及输出有功功率 P_1 一定时，提高 $\cos\varphi$，可以使线路电流减小，从而降低了传输线上的损耗，提高了传输效率；同时，线路上的压降减小，使负载的端电压变化减小，提高了供电质量。或在相同的线路损耗的情况下，节约用铜。因为 $\cos\varphi$ 提高，电流减小，P_1 一定时，线路电阻可以增大，故传输导线可以细些，节约了铜材。

（2）提高功率因数的方法。提高功率因数的方法除了提高用电设备本身的功率因数，例如正确选用异步电动机的容量，减少轻载和空载以外，主要采用在感性负载两端并联电容器的方法对无功功率进行补偿。如图 3.2.42（a）所示，设负载的端电压为 $\dot{U}$，在未并联电容时，感性负载中的电流

$$\dot{I}_1 = \frac{\dot{U}}{Z_1} = \frac{\dot{U}}{R + jX_L} = \frac{\dot{U}}{|Z_1| \angle \varphi_1} = \frac{\dot{U}}{|Z_1|} \angle -\varphi_1$$

当并联上电容后，$\dot{I}_1$ 不变，而电容支路有电流

$$\dot{I}_C = -\frac{\dot{U}}{jX_C} = j\frac{\dot{U}}{X_C}$$

故线路电流

$$\dot{I} = \dot{I}_1 + \dot{I}_2$$

相量图如图 3.2.42（b）所示。相量图表明，在感性负载的两端并联适当的电容，可使电压与电流的相位差 φ 减小，即原来是 φ_1，现减小为 φ_2，$\varphi_2 < \varphi_1$，故 $\cos\varphi_2 > \cos\varphi_1$，同时线路电流由 I_1 减小为 I。这时能量互换部分发生在感性负载与电容器之间，因而使电源设备的容量得到充分利用，线路上的能耗和压降也减小了。

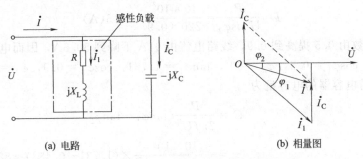

图 3.2.42　感性负载并联电容提高功率因数

由于未并入电容时，电路的无功功率为

$$Q = UI_1\sin\varphi_1 = UI_1\frac{\sin\varphi_1\cos\varphi_1}{\cos\varphi_1} = P\tan\varphi_1$$

而并入电容后，电路的无功功率为

$$Q' = UI\sin\varphi_2 = P\tan\varphi_2$$

因而电容需要补偿的无功功率

$$Q_C = Q - Q' = P(\tan\varphi_1 - \tan\varphi_2)$$

又因

$$Q_C = I_C^2 X_C = \frac{U^2}{X_C} = \omega C U^2$$

故

$$C = \frac{Q_C}{\omega U^2} = \frac{P}{2\pi f U^2}(\tan\varphi_1 - \tan\varphi_2) \tag{3.2.84}$$

式中，P 为负载所吸收的功率；U 为负载的端电压；φ_1 和 φ_2 分别为补偿前和补偿后的功率因数角。这就是所需并联的电容器的电容量。

工程上常采用查表的方法，根据 $\cos\varphi_1$、$\cos\varphi_2$ 和 P 从手册中直接查得所需并联电容的补偿容量。

为了提高电网的经济运行水平，充分发挥设备的潜力，减少线路功率损失和提高供电质量，《全国供用电规则》对不同的用电大户，规定功率因数的指标分别为 0.9、0.85 或 0.8。凡功率因数不能达到指标的新用户，供电局可拒绝接电。凡用户实际月平均功率因数超过或低于指标的，供电部门可按一定的百分比减收或增收电费。对长期低于指标又不增添无功补偿设备的用户，供电局可停止或限制供电。

【例 3.2.17】 某电源 $S_N = 20\text{kV}\cdot\text{A}$，$U_N = 220\text{V}$，$f = 50\text{Hz}$。试求：①该电源的额定电流；②该电源若供给 $\cos\varphi_1 = 0.5$、40W 的日光灯，最多可点多少盏？此时线路的电流是多少？③若将电路的功率因数提高到 $\cos\varphi_2 = 0.9$，此时线路的电流是多少？需并联多大电容？

解： ① 额定电流 $$I_N = \frac{S_N}{U_N} = \frac{20\times10^3}{220} = 91(\text{A})$$

② 设日光灯的盏数为 n，即

$$nP = S_N\cos\varphi_1$$

$$n=\frac{S_N\cos\varphi_1}{P}=\frac{20\times10^3\times0.5}{40}=250(盏)$$

此时线路电流为额定电流，即 $I_1=91A$

③因电路总的有功功率 $P=n\times40=250\times40=10(kW)$，故此时线路中的电流为

$$I=\frac{P}{U\cos\varphi_2}=\frac{10\times10^3}{220\times0.9}=50.5(A)$$

随着功率因数由 0.5 提高到 0.9，线路电流由 91A 下降到 50.5A，因而电源仍有潜力供电给其他负载。因 $\cos\varphi_1=0.5$，$\varphi_1=60°$，$\tan\varphi_1=1.731$；$\cos\varphi_2=0.9$，$\varphi_2=25.8°$，$\tan\varphi_2=0.483$。于是所需电容器的电容量为

$$C=\frac{P}{2\pi fU^2}(\tan\varphi_1-\tan\varphi_2)$$

$$=\frac{10\times10^3}{2\pi\times50\times220^2}\times(1.731-0.483)\approx820(\mu F)$$

三、任务实施

1. 正弦交流电路参数的测定

（1）任务要求。深入理解正弦交流电路的特性以及电流、电压之间相互关系，掌握使用交流电压表、电流表、功率表测量交流电路参数的方法，学习正弦交流电路的实验研究方法，掌握仪器仪表的使用技术。

（2）任务原理与说明

1）在交流电路中，测量负载等值参数的方法很多，可用欧姆表、电感或电桥直接测得，也可用交流电压表、交流电流表和功率表分别测出 U、I、P 三个量后，再通过计算得出，这种测量方法称为三表法，它是测量交流电路等值参数的基本方法。其关系式为：

阻抗的模 $\quad\quad\quad\quad |Z|=U/I$

功率因数 $\quad\quad\quad\quad \cos\varphi=P/UI$

等效电阻 $\quad\quad R=P/I_2=|Z|\cos\varphi$

等效电抗 $\quad\quad\quad\quad X=|Z|\sin\varphi$

2）无源一端口网络的等值参数的测量。同样采取上述方法，分别测出 U、I、P 三个量后再进行计算，但算出的 X 值是等值容性，还是等值感性，需用下述方法来确定。

① 功率因数表测量法。接功率因数表（功率因数表的接法与功率表相同）直接测出，超前为容性，滞后为感性。

② 示波器观察法。用示波器直接观察电压和电流波形的相位超前或滞后来确定。

3）仪表内阻对测量结果影响的测量。上述交流参数的测量、计算是在忽略仪表内阻的情况下得出的。当三块表都接入测量电路时，三块表的内阻对测量结果会有影响。为分析比较，实验可采用电流表外接和电压表外接两种接线方式进行。

4）实验采取监视电流调压的方法。为了确保人身、设备安全，整个实验操作采用电压从零起调，监视电流达到给定值后，再测量电压的方法进行。所以每次测试前后，调压器都要保证从 0 起调，并退回 0 位。

（3）仪器、设备、元器件及材料。单相调压器 J-731（2kV·A 输出 0～250 V）1 台；交流电压表 T21 型（150/300 V）1 块；交流电流表 T21 型（1/2 A）1 块；单相功率表 D34-W1 块；白炽灯（60 W/220 V）1 只；日光灯镇流器 1 只；电容箱（4.75μF）1 台。

（4）任务内容及步骤。用三表法分别测量 R、L、C 三个元件的等值参数。

按图 3.2.43 接线，用交流电压表、交流电流表和功率表分别测出 U、I、P 三个量后，再通过计算得出。R、L、C 电路的等值参数通常用三表法进行测量。

（5）注意事项。本次实训使用电压较高，应注意安全用电，以免发生人身和设备事故。调节电压时，应注意不要超过各元件的额定值。

（6）思考题

① 简述功率表的工作原理。

② 测量 RLC 电路有哪些注意事项？

2. 日光灯电路及功率因数的提高

（1）任务要求。了解日光灯的工作原理，学会安装日光灯；了解提高功率因数的意义和方法；学会使用功率表。

（2）任务原理与说明

① 日光灯的组成和工作原理。日光灯由灯管、镇流器和启辉器三部分组成，其电路如图 3.2.44 所示。

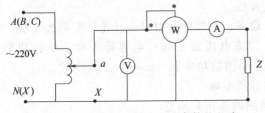

图 3.2.43　测定正弦交流电路参数的电路

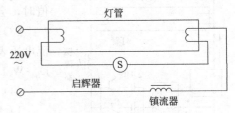

图 3.2.44　日光灯电路

日光灯管是一根充有少量水银蒸汽和惰性气体的细长玻璃管，管内涂有一层荧光粉，灯管两端各有一组灯丝，灯丝上涂有易使电子发射的金属粉末。

日光灯镇流器是一个具有铁芯的电感线圈，镇流器应与相应规格的灯管配套使用。

日光灯启辉器也称日光灯继电器，它在日光灯电路中起自动开关的作用，其结构如图 3.2.45 所示。

启辉器的小玻璃泡内有两个电极，一个为静触头，另一个为 U 形的双金属片电极（动触头），双金属片热胀冷缩时具有自动开关的作用。两电极上并有一个小电容器，主要用于消除日光灯对附近无线电设备的干扰。

日光灯发光的工作过程如下：在图 3.2.44 中，当日光灯接通电源时，电源电压全部加在启辉器两端（这时灯管相当于断路），启辉器两电极间产生辉光放电，使双金属片受热膨胀而与静触头接触，电源经镇流器、灯丝和启辉器构成电流通路而使灯丝预热。经 1～3s 后，由于启辉器的两个电极接触使辉光放电停止，双金属片冷却使两个电极分离。在两电极断开的瞬间，电流被突然切断，于是在镇流器两端产生自感电动势（400～600 V）。这个自感电动势的高电压加在预热后的灯管两端的灯丝之间，灯丝发射的大量电子在高电压作用下使灯管内气体电离放电，产生的大量紫外线激发荧光粉发出近似日光的光线来，因此称为日光灯，亦称荧光灯。日光灯点亮后，灯管相当于一个纯电阻负载。由于镇流器与日光灯管串联，它具有较大的感抗，所以又能限制电路中的电流，维持日光灯的正常工作。日光灯点亮以后，灯管端的电压降低，不会使启辉器再动作。

② 日光灯正常工作时，可以用图 3.2.46 所示等效电路来表示，可以测量镇流器和灯管上的电压，观察电压的分配情况。

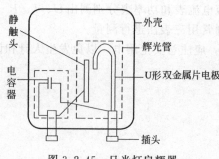

图 3.2.45　日光灯启辉器

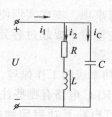

图 3.2.46　日光灯点亮后的等效电路

③ 由于镇流器的感抗较大，日光灯电路的功率因数是比较低的，通常在 0.5 左右。一般可以用并联合适的电容器来提高日光灯电路的功率因数。

④ 功率表用于测量电路的有功功率，应注意它的正确使用。

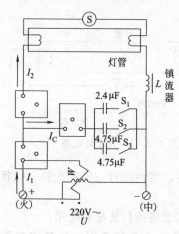

图 3.2.47　日光灯实训电路

⑤ 如图 3.2.47 逐渐增加电容 C 的数值，当电容值超过某值时，会出现过补偿。

（3）仪器、设备、元器件及材料。日光灯实训板 1 块；交流电压表 1 块；交流电流表 1 块；电容箱 1 台；单相功率表 D_{34}-W 1 块；低功率因数功率表（$\cos\varphi=0.2$）1 块。

（4）任务内容及步骤

1）日光灯电路的连接和测量

① 按图 3.2.47 连接电路。

② 断开 S_1、S_2、S_3（$C=0$ 时），接通电源，按表 3.2.2 要求测量相应数据，并记录在表中。

2）功率因数的提高

① 在接通电源情况下，合上 S_1（$C=2.4\mu F$），断开 S_2、S_3，按表 3.2.2 要求测量相应的数据。

表 3.2.2　日光灯电路测试数据

S 状态		测量数据						计算值		
		U	U_{rL}	U_R	I	I_{rL}	I_C	P	P_R	$Q_{镇}$	$\cos\varphi$
单　位											
S 断开											
S 闭合	$C=2.4\mu F$										
	$C=4.75\mu F$										
	$C=2\times4.75\mu F$										

② 断开 S_1、S_3，合上 S_2（$C=4.75\mu F$），重复 ① 的测量。

③ 断开 S_1，合上 S_2、S_3（$C=2\times4.75\mu F$），重复 ① 的测量。

3）检查数据无误后，断开电源，整理好仪器。

（5）注意事项

① 实训中应认真检查电路，特别注意镇流器不可被短接，以免烧坏日光灯管；功率表的电流线圈、电感线圈接法应符合要求。

② 日光灯启动时，电流较工作时大，在接通电源时应注意电流表不可接在回路中，以免使其过载。

（6）思考题

① 画出 S 断开时 U、U_L、U_R、I 的相量图，C 为不同值接入后的 I、I_L、I_C、U 的相量图。

② 与日光灯电路并联的电容器的电容量发生改变时，对整个电路的功率因数、电路的总电流有何影响？是否并联的电容越大，整个电路的功率因数就越高？总结功率因数提高的方法。

③ 提高电路的功率因数有何意义？

四、任务考评

评分标准见表 3.2.3。

表 3.2.3　评分标准

序号	考核内容	考核项目	配分	检测标准	得分
1	接线	(1)按图连接检测电路 (2)正确选择仪表量程	20 分	(1)能正确接线(10 分) (2)能正确选择仪表量程(10 分)	
2	根据实验数据计算各被测元件参数值	(1)测量电阻值 (2)测量电容值 (3)测量电感值	20 分	(1)能正确测量电阻值(10 分) (2)能正确测量电容值(10 分) (3)能正确测量电感值(10 分)	
3	日光灯的工作原理，提高功率因数的意义和方法	(1)了解日光灯的工作原理 (2)了解提高功率因数的意义和方法	30 分	(1)了解日光灯的工作原理(10 分) (2)了解提高功率因数的意义和方法(10 分)	
4	安装日光灯，使用功率表	(1)安装日光灯 (2)使用功率表	30 分	(1)会安装日光灯(20 分) (2)会使用功率表(10 分)	
	合计		100 分		

五、知识拓展

1.单相交流电的应用

家用电源一般是单相交流电，电压为 220V。夏天，人们利用正弦交流电为空调、单相电风扇供电，以解酷热；家庭中电饭煲、洗衣机、电视机、电冰箱、音响、微波炉等也都离不开它。

图 3.2.48 是电风扇的电容式电机电抗器调速原理。利用铁芯电感的不同抽头，改变与风扇电路串联的电感的感抗，来改变电扇的电压，进行调速。优点是利用电抗来分压，没有谐波产生，对其他电器没有干扰；缺点是利用铁芯电感，笨重，电感要消耗一些电量。

2.TDS1002 数字存储示波器使用简介

TDS1002 数字存储示波器是小型、轻便式的二通道台式仪器，可以用地电压为参考进行测量，它是主要用来观察与测量电路中各种波形的一种电子仪器，它能观察电路能否正常工作，测量波形的有效值、平均值、峰-峰值、上升时间、下降时间、频率、周期、正频宽、负频宽等。因此，在生产、实验和科研工作中，它有着广泛的用途。

TDS1002 数字存储示波器如图 3.2.49 所示。按功能可分为显示区、垂直控制区、水平控制区、触发区、功能区五个部分。另有 5 个菜单按钮、3 个输入连接端口。

示波器的显示区除了显示波形外，还显示关于波形和示波器控制设置的详细信息。显示区如图 3.2.50 所示。

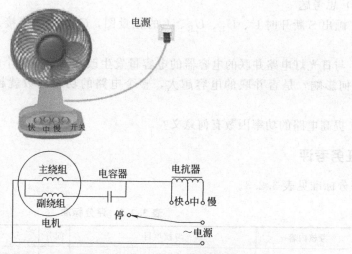

图 3.2.48　电风扇的电容式电机电抗器调速原理

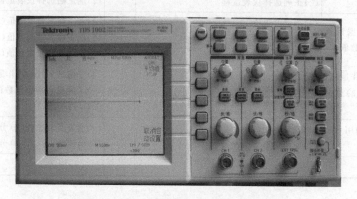

图 3.2.49　TDS1002 数字存储示波器

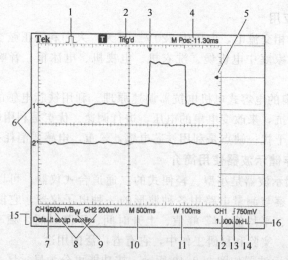

图 3.2.50　示波器显示区

TDS1002 示波器的用户界面设计用于通过菜单结构方便地访问特殊功能。

按下前面板按钮，示波器将在显示屏的右侧显示相应的菜单。该菜单显示直接按下显示屏

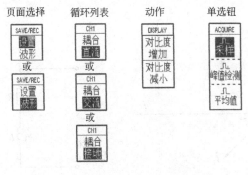

图 3.2.51　四种方法显示菜单选项

右侧未标记的选项按钮时可用的选项（在示波器中，选项按钮可能也指显示屏按钮、侧菜单按钮、bezel 钮或软键）。示波器使用四种方法显示菜单选项，如图 3.2.51 所示。

需要查看电路中的某个信号时，在不了解该信号的幅值或频率而希望快速显示该信号，并测量其频率、周期、峰-峰值时，可以使用"自动设置"：按下 CH1 菜单按钮，将探头选项衰减设置成 10X，将探头上的开关设定为 10X，通道 1 的探头与信号连接，按下"自动设置"按钮，则示波器自动设置垂直、水平和触发控制。若需要优化波形，可手动调整。

假设正在测试放大器，需要测量放大器的输入和输出信号，可将示波器的两个通道分别与放大器的输入端和输出端相连，使用测量结果计算出放大倍数。

六、思考与练习

1. 正弦量有哪四种表示方法？

2. 正弦量周期和频率的关系是什么？

3. 电阻、电感、电容的交流电流与电压有什么关系？

4. 已知正弦电压和正弦电流的波形如图 3.2.52 所示，频率为 50Hz，试指出它们的最大值、初相位以及它们之间的相位差，并说明哪个正弦量超前，超前多少角度？超前多少时间？

5. 某正弦电流的频率为 20Hz，有效值为 $5\sqrt{2}$ A，在 $t=0$ 时，电流的瞬时值为 5A，且此时刻电流在增加，求该电流的瞬时值表达式。

6. 已知复数 $A_1=6+j8$，$A_2=4+j4$，试求它们的和、差、积、商。

7. 将下列各时间函数用对应的相量来表示：

(1) $i_1=5\sin\omega t$，$i_2=10\sin(\omega t+60°)$ A；(2) $i=i_1+i_2$。

8. 在图 3.2.53 所示的相量图中，已知 $U=220$V，$I_1=10$A，$I_2=5\sqrt{2}$A，它们的角频率是 ω，试写出各正弦量的瞬时值表达式及其相量。

9. 220V、50Hz 的电压分别加在电阻、电感和电容负载上，此时它们的电阻值、电感值和电容值均为 22Ω。试分别求出三个元件中的电流，写出各电流的瞬时值表达式，并以电压为参考相量画出相量图。若电压的有效值不变，频率由 50Hz 变到 500Hz，重新回答以上问题。

10. 电路如图 3.2.54 所示，已知 $u=10\sin(\omega t-180°)$ V，$R=4\Omega$，$\omega L=3\Omega$。试求电感元件上的电压 u_L。

11. 已知 RC 串联电路的电源频率为 $1/(2\pi RC)$，试问电阻电压相位超前电源电压几度？

12. 正弦交流电路如图 3.2.55 所示，用交流电压表测得 $U_{AD}=5$V，$U_{AB}=3$V，$U_{CD}=6$V，试问 U_{DB} 是多少？

13. 正弦交流电路如图 3.2.56 所示，已知 $e=50\sin\omega t$ V，在 5Ω 电阻上的有功功率为 10W，试问整个电路的功率因数是多少？

14. 日光灯电源的电压为 220V，频率为 50Hz，灯管相当于 300Ω 的电阻，与灯管串联的镇流器在忽略电阻的情况下相当于 500Ω 感抗的电感，试求灯管两端的电压和工作电流，并画出相量图。

15. 试计算上题日光灯电路的平均功率、视在功率、无功功率和功率因数。

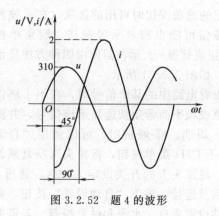

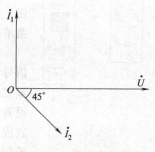

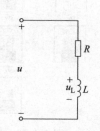

图 3.2.52 题 4 的波形   图 3.2.53 题 8 的相量图   图 3.2.54 题 10 的图

16. 为了降低风扇的转速，可在电源与风扇之间串入电感，以降低风扇电动机的端电压。若电源电压为 220V，频率为 50Hz，电动机的电阻为 190Ω，感抗为 260Ω。现要求电动机的端电压降至 180V，试求串联的电感量应为多大？

17. 正弦交流电路如图 3.2.57 所示，已知 $X_L=X_C=R$，电流表 A_3 的读数为 5A，试问电流表 A_1 和 A_2 的读数各为多少？

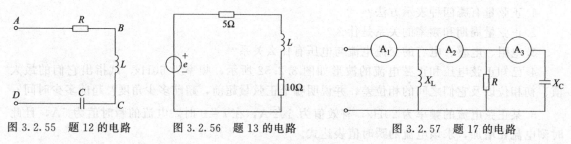

图 3.2.55 题 12 的电路   图 3.2.56 题 13 的电路   图 3.2.57 题 17 的电路

18. 电路如图 3.2.58 所示，已知交流电源的角频率 $\omega=2\text{rad/s}$，试问 AB 端口间的阻抗 Z_{AB} 是多大？

19. 正弦交流电路如图 3.2.59 所示，已知 $X_C=R$，试问电感电压 u_1 与电容电压 u_2 的相位差是多少？

20. 如图 3.2.60 所示，若 $u=10\sqrt{2}\sin(\omega t+45°)$ V，$i=5\sqrt{2}\sin(\omega t+15°)$ A，则 Z 是多少？该电路的功率是多少？

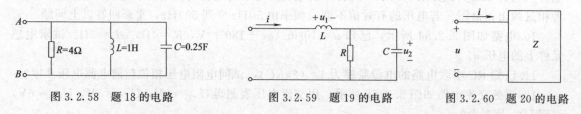

图 3.2.58 题 18 的电路   图 3.2.59 题 19 的电路   图 3.2.60 题 20 的电路

21. 串联谐振电路如图 3.2.61 所示，已知电压表 V_1、V_2 的读数分别为 150V 和 120V，试问电压表 V 的读数是多少？

22. 并联谐振电路如图 3.2.62 所示，已知电流表 A_1、A_2 的读数分别为 13A 和 12A，试问电流表 A 的读数为多少？

23. 含 R、L 的线圈与电容 C 串联，已知线圈电压 $U_{RL}=50$V，电容电压 $U_C=30$V，总电压与电流同相，试问总电压是多大？

24. R、L、C 组成的串联谐振电路，已知 $U = 10\text{V}$，$I = 1\text{A}$，$U_C = 80\text{V}$，试问电阻 R 多大？品质因数 Q 又是多大？

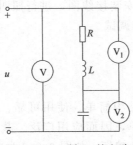

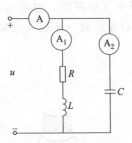

图 3.2.61　题 21 的电路　　　　　图 3.2.62　题 22 的电路

25. 某单相 50Hz 的交流电源，其额定容量 $S_N = 40\text{kV} \cdot \text{A}$，额定电压 $U_N = 220\text{V}$，供给照明电路，若负载都是 40W 的日光灯（可认为是 RL 串联电路），其功率因数为 0.5，试求：（1）日光灯最多可点多少盏？（2）用补偿电容将功率因数提高 1，这时电路的总电流是多少？需用多大的补偿电容？（3）功率因数提高到 1 以后，除供给以上日光灯外，若保持电源在额定情况下工作，还可多点 40W 白炽灯多少盏？

任务三　家用照明电路的安装

一、任务分析

白炽灯照明电路的安装使学生了解白炽灯的构造，学会电路的安装。家用配电板是一种连接在电源和多个用电设备之间的电气设备，主要起分配电能和控制、测量、保护用电电器的作用，如图 3.3.1 所示。家用配电板通常由电能表、熔断器、闸刀开关等组成；配电装置一般由控制开关、过载及短路保护电器等组成，容量较大的还装有隔离开关。一般将总熔断器装在进户管的墙上，而将电能表、控制开关、短路和过载保护电器均安装在同一块配电板上。

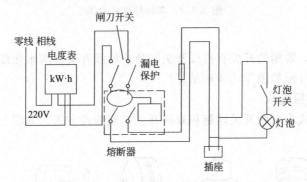

图 3.3.1　家用配电板原理

1. 知识目标

① 了解白炽灯的构造。

② 了解家用配电板的组成。

2. 技能目标

① 会正确使用电度表测电能。

② 会正确使用改锥、电工刀、钢丝钳和尖嘴钳、剪线钳和剥线钳、扳手等常用电工工具进行电气线路安装与检修。

③ 能根据简单电气原理图、电器布置图和电气安装接线图，进行照明线路板、室内照明间线路、单相电能计量线路（不带互感器）的安装与调试。

二、相关知识

1. 白炽灯

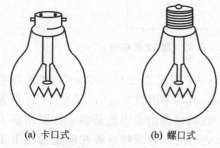

(a) 卡口式 (b) 螺口式

图 3.3.2 白炽灯泡示意

白炽灯结构简单、使用可靠、价格低廉，其相应的电路也简单，因而应用广泛。其主要缺点是发光效率较低、寿命较短，如图 3.3.2 为白炽灯泡的外形。

白炽灯泡由灯丝、玻壳和灯头三部分组成。其灯丝一般都是由钨丝制成，玻壳由透明或不同颜色的玻璃制成。40W 以下的灯泡，将玻壳内抽成真空；40W 以上的灯泡，在玻壳内充有氩气或氮气等惰性气体，使钨丝不易挥发，以延长寿命。灯泡的灯头，有卡口式和螺口式两种形式，功率超过 300W 的灯泡，一般采用螺口式灯头，因为螺口灯座比卡口式灯座接触和散热要好。

2. 常用的灯座

常用的灯座有卡口式吊灯座、卡口式平灯座、螺口式吊灯座和螺口式平灯座等，外形结构如图 3.3.3 所示。

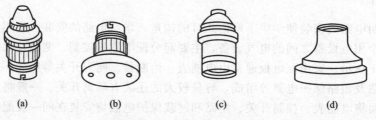

(a)   (b)   (c)   (d)

图 3.3.3 常用灯座示意图

3. 常用的开关

开关的品种很多，常用的开关有接线开关、顶装拉线开关、防水接线开关、平开关、暗装开关等，这几种开关外形如图 3.3.4 所示。

4. 白炽灯的控制原理

白炽灯的控制方式有单联开关控制和双联开关控制两种方式，如图 3.3.5 所示。

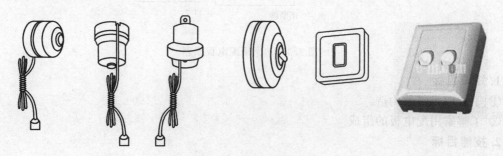

图 3.3.4 常用的开关

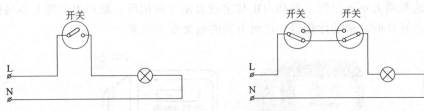

图 3.3.5 白炽灯的控制原理

5. 熔断器

熔断器是低压配电网络和电力拖动系统中主要用作短路保护的电器。当电路发生短路故障、通过熔断器的电流达到或超过某一规定时，熔断器以其自身产生的热量使熔体熔断，从而自动分断电路，起到保护作用。它具有结构简单、价格便宜、动作可靠、使用维护方便等优点。

RC1A 系列插入式熔断器属于半封闭插入式，它由瓷座、瓷盖、动触头、静触头和熔丝五部分组成（见图 3.3.6），主要用于交流 50Hz、额定电压 380V 及以下、额定电流 200A 及以下的低压电路的末端或分支电中，作为电气设备的短路保护及一定程度的过载保护。

总熔断器必须安装在实心木板上，木板表面及四周必须涂以防火漆；总熔断器内熔断器的上接线桩应分别与进户线的电源相线连接，接线桥的上接线桩应与进户线的电源中性线连接；若安装多个电能表，则在每个电能表的前面分别安装总熔丝盒。

6. 闸刀开关

闸刀开关外形和原理见图 3.3.7。

① 电阻性负载可选用胶盖闸刀开关或其他普通开关；电感性负载应选用负荷开关或自动空气开关。安装时既要考虑操作方便，又要安全、美观。

② 电源进线必须与开关的静触头接线桩相接，出线与动触头接线桩相接，出线与动触头接线相接。进线规格要一致。

③ 闸刀开关的载流量应大于被控制负载最大的分断负荷电流。

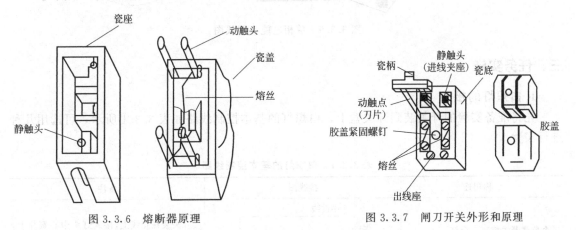

图 3.3.6 熔断器原理　　　　　　图 3.3.7 闸刀开关外形和原理

7. 单相电能表

单相电能表实物和结构见图 3.3.8。电能表的工作原理是：当把电能表接入被测电路时，电流线圈和电压线圈中就有交变电流流过，这两个交变电流分别在铁芯中产生交变的磁通；交变磁通穿过铝盘，在铝盘中感应得到转矩（主动力矩）而转动。负载消耗的功率越大，通过电流线圈的电流越大，铝盘中感应出的涡流也越大，使铝盘转动的力矩就越大。即转矩的大小与负载消耗的功率成正比。功率越大，转矩也越大，铝盘转动也就越快。铝盘转动时，又受到永久磁铁产生的制动力矩的作用，制动力矩与主动力矩方向相反；制动力矩的大小与铝盘的转速成正比，铝盘转动时，带动计数器，把所消耗的电能指示出来。

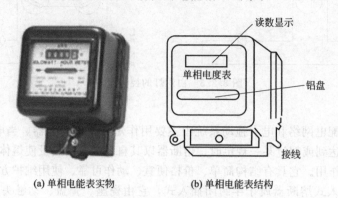

(a) 单相电能表实物　　　(b) 单相电能表结构

图 3.3.8　单相电能表

单相电能表共有四个接线桩头，从左到右编号为1、2、3、4。接线方法一般为号码1、3接电源进线，2、4接出线；也有些单相电能表的接线方法是号码1、2接电源进线，3、4接出线，所以具体的接线方法应参照电能表接线盖子上的接线图，如图3.3.9所示。

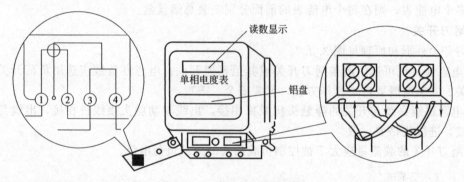

图 3.3.9　单相电能表接线图

三、任务实施

1. 白炽灯的接线

先将准备实验的开关装到开关盒上，白炽灯的基本控制线路如表3.3.1所示，可选用几种进行实验。

表 3.3.1　白炽灯的基本控制线路

名称用途	接线图	备注
一个单联开关控制一个灯		开关装在相线上，接入灯头中心簧片上，零线接入灯头螺纹口接线柱
一个单联开关控制两个灯		超过两个灯按虚线延伸，但要注意开关允许容量

172

续表

名称用途	接线图	备注
两个单联开关,分别控制两盏灯	中性线 电源 相线	用于多个开关及多个灯,可延伸接线
两个双联开关在两地,控制一个灯	零 火 三根线(两火一零)	用于楼梯或走廊,两端都能开、关的场合。接线口诀:开关之间三条线,零线经过不许断,电源与灯各一边

安装照明电路必须遵循的总原则是:火线必须进开关;开关、灯具要串联;照明电路间要并联。

本装置配置的开关接线方法为:先用一字螺丝刀将长方孔内的白色塑料块压住,然后将剥好的线插到开关的接线孔中,再拿开螺丝刀即可。

2. 配电板的接线

(1) 任务要求。掌握配电装置的安装方法;知道单相电度表的图形符号、铭牌参数意义、计量单位和正确读法;初步学会画照明电路配电板电路图,知道电能表安装的进线与出线。

(2) 仪器、设备、元器件及材料。白炽灯 3 个,单控开关 3 个,漏电保护开关 (DZL18-20) 3 个,漏电保护自动开关 (DZ15LE-40/490、40A QR) 1 个,熔断器 (RC1A、380V、5A) 3 个,闸刀开关 (220V、5A,HK2) 1 个,单相三孔插座 1 个,配电板 1 个,单相电度表 [DD282、2 (4) A] 1 个,单控双联开关 1 个,电子式日光灯 (CDZ120) 1 套,导线若干。

(3) 任务原理与说明。配电板箱是一种连接在电源和多个用电设备之间的电气设备,主要起分配电能和控制、测量、保护用电电器作用。

(4) 任务内容及步骤

① 在配电板上设计好施工电路图。

② 先确定铝轧片位置再布线。

③ 安装熔断器。熔断器安装时应保证熔体与夹头、夹头与夹座接触良好。瓷插式熔断器应垂直安装。螺旋式熔断器接线时,电源线应接在下接线座上,负载线应接在上接线座上,以保证能安全地更换熔管。

④ 安装闸刀开关。熟悉所装低压开关的外形、型号、主要技术参数的意义、功能、结构及工作原理。将低压开关的手柄扳到合闸位置,用万用表的电阻挡测量各对触头之间的接触情况。

⑤ 安装单相电能表,注意电能表的四个接线端的接法。

⑥ 实际接线。

分别按图 3.3.10～图 3.3.15 所示线路连接,经检查合格后再送电。

(5) 注意事项

① 熔断器应完好无损,接触紧密可靠,并应有额定电压、电流值的标志。

② 熔断器应装用的熔体,不能用多根小规格的熔体代替一根大规格的熔体。

③ 安装开关时应做到垂直安装,闭合操作时手柄的操作方向应从下向上,断开操作时手柄的操作方向应从上向下。不允许采用平装或倒装,以防止产生误合闸。

④ 安装后应检查刀开关和静插座的接触是否成直线或紧密。

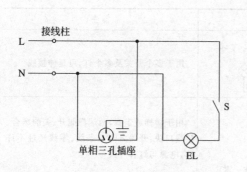

图 3.3.10　装有单相三孔插座、白炽灯、
跷板式单控开关的配电极图

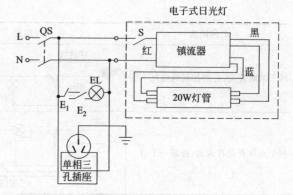

图 3.3.11　装有单相三孔插座、白炽灯、日光灯、
单控双联开关的配电极图

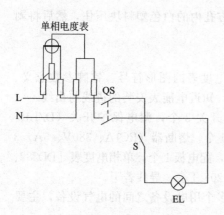

图 3.3.12　一个单联开关控制一个灯

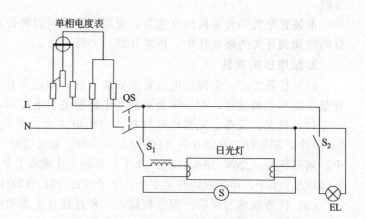

图 3.3.13　装有单相电度表、日光灯、白炽灯、
开关的配电极图

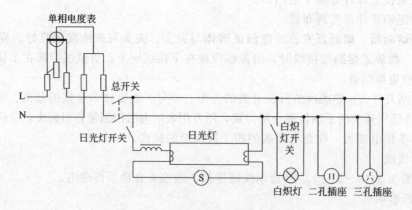

图 3.3.14　室内电气照明电路的接线 1

（6）思考题

① 画出单相电能表的接线图。

② 楼道照明开关控制电路是怎样的？试画出电路图。

③ 简述带电操作的原理。

④ 试电笔的原理是什么？有什么用途？

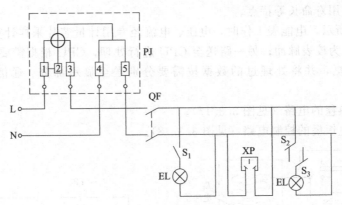

图 3.3.15　室内电气照明电路的接线 2

四、任务考评

评分标准见表 3.3.2。

表 3.3.2　评分标准

序号	考核内容	考核项目	配分	检测标准	得分
1	一个单联开关控制一个灯、两个灯	按图连接检测电路	10 分	(1)能正确接线(5 分) (2)功能正确(5 分)	
2	两个单联开关分别控制两盏灯	按图连接检测电路	10 分	(1)能正确接线(5 分) (2)功能正确(5 分)	
3	两个双联开关在两地控制一个灯	按图连接检测电路	10 分	(1)能正确接线(5 分) (2)功能正确(5 分)	
4	施工电路图规划	合理设计出施工电路图	10 分	设计不合理每错一处扣 2 分	
5	安装熔断器、闸刀开关、电能表	正确安装熔断器、闸刀开关、电能表	20 分	安装不正确扣 20 分	
6	按图在配电板上接线,通电检验		40 分	(1)能正确接线(20 分) (2)功能正确(20 分)	
合计			100 分		

五、知识拓展

① 家用配电板可用 15～20mm 的木板或塑料板制作,板上装有单相电度表、胶盖闸刀开关和插入式熔断器等。

② 在配电板上仪表和器件的排列原则如下。

a.面板上方测量仪表,各回路仪表、开关、熔断器互相对应。

b.元件要牢固安装在配线板上,各元件的安装位置应整齐、均匀,间距及布局合理。

③ DDS43 单相电子式电能表是住宅电能计量发展的新趋势,主要应用于家庭,尤其是它的分时功能,愈来愈受到世界公用事业机构的欢迎。它具有计量精度高、可靠性好、

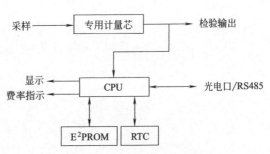

图 3.3.16　DDS43 电能表的原理框图

抗干扰能力强、使用寿命长等特点。

如图 3.3.16 所示，电能表工作时，电压、电流经专用计量芯片采样计算后，电能脉冲分两路输出，一路作为校表脉冲；另一路送至 CPU 进行处理，CPU 根据需要从 E^2 PROM 和时钟 RTC 内存取数据，并将处理过的数据按需要分别送至显示部分、通信部分等数据输出单元。

④ 普通型电热毯的电路（见图 3.3.17）。

⑤ 自动保温电饭煲的控制电路（见图 3.3.18）。

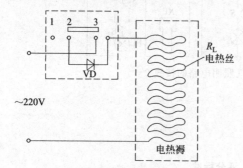

图 3.3.17　普通型电热毯的电路

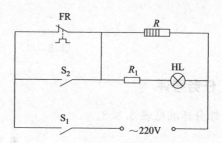

图 3.3.18　自动保温电饭煲的控制电路

六、思考与练习

1."零线"与"火线"有什么区别？

2.画出单相电能表的接线图。

3.在电压为 220V、频率为 50Hz 的交流电路中，接入一组白炽灯，其等效电阻是 11Ω，要求：（1）画出电路图；（2）求出电灯组取用的电流有效值；（3）求出电灯组取用的功率。

生产车间供电线路的设计与安装

任务一　三相交流电源的分析及测量

一、任务分析

含有三个频率相同、有效值相等而相位互差 120°的正弦电压（或电流）称为三相交流电路。在生产实践中，三相交流电路应用很广，例如，在发电、输配电和动力用电方面，一般都采用三相交流电路。应用最广的三相异步电动机就是由三相电源供电的，直线电机与磁悬浮列车也由三相电源供电。现代电力系统中的供电方式几乎全是采用三相正弦交流电。三相交流电较单相交流电有很多优点，例如：制造三相发电机、变压器都较制造单相发电机、变压器省材料，而且构造简单、性能优良；又如，用同样材料所制造的三相电机，其容量比单相电机大50%；在输送同样功率的情况下，三相输电线较单相输电线，可节省有色金属 25%，而且电能损耗较单相输电时少。由于三相交流电具有上述优点，所以获得了广泛应用。因此需要在学习单相交流电的基础上来认识三相交流电的基本特征和分析方法。

通过一台最简单的三相交流发电机，产生三相正弦电压，并通过示波器对产生的三相电源进行测量。

1. 知识目标

掌握三相交流电路的基本概念、三相四线制电源线电压和相电压的关系。

2. 技能目标

① 掌握三相电源的连接方法。

② 会测量三相交流电压。

③ 会用电容法测量三相交流电的相序。

二、相关知识

1. 三相电源

三相电源一般是由三相发电机获得的，最简单的两极三相交流发电机如图 4.1.1 所示，在电枢上对称地安置了三个相同的绕组，即 AX、BY 和 CZ。这三个绕组分别称为 A 相绕组（或 U 相绕组）、B 相绕组（或 V 相绕组）和 C 相绕组（或 W 相绕组）。A、B、C 三端称为"相头"，X、Y、Z 三端称为"相尾"。这里要注意，三个相头（或相尾）在空间上一定要相隔 120°。当转子由原动机拖动逆时针方向以角速度 ω 做匀速旋转时，各相绕组的导线都切割磁力线，因而在每相绕组中都产生感应电压。由于三个绕组中的感应电压最大值是相等的，频率也是相同的；又由于三个绕组的空间位置间隔 120°，所以，三个绕组中的感应电压最大值出现的时间是不同的，其相互间的相位互差 120°，相当于三个独立的正弦电压源，如图 4.1.2 所示。

177

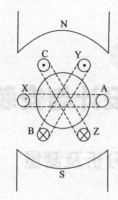

图 4.1.1　三相交流发电机示意

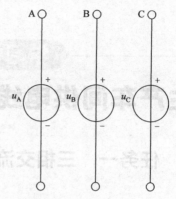

图 4.1.2　三相等效电源

对称三相正弦电压的瞬时值表达式（以 u_A 为参考正弦量）为：

$$u_A(=e_A)=\sqrt{2}U\sin(\omega t)$$

$$u_B(=e_B)=\sqrt{2}U\sin(\omega t-120°)$$

$$u_C(=e_C)=\sqrt{2}U\sin(\omega t-240°)=\sqrt{2}U\sin(\omega t+120°) \tag{4.1.1}$$

其波形图如图 4.1.3 所示，它们的相量表达式为：

$$\dot{U}_A=U\angle 0°$$

$$\dot{U}_B=U\angle -120°$$

$$\dot{U}_C=U\angle 120°$$

这种电压的有效值相等、角频率相同、相位互差 120°的三相电源称为对称三相电源。其各相波形图如图 4.1.3 所示，与之对应的相量图如图 4.1.4 所示。对称三相电压的特点是：

$$u_A+u_B+u_C=0$$

$$\dot{U}_A+\dot{U}_B+\dot{U}_C=0$$

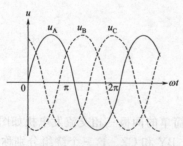

图 4.1.3　三相电源各相波形图

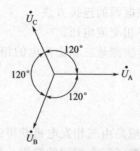

图 4.1.4　三相电压相量图

三相电源中，各电压到达同一量值（例如正的最大）的先后次序称为相序。在上述例子中，相序是 A-B-C。这种相序是 A 相比 B 相超前，B 相又比 C 相超前，称为正序；如果 A 相比 B 相滞后，B 相又比 C 相滞后，相序便是 C-B-A（或 A-C-B），这种相序称为负序。无特别说明时，三相电源均认为是指正序对称三相电源。工业中通常在交流电机的三相引出线配电装置的三相母线上涂以黄、绿、红三种颜色，分别表示 A、B、C 三相。

三相电源的相序改变时，将使其供电的三相电动机改变旋转方向，这种方法常用于控制电动机使其正转或反转。

2. 三相电源的连接

三相电源的连接一般有星形连接和三角形连接两种方式。如图 4.1.5 所示为三相电源的星形连接方式，简称星形或 Y 形电源。从三个电压源正极性端子 A、B、C 向外引出的导线称为端线（相线），将三个电压源负极性端子连接起来所形成的节点叫中（性）点，从中（性）点 N 引出的导线称为中线。端线 A、B、C 之间（即端线之间）的电压称为线电压，如图 4.1.5 中的电压 $\dot{U}_{AB}$、$\dot{U}_{BC}$、$\dot{U}_{CA}$。每一相电源的电压称为相电压，如图 4.1.5 所示电压 $\dot{U}_A$、$\dot{U}_B$、$\dot{U}_C$。端线中的电流称为线电流，各相电压源中的电流称为相电流。显然，对称三相电源做星形连接时，线电压有如下关系

$$u_{AB} = u_A - u_B$$
$$u_{BC} = u_B - u_C \qquad (4.1.2)$$
$$u_{CA} = u_C - u_A$$

相量关系为

$$\dot{U}_{AB} = \dot{U}_A - \dot{U}_B$$
$$\dot{U}_{BC} = \dot{U}_B - \dot{U}_C$$
$$\dot{U}_{CA} = \dot{U}_C - \dot{U}_A \qquad (4.1.3)$$

其相量如图 4.1.6 所示。从图 4.1.6 可以看出，若以 $\dot{U}_A$ 为参考相量

$$\dot{U}_A = U \angle 0°$$
$$\dot{U}_B = U \angle -120°$$
$$\dot{U}_C = U \angle 120°$$

则有

$$\dot{U}_{AB} = \sqrt{3}\dot{U}_A \angle 30°$$
$$\dot{U}_{BC} = \sqrt{3}\dot{U}_B \angle 30°$$
$$\dot{U}_{CA} = \sqrt{3}\dot{U}_C \angle 30°$$

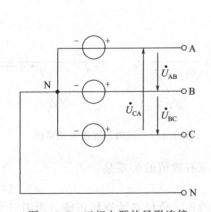

图 4.1.5　三相电源的星形连接

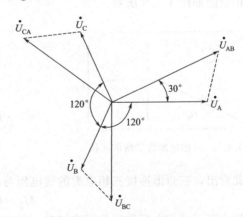

图 4.1.6　星形连接时相量图

另有 $\dot{U}_{AB} + \dot{U}_{BC} + \dot{U}_{CA} = 0$，所以，以上三个方面，只有两个是独立的。

由上可看出，Y形连接对称三相电源线电压与相电压有效值的关系是

$$U_L = \sqrt{3} U_P \tag{4.1.4}$$

式中，U_L 是线电压的有效值，V；U_P 是相电压的有效值，V。

电源作星形连接时，线电流、相电流有如下关系

$$I_L = I_P \tag{4.1.5}$$

式中，I_L 是线电流的有效值，A；I_P 是相电流的有效值，A。

【例 4.1.1】 星形连接的对称三相电源，如图 4.1.5 所示，已知相电压为 220V，试求其线电压。若以 $\dot{U}_A$ 为参考相量，写出 $\dot{U}_{AB}$、$\dot{U}_{BC}$、$\dot{U}_{CA}$。

解：$U_L = \sqrt{3} U_P = \sqrt{3} \times 220\text{V} = 380\text{V}$

若

$$\dot{U}_A = 220\angle 0°$$

则

$$\dot{U}_{AB} = 380\angle 30°$$

$$\dot{U}_{BC} = 380\angle -90°$$

$$\dot{U}_{CA} = 380\angle 150°$$

如果把对称三相电源的正、负极依次形成一个回路，再从端子 A、B、C 引出端线，如图 4.1.7 所示，就成为三相电源的三角形连接，简称三角形或△电源。三角形电源的线电压、相电压和相电流的概念与星形电源相同。三角形电源不能引出中线。

从图 4.1.7 中可以看出，三相电源作三角形连接时，线电压与相电压的关系是

$$u_{AB} = u_A$$

$$u_{BC} = u_B$$

$$u_{CA} = u_C$$

其相量关系为

$$\dot{U}_{AB} = \dot{U}_A$$

$$\dot{U}_{BC} = \dot{U}_B$$

$$\dot{U}_{CA} = \dot{U}_C \tag{4.1.6}$$

其相量图如图 4.1.8 所示。

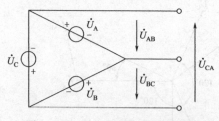

图 4.1.7　三相电源的三角形连接

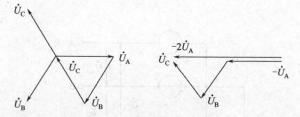

图 4.1.8　三角形连接时相量图

由此看出，三角形连接三相电源的线电压与相电压有效值的关系是

$$U_L = U_P \tag{4.1.7}$$

必须注意，三相电源作三角形连接时，每相电源的正、负极必须连接正确，否则三个相电压之和不为零，在三角形连接的闭合回路内将产生极大的电流，会造成严重的后果。

【例 4.1.2】 有一三角形连接的对称三相电源，如图 4.1.7 所示，已知相电压为 220V，求线电压。若以 $\dot{U}_A$ 为参考量，写出 $\dot{U}_{AB}$、$\dot{U}_{BC}$、$\dot{U}_{CA}$。

解：$U_L = U_P = 220\text{V}$

若 $\qquad\qquad\qquad\qquad\qquad \dot{U}_A = 220\angle 0°$

则 $\qquad\qquad\qquad\qquad\qquad \dot{U}_{AB} = 220\angle 0°$

$\qquad\qquad\qquad\qquad\qquad\qquad \dot{U}_{BC} = 220\angle -120°$

$\qquad\qquad\qquad\qquad\qquad\qquad \dot{U}_{CA} = 220\angle 120°$

三、任务实施

1. 三相电源电压的测试

（1）任务要求。了解三相同步发电机的工作原理，掌握用示波器测量正弦波电压的幅值、周期、频率和相位。正确使用电压表、电流表测试电压、电流等相关数据；撰写测试报告。

（2）仪器、设备、元器件及材料。电工实训台、三相同步交流发电机、交流电压表、C4320 型双踪示波器。

（3）任务原理与说明。用直流电动机作为原动机拖动三相同步交流发电机转子旋转，转子绕组通入直流电产生恒定磁场，这个磁场在定子绕组中间高速旋转，定子绕组切割转子产生磁场，根据电磁感应定律，定子绕组中便产生三相正弦电源。

（4）任务内容及步骤

① 在电工实训台上将他励直流电动机放好，正确连接电机电源及励磁电源的接线。

② 将三相同步发电机、直流电动机及测速发电机的转轴接好。

③ 接通直流电机的电源，用示波器测量定子绕组端的电压波形，记录三相电压的幅值、周期、频率和相位并进行比较。

④ 测量三相电源的线电压及相电压，并记录结果。

（5）注意事项

① 用电压表测量电压时量程选择键开关用于选择合适的测量量程，为了提高测量精度，应当在指针偏转 2/3 时进行读数。

② 电机与导轨连接时不要用力过猛，一定要连上橡胶连接头，加上固定螺钉。

③ 励磁电源不要和直流稳压电源混淆，以免损坏设备。

④ 示波器使用时必须检查电网电压是否与示波器要求的电源电压相一致。

⑤ 被测信号由探头输入到示波器通道输入端。注意：输入电压不可超过 400V（直流或交流峰值）。探头测量大信号时，必须将探头衰减开关打到"×10"的位置。如果测量高频信号时，探头接地线要接近被测量点的附近，减少波形失真。

（6）思考题

① 电信号的测量指标有哪些？

② 试问若改变励磁电流的大小，所得出的三相电源有何变化？

2. 三相交流电相序的测量

（1）任务要求。按照国家相关标准，正确选用电工工具和仪表，使用电容法正确测量三相交流电的相序，编写完成相关技术文件。

（2）仪器、设备、元器件及材料。100W 变压器 1 台、$4\mu\text{F}$ 交流电容（耐压 500V）1 个、白炽灯（220V/60W）2 个、三极刀开关 1 个、导线若干。

（3）任务原理与说明。电路如图 4.1.9 所示。

三相交流电的 ABC 三相的相序很重要，一般讲黄、绿、红对应 A、B、C 三相，发电机的

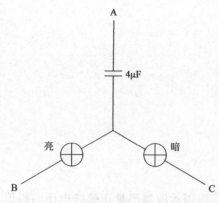

图 4.1.9　电容法判别相序的接线原理图

三相是绝对不能接错的，电动机的三相只要是 A、B、C 三相对应就一定是顺时针转动。在接变频器的时候，只要变频器的三相是正确的，电动机的三相是按照 A、B、C 三相的接法接入的，就一定是顺时针转动（俗称正转），只要按照相序接线就省去了调整转向的时间。

但实际生产中遇到的问题总是多种多样的，对于电工来说掌握一个简单的检测三相交流电的相序的方法是基本技能。具体来说如何检测呢？以下就是一个检测三相交流电的相序的方法。

用两只 220V/60W 的灯泡和一个 4μF 的电容按星形接法连接。由于电容的作用，造成三相负载电压的不平衡，产生一只灯泡亮、一只灯泡暗的现象。若将电容连接的一端定为 A 相，则亮灯泡为 B 相，暗灯泡为 C 相。

工厂新安装或改造的三相线路在投入运行前及双回路并行前均要经过定相即判断相序，以免彼此的相序和相位不一致而使投入运行时造成短路或环流而损坏设备、造成事故。

对于比较长的电路，还需要核对相位。核对相位的常用方法有兆欧表法和指示灯法。

如图 4.1.10(a)所示是用兆欧表核对线路两端相位的接线。线路首端接兆欧表，兆欧表 L 端接线路，E 端接地线。线路末端逐相接地。如果兆欧表指示为零，则说明末端接地的相线与首端测量的相线属同一相。如此三相轮流测量，即可确定线路首端和末端各自对应的相。图 4.1.10(b)是用指示灯核对线路两端相位的接线图。线路首端接指示灯，末端逐相接地。如果指示灯通上电源时灯亮，则说明末端接地的相线与首端接指示灯的相线属同一相。如此三相轮流测量，亦可确定线路首端和末端各自对应的相。

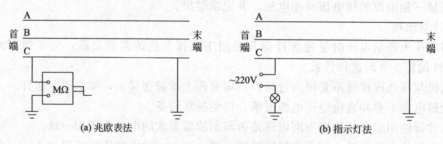

图 4.1.10　核对三相线路两端相位的方法

（4）任务内容及步骤

① 电路连接。按图 4.1.9 连接电路。如果条件允许可以使用三相自耦变压器先降低电源电压再给下面的电路通电。图 4.1.11 为参考实验实物。

② 通电前准备。仔细检查电路，确保接线正确。所选电容的耐压必须达到 500V 以上。使用万用表检查电源电压是否正常。

③ 观察实验现象。通过计算使电容的容抗与灯泡的电阻大致相当。若假定接电容的一相为 A 相，那么灯泡亮的那一相是 B 相，暗的一相为 C 相。

为了保证实验的安全，可以在电容电路中串联适当小电阻，大约 300Ω 即可。

④ 画出电容法测量三相交流电相序的接线图，写出相序测量结果。

四、任务考评

评分标准见表 4.1.1。

图 4.1.11　电容法判别相序的接线实物

表 4.1.1　评分标准

序号	考核内容	考核项目	配分	检测标准	得分
1	电路连接	他励直流电动机电源及励磁电源的连接	20 分	电路连接每错一处错误扣 5 分	
2	测量三相电压波形	三相电压波形的幅值及相位	10 分	测量电压每错一处扣 10 分	
3	测量三相电源线电压及相电压	三相电源线电压、相电压的大小及相互关系	10 分	每错一处扣 10 分	
4	数据分析	分析测量所得的数据	10 分	数据分析每错一处扣 6 分	
5	三相交流电相序的测量	1. 画出电容法测量三相交流电相序的接线图 2. 写出相序测量结果	50 分	1. 正确进行电容法测量三相交流电相序的线路连接。每错一处扣 3 分 2. 线路连接好后,通电观察白炽灯亮度,得出准确的测量结果。每错一处扣 3 分	
		合计	100 分		

五、知识拓展

三相电源相序/缺相检测器,主要用来检测三相交流电源的接线是否缺相以及相序是否正确。电路原理如图 4.1.12 所示,若 A 相 (1)、C 相 (3)、B 相 (2) 分别连接至可控硅 A、G、K 极时,可控硅 T 将在单相半个周期内导通,发光二极管将发出正常亮光;当连接 A、B、C 三相的相序不正确时,可控硅 T 的导通时间将会变短,平均电流随之减小,LED 亮度也就大为降低。当三相交流电缺(断)其中一相或两相时,可控硅截止,LED 熄灭,图 4.1.12 中 R_3、R_4 和 C 的数值将决定延时时间 t 的长短。

六、思考与练习

1. 当发电机的三相线圈连接成星形,设线电压 $u_{AB}=380\sqrt{2}\sin(\omega t-30°)V$,试写出相电压 u_A 的表达式。

2. 欲将三相电源接成星形连接,如果误将 X、Y、C 连成一点(中性点),是否也可以产生对称的三相电压?试画出在此情况下的电压相量图。如

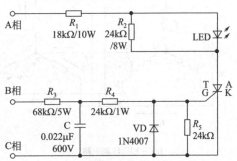

图 4.1.12　三相电源相序/缺相检测器电路原理

果 $U_A = U_B = U_C = 220V$，则 U_{AB}、U_{BC}、U_{CA} 各为多少？

任务二　星形连接三相负载的安装、测量

一、任务分析

三相电源 Y 形连接，三相灯组负载星形连接，同时将三相负载与三相电源连接，分别测量三相负载的线电压、相电压、相电流、中性线电流、电源与负载中点间的电压。

1. 知识目标

① 掌握三相负载星形连接中不对称负载下的相电流、线电流与中线电流的关系，理解中性线的作用。

② 熟练掌握对称三相电路星形连接的特点和简单计算。

③ 了解星形连接的三相不对称电路的分析。

2. 技能目标

会测量三相星形连接负载电路的电压、电流，学会电路故障的基本排查方法。

二、相关知识

三相负载由三部分组成，其中每一部分称为一相负载。如果三相负载连接成星形，则称为星形连接负载。如果各相负载是有极性的（例如各负载间存在着磁耦合），则必须同三相电源一样按各相末端（或各相始端）相连接成中性点，否则将造成不对称。如果各相负载没有极性，则可以任意连接成星形。星形连接负载 u、v、w 端向外接至三相电源的端线，而将负载中性点 N′ 连接到三相电源的中线，如图 4.2.1（a）所示。这种用四根导线把电源和负载连接起来的三相电路称为三相四线制。

图 4.2.2 是三相四线制供电系统中常见的照明电路和动力电路，包括大批量的单相负载（例如照明灯）和对称的三相负载（例如三相电动机）。为了使三相电源的负载比较均衡，大批量的单相负载一般分成三组，分别接于电源的 L_1-N、L_2-N 和 L_3-N 之间，各称为 U 相负载、V 相负载和 W 相负载，组成不对称的三相负载，如图 4.2.2（a）所示，这种连接方式属于负载的星形（Y 形）连接。

图 4.2.1 所示的电路中，设 U 相负载的阻抗为 Z_U，V 相负载的阻抗为 Z_V，W 相负载的阻抗为 Z_W。

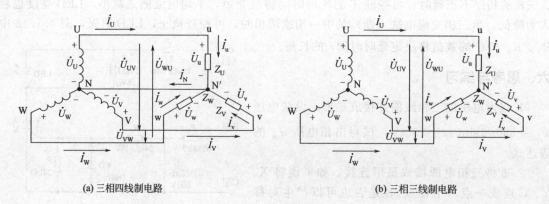

(a) 三相四线制电路　　　　　　　　　　　　(b) 三相三线制电路

图 4.2.1　负载星形连接

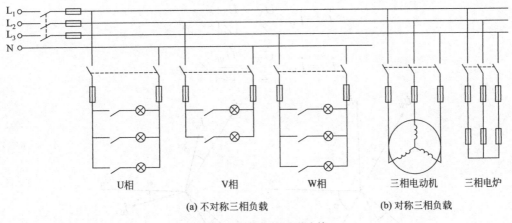

(a) 不对称三相负载　　　　　(b) 对称三相负载

图 4.2.2　负载的星形连接

负载星形连接时，电路有以下基本关系。

① 每相负载电压等于电源相电压。在图 4.2.1 所示电路中，若不计中性线阻抗，则电源中性点 N 与负载中性点 N′ 等电位；如果相线阻抗也可忽略，则每相负载的电压等于电源相电压。即

$$\dot{U}_u = \dot{U}_U, \dot{U}_v = \dot{U}_V, \dot{U}_w = \dot{U}_W$$

② 三相电路中，流经各端线的电流称为线电流，而流过各相负载的电流称为相电流。显然负载接成星形时，线电流等于相电流。从图 4.2.1 所示电路中可以看出，U 相电流等于线电流 i_U；V 相电流等于线电流 i_V；W 相电流等于线电流 i_W。一般可写成

$$I_P = I_L \tag{4.2.1}$$

③ 各相电流可分成三个单相电路分别计算。即

$$\dot{I}_u = \dot{I}_U = \frac{\dot{U}_U}{Z_U} = \frac{\dot{U}_U}{|Z_U| \angle \varphi_U} = \frac{\dot{U}_U}{|Z_U|} \angle -\varphi_U$$

$$\dot{I}_v = \dot{I}_V = \frac{\dot{U}_V}{Z_V} = \frac{\dot{U}_V}{|Z_V|} \angle -\varphi_V$$

$$\dot{I}_w = \dot{I}_W = \frac{\dot{U}_W}{Z_W} = \frac{\dot{U}_W}{|Z_W|} \angle -\varphi_W \tag{4.2.2}$$

式中

$$\varphi_U = \arctan \frac{X_U}{R_U}$$

$$\varphi_V = \arctan \frac{X_V}{R_V}$$

$$\varphi_W = \arctan \frac{X_W}{R_W} \tag{4.2.3}$$

其电压、电流的相量图如图 4.2.3(a) 所示。

当三个相的负载都具有相同的参数时，三相负载称为对称三相负载，即 $Z_U = Z_V = Z_W = Z$ 时，则有

$$\dot{I}_u = \dot{I}_U = \frac{\dot{U}_U}{Z} = \frac{\dot{U}_U}{|Z|} \angle -\varphi$$

$$\dot{I}_{\mathrm{v}}=\dot{I}_{\mathrm{V}}=\frac{\dot{U}_{\mathrm{V}}}{Z}=\frac{\dot{U}_{\mathrm{V}}}{|Z|}\angle-\varphi$$

$$\dot{I}_{\mathrm{w}}=\dot{I}_{\mathrm{W}}=\frac{\dot{U}_{\mathrm{W}}}{Z}=\frac{\dot{U}_{\mathrm{W}}}{|Z|}\angle-\varphi$$

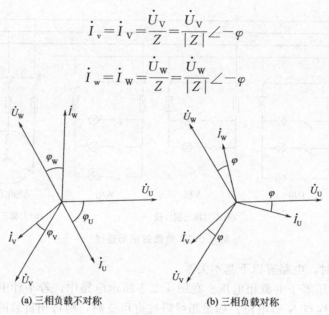

(a) 三相负载不对称　　　　　　　　(b) 三相负载对称

图 4.2.3　负载星形连接时的相量图

故三相电流也是对称的，如图 4.2.3(b) 所示。这时只需算出任一相电流，便可知另外两相的电流。

④ 中性线电流等于三相电流之和。根据基尔霍夫电流定律，由图 4.2.1 可得

$$\dot{I}_{\mathrm{N}}=\dot{I}_{\mathrm{U}}+\dot{I}_{\mathrm{V}}+\dot{I}_{\mathrm{W}} \tag{4.2.4}$$

若三相负载对称，则三相电流对称，即 $\dot{I}_{\mathrm{U}}$、$\dot{I}_{\mathrm{V}}$、$\dot{I}_{\mathrm{W}}$ 振幅相等、彼此相差 120°，则

$$\dot{I}_{\mathrm{N}}=\dot{I}_{\mathrm{U}}+\dot{I}_{\mathrm{V}}+\dot{I}_{\mathrm{W}}=0 \tag{4.2.5}$$

中线电流为零。如果三相电流接近对称，中线电流很小，即中性线不起作用，所以有时便省去中线，如图 4.2.1 (b) 所示。这种用三根导线把电源和负载连接起来的三相电路称为三相三线制。常用的三相电动机、三相电炉等负载，在正常情况下是对称的，都可用三相三线制供电，如图 4.2.2 (b) 所示。

当三相负载不对称时，称为不对称三相负载。中性线就会有电流通过，则中性线不能除去，中性线断开会导致三相负载电压的不对称，致使负载轻的相相电压过高，使负载遭受破坏；负载重的相相电压又过低，使负载不能正常工作。所以作星形连接时，必须采用三相四线制接法，即 YN 接法，而且中性线必须牢固连接，以保证不对称三相负载的每相电压维持对称不变。

照明电路是不对称电路的实例。设有如图 4.2.4(a) 所示的照明电路，作星形连接，其线电压为 380V，在有中性线时每相为一独立系统，灯泡承受的是相电压 220V，各相灯泡正常发光。若 U 相负载短路或断路，则 U 相灯泡熄灭，而 V、W 两相灯泡仍承受相电压 220V，因而工作仍正常。这就是说，在三相四线制中，一相发生故障，并不影响其他两相的工作。但如果没有中性线，则 U 相负载短路时，V、W 两相将承受 380V 的电压，如图 4.2.4(b) 所示，会使 V、W 两相的灯泡全部烧毁；U 相断路时，则如图 4.2.4(c) 所示，V、W 两相负载串联后承受 380V 的电压，由于两相的负载一般并不相等，故所承受的电压也不相等，可能低于额定电压，使灯光不能正常发光，也可能高于额定电压，使灯泡烧毁。这就是说，星形连接的三相负载，在无中性线的情况下，一相电路发生故障，就要影响其他两相的正常工作。

由此可见，中性线在三相电路中，不但使用户得到两种不同的工作电压，还使星形连接的不对称负载的相电压保持对称。因此，在三相四线制供电系统中，为了保证负载的相电压对称，中性线的干线上是不准接熔断器和开关的，而且要用具有足够机械强度的导线作中性线。

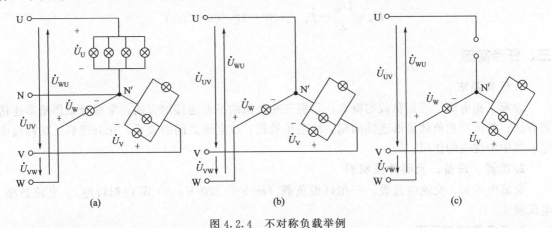

图 4.2.4 不对称负载举例

【例 4.2.1】 三相四线制电路如图 4.2.5（a）所示，已知每相负载阻抗 $Z = (6+\mathrm{j}8)\ \Omega$，外加线电压，$U_\mathrm{L} = 380\mathrm{V}$，试求负载的相电流。

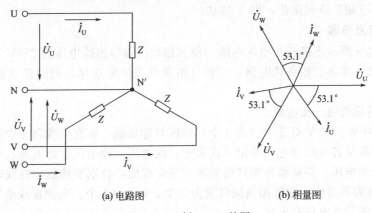

(a) 电路图   (b) 相量图

图 4.2.5 例 4.2.1 的图

解：因为是对称电路，故可归结到一相来计算，其相电压为

$$U_\mathrm{P} = U_\mathrm{L}/\sqrt{3} = 220(\mathrm{V})$$

相电流

$$I_\mathrm{P} = \frac{U_\mathrm{P}}{|Z|} = \frac{220}{\sqrt{6^2+8^2}} = \frac{220}{10} = 22(\mathrm{A})$$

相电压与相电流的相位差为

$$\varphi = \arctan\frac{X}{R} = \arctan\frac{8}{6} = 53.1°$$

其相量图如图 4.2.5(b)所示。

选 $\dot{U}_\mathrm{U}$ 为参考相量，则

$$\dot{I}_\mathrm{U} = \frac{\dot{U}_\mathrm{U}}{Z} = 22\angle-53.1°(\mathrm{A})$$

$$\dot{I}_V = \frac{\dot{U}_V}{Z} = \dot{I}_U \angle -120° = 22 \angle -173.1°(\text{A})$$

$$\dot{I}_W = \frac{\dot{U}_W}{Z} = \dot{I}_U \angle 120° = 22 \angle 66.9°(\text{A})$$

三、任务实施

1. 任务要求

理解三相电源、三相负载的概念；掌握三相电源的星形连接的方法；掌握负载作星形连接的方法；验证三相负载星形连接的相、线电压及相、线电流之间的关系；充分理解三相四线供电系统中中性线的作用。

2. 仪器、设备、元器件及材料

交流电压表、交流电流表、三相灯组负载（配 9 个 220 V、60 W 白炽灯泡）、电流插座、电流插头。

3. 任务原理与说明

对称三相电源是由 3 个等幅值、同频率、初相位依次相差 120° 的正弦电压源连接成 Y 形组成的电源。对称三相负载作 Y 形连接时，流过中性线的电流 $I_N = 0$，所以可以省去中性线，此时的接法称为三相三线制接法，即 Y 接法。

4. 任务内容及步骤

① 如图 4.2.6 所示连接三相电源电路，使三相调压器输出线电压为 220V。

② 按图 4.2.6 连接三相负载电路，三相灯组负载按星形连接，同时将三相负载与三相电源进行连接。

③ 检查合格后接通三相电源。

④ 每相用 60 W/220 V 灯 2 个（或 3 个）构成对称负载，在有中线和无中线两种情况下按表 4.2.1 中要求测量各电压和电流并记录在表中：线电压、相电压、相电流、中性线电流、电源与负载中点间的电压。并观察各相灯组亮暗的变化程度，特别要注意中性线的作用。

⑤ 将负载调为不对称，即每相负载灯数为 3 个、2 个和 1 个。电源接线电压 220 V，并按表 4.2.1 中要求测量各电压和电流。

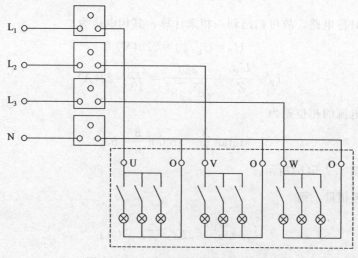

图 4.2.6　三相负载 Y 形连接电路图

表 4.2.1　负载星形连接测试记录

测量项目		U_{UV}	U_{VW}	U_{WU}	U_U	U_V	U_W	I_U	I_V	I_W	$U_{NN}{}'$	$I_{NN}{}'$
单　位												
有中线	负载对称（　）											
	不对称（　）											
无中线	负载对称（　）											
	不对称（　）											

5. 注意事项

① 本任务采用三相交流市电，线电压为220V，电压较高，要防止发生短路事故，应穿绝缘鞋进实验室。实验时要注意人身安全，不可触及导电部件，防止意外事故发生。实训时白炽灯发热较厉害，要防止烫伤。

② 每次接线完毕，同组同学应自查一遍，然后由指导教师检查后，方可接通电源。必须严格遵守先断电、再接线、后通电，先断电、后拆线的实验操作原则。

③ 为避免烧坏灯泡，实验挂箱内设有过压保护装置。当任一相电压为245～250V时，即声光报警并跳闸。因此，在做 Y 接不平衡负载或缺相实验时，所加线电压应以最高相电压小于240V 为宜。

④ 根据电路情况选择适当的仪表量程。

6. 思考题

① 三相负载在什么条件下 Y 形连接？

② 复习三相交流电路有关内容，试分析三相星形连接不对称负载在无中性线情况下，当某相负载开路或短路时会出现什么情况？如果接上中性线，情况又如何？说明中线的作用。

③ 根据实训内容及结果，说明在星形连接时 $U_L = \sqrt{3} U_P$ 的条件。

④ 根据实训数据作出三相对称负载星形连接时各电压和电流的相量图。

四、任务考评

评分标准见表 4.2.2。

表 4.2.2　评分标准

序号	考核内容	考核项目	配分	检测标准	得分
1	三相电源的 Y 连接	三相电源的概念及连接方法	10 分	电路连接每错一次扣 5 分	
2	三相负载的 Y 连接	三相负载的概念及连接方法	20 分	电路连接每错一次扣 5 分	
3	三相负载对称时的测量	对称负载相电流、线电流、相电压、线电压的关系	35 分	测量数据每错一处扣 10 分	
4	三相负载不对称时的测量	不对称负载相电流、线电流、相电压、线电压的关系	35 分	测量数据每错一处扣 10 分	
		合计	100 分		

五、知识拓展

照明电路中，由于灯泡的额定电压是一定的，当某一相的电压过高时，灯泡就要被烧坏；

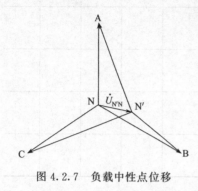

图 4.2.7　负载中性点位移

而当某一相的电压过低时，灯泡的亮度又会显得不足。显然这是不允许的。在实用中又如何解决这个问题呢？当电源对称时，中性点位移是由负载不对称引起的，但中性点位移的大小则与中线的阻抗有关。如果是三相三线制，即没有中线，这相当于 $Z_N = \infty$，而 $Y_N = 0$，这时中性点位移最大，是最严重的情况，如图 4.2.7 所示。若 $Z_N = 0$，即 $Y_N = \infty$，这时 $\dot{U}_{N'N} = 0$，没有中性点位移。当中线不长且导线较粗时，就接近这种情况。这时尽管负载不对称，由于中线阻抗很小，强迫负载中性点电位接近于电源中性点电位，而使各相负载电压接近对称。因此，在照明线路中必须采用三相四线制，同时中线连接应可靠并具有一定的机械强度，同时规定中线上不准安装熔断器或开关。

六、思考与练习

1. 图 4.2.8 所示的电路为三相对称电路，其线电压 $U_L = 380V$，每相负载 $R = 6\Omega$，$X = 8\Omega$。试求相电压、相电流、线电流，并画出电压和电流的相量图。

2. 图 4.2.9 所示电路是供给白炽灯负载的照明电路，电源电压对称，线电压 $U_L = 380V$，每相负载的电阻值 $R_U = 5\Omega$，$R_V = 10\Omega$，$R_W = 20\Omega$。试求：

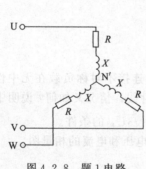

图 4.2.8　题 1 电路

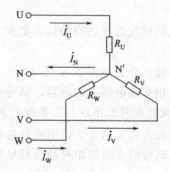

图 4.2.9　题 2 电路

（1）各相电流；

（2）U 相断路时，各相负载所承受的电压和通过的电流；

（3）U 相和中性线均断开时，各相负载的电压和电流；

（4）U 相负载短路，中性线断开时，各相负载的电压和电流。

任务三　三角形连接三相负载的安装、测量

一、任务分析

三相电源 Y 形连接，三相灯组负载三角形连接，同时将三相负载与三相电源连接，分别测量三相负载的线电压、相电压、相电流、中性线电流、电源与负载中点间的电压。

1. 知识目标

① 熟练掌握对称三相电路三角形连接的特点和简单计算。

② 了解三角形连接的三相不对称电路的分析。

2. 技能目标

① 能够根据应用条件正确连接三相负载。

② 会测量三相三角形连接负载电路的电压、电流，学会电路故障的基本排查方法。

二、相关知识

当三相负载连接成三角形，则称为三角形（△）连接负载。如果各相负载是有极性的，则必须同三相电源一样，按负载始、末端依次相连。图 4.3.1 为三角形连接负载。

如果单相负载的额定电压等于三相电源的线电压，则必须把负载接于两根相线之间。把这类负载分为三组，分别接于电源的 L_1-L_2、L_2-L_3、L_3-L_1 之间，就构成了负载的三角形连接，如图 4.3.2(a)所示，这类由若干单相负载组成的三相负载一般是不对称的。另有一类对称的三相负载，通常将它们首尾相连，再将三个连接点与三相电源相线 L_1、L_2、L_3 相接，即构成负载的三角形连接，如图 4.3.2(b)所示。负载的三角形连接是用不到电源中性线的，只需三相三线制供电便可。

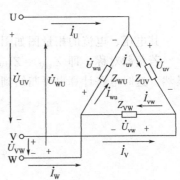

图 4.3.1　负载的三角形
连接的电路

设 U、V、W 三相负载的复阻抗分别为 Z_{UV}、Z_{VW}、Z_{WU}，则负载三角形连接的三相三线制电路可用图 4.3.1 所示的电路表示。若忽略相线阻抗（$Z_L=0$），则电路具有以下基本关系。

① 每相负载承受电源线电压。即

$$\dot{U}_{uv}=\dot{U}_{UV},\dot{U}_{vw}=\dot{U}_{VW},\dot{U}_{wu}=\dot{U}_{WU}$$

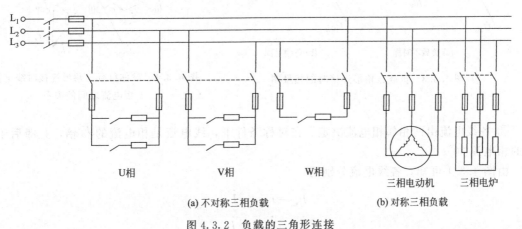

(a) 不对称三相负载　　　　　(b) 对称三相负载

U相　　　　V相　　　　W相　　　三相电动机　　三相电炉

图 4.3.2　负载的三角形连接

有效值关系为

$$U_P=U_L \tag{4.3.1}$$

② 各相电流可分成三个单相电路分别计算

$$\dot{I}_{UV}=\frac{\dot{U}_{UV}}{Z_{UV}}=\frac{\dot{U}_{UV}}{|Z_{UV}|\angle\varphi_U}=\frac{\dot{U}_{UV}}{|Z_{UV}|}\angle-\varphi_{UV}$$

$$\dot{I}_{VW} = \frac{\dot{U}_{VW}}{Z_{VW}} = \frac{\dot{U}_{VW}}{|Z_{VW}|} \angle -\varphi_{VW}$$

$$\dot{I}_{WU} = \frac{\dot{U}_{WU}}{Z_{WU}} = \frac{\dot{U}_{WU}}{|Z_{WU}|} \angle -\varphi_{WU} \tag{4.3.2}$$

式中

$$\varphi_{UV} = \arctan\frac{X_{UV}}{R_{UV}}$$

$$\varphi_{VW} = \arctan\frac{X_{VW}}{R_{VW}}$$

$$\varphi_{WU} = \arctan\frac{X_{WU}}{R_{WU}} \tag{4.3.3}$$

其电压、电流的相量图如图 4.3.3（a）所示。

若负载对称，即 $Z_{UV} = Z_{VW} = Z_{WU} = Z$，则相电流也是对称的，如图 4.3.3（b）所示。显然，这时电路计算也可归结到一相来进行，即

$$I_{UV} = I_{VW} = I_{WU} = I_P = \frac{U_P}{|Z|}$$

$$\varphi_{UV} = \varphi_{VW} = \varphi_{WU} = \varphi = \arctan\frac{X}{R}$$

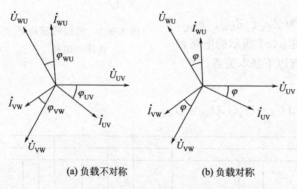

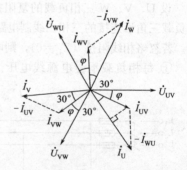

(a) 负载不对称 (b) 负载对称

图 4.3.3 负载三角形连接时的相量图

图 4.3.4 对称负载三角形连接时线电流与相电流之间的关系

③ 各线电流由两相邻相电流决定。在对称条件下，线电流是相电流的 $\sqrt{3}$ 倍，且滞后于相应的相电流 30°。

由图 4.3.1 可知，各线电流分别为

$$\dot{I}_U = \dot{I}_{UV} - \dot{I}_{WU}$$

$$\dot{I}_V = \dot{I}_{VW} - \dot{I}_{UV}$$

$$\dot{I}_W = \dot{I}_{WU} - \dot{I}_{VW} \tag{4.3.4}$$

负载对称时，由式（4.3.4）可作相量图，如图 4.3.4 所示。从图中不难看出

$$\frac{1}{2}I_L = I_P\cos30° = \frac{\sqrt{3}}{2}I_P$$

$$I_L = \sqrt{3}I_P \tag{4.3.5}$$

由上述可知，在负载作三角形连接时，相电压对称。若某一相负载断开，并不影响其他两相的工作。如 UV 相负载断开时，VW 相和 WU 相负载承受的电压仍为线电压，接在该两相上的单相负载仍正常工作。

应予指出，负载作三角形连接时，不论三相是否对称，总有线电流

$$\dot{I}_U + \dot{I}_V + \dot{I}_W = 0$$

每相负载的相电压与线电压相等。

【例 4.3.1】 三相三线制电路，各相负载的复阻抗 $Z = (6 + j8)\Omega$，外加线电压 $U_L = 380V$，试求正常工作时负载的相电流和线电流。

解： 由于正常工作时是对称电路，故可归结到一相来计算。

其相电流为

$$I_P = \frac{U_L}{|Z|} = \frac{380}{10} = 38(A)$$

式中，每相阻抗

$$|Z| = \sqrt{R^2 + X^2} = \sqrt{6^2 + 8^2} = 10(\Omega)$$

故线电流

$$I_L = \sqrt{3} I_P = \sqrt{3} \times 38 = 65.8(A)$$

相电压与相电流的相位差

$$\varphi = \arctan \frac{X}{R} = \arctan \frac{8}{6} = 53.1°$$

三、任务实施

1. 任务要求

理解三相电源、三相负载的概念；掌握三相电源星形连接的方法；掌握负载作△连接的方法；验证三相负载△连接的相、线电压及相、线电流之间的关系。

2. 仪器、设备、元器件及材料

交流电压表、交流电流表、三相灯组负载（配 9 个 220 V、60 W 白炽灯泡）、电流插座、电流插头。

3. 任务原理与说明

对称三相电源是由 3 个等幅值、同频率、初相位依次相差 120° 的正弦电压源连接成 Y 形组成的电源。当对称三相负载作△连接时，负载线电压等于负载相电压；负载相电压等于电源线电压；线电流是相电流的 $\sqrt{3}$ 倍。当不对称三相负载作△连接时，线电流不再是相电流的 $\sqrt{3}$ 倍，但只要电源的线电压 U_L 对称，加在三相负载上的电压仍是对称的，对各相负载工作没有影响。

4. 任务内容及步骤

① 按图 4.3.5 所示连接三相电源电路，使三相调压器输出线电压为 220V。

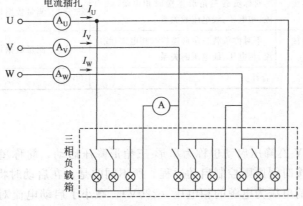

图 4.3.5 三相负载三角形连接电路图

② 按图 4.3.5 连接三相负载电路，三相灯组负载接三角形连接，同时将三相负载与三相电源进行连接。

③ 经指导教师检查合格后接通三相电源，每相用 60W/220V 灯 2 个（或 3 个）构成对称负载，并按表 4.3.1 的要求测量各电压和电流。

④ 将负载调为不对称，即每相负载灯数为 2 个、1 个、1 个。按表 4.3.1 中要求测量各电压和电流，并观察各灯泡亮度的变化。

表 4.3.1 负载三角形连接测试记录

测量项目	U_{UV}	U_{VW}	U_{WU}	I_U	I_V	I_W	I_{UV}
单 位							
负载对称（ ）							
负载不对称（ ）							

5. 注意事项

① 每次接线完毕，同组同学应自查一遍，然后由指导教师检查后，方可接通电源。

② 必须严格遵守先断电、再接线、后通电，先断电、后拆线的实验操作原则。

③ 通过三相调压器将 380V 的市电线电压降为 220V 的线电压。电压较高，要防止发生短路事故。实训时白炽灯发热较厉害，要防止烫伤。

④ 根据电路情况选择适当的仪表量程。

6. 思考题

① 三相负载根据什么条件作△连接？

② 本任务为什么要通过三相调压器将 380V 的市电线电压降为 220V 的线电压使用？

③ 根据实训数据作出负载△连接，负载不对称时各电压和电流的相量图。

四、任务考评

评分标准见表 4.3.2。

表 4.3.2 评分标准

序号	考核内容	考核项目	配分	检测标准	得分
1	三相电源的 Y 连接	三相电源的概念及连接方法	10 分	电路连接每错一次扣 5 分	
2	三相负载的△连接	三相负载的概念及△连接方法	20 分	电路连接每错一次扣 5 分	
3	三相负载三角形连接对称时的测量	对称负载三角形连接时相电流、线电流、相电压、线电压的关系	35 分	测量数据每错一处扣 10 分	
4	三相负载三角形连接不对称时的测量	不对称负载三角形连接时相电流、线电流、相电压、线电压的关系	35 分	测量数据每错一处扣 10 分	
	合计		100 分		

五、知识拓展

三相异步电动机 Y-△降压启动也称为星形-三角形降压启动，简称星三角降压启动。这一线路的设计思想仍是按时间原则控制启动过程。所不同的是，在启动时将电动机定子绕组接成星形，每相绕组承受的电压为电源的相电压（220V），减小了启动电流对电网的影响。而在其启动后期则按预先整定的时间换接成三角形接法，每相绕组承受的电压为电源的线电压

（380V），电动机进入正常运行。凡是正常运行时定子绕组接成三角形的笼式异步电动机，均可采用这种线路。如图4.3.6所示。

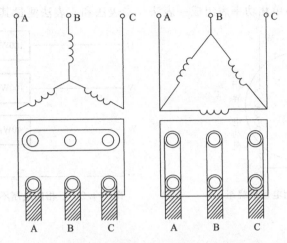

图4.3.6　三相异步电动机星三角连接

采用星三角启动时，启动电流只是原来按三角形接法直接启动时的1/3。如果直接启动时的启动电流以（6～7）I_e计，则在星三角启动时，启动电流才为（2～2.3）I_e。

启动电流降低了，启动转矩也降为原来按三角形接法直接启动时的1/3。

由此可见，采用星三角启动方式时，电流特性很好，而转矩特性较差，所以只适用于无载或者轻载启动的场合。换句话说，由于启动转矩小，星三角启动的优点还是很显著的，因为基于这个启动原理的星三角启动器，同任何别的减压启动器相比较，其结构最简单，价格也最便宜。除此之外，星三角启动方式还有一个优点，即当负载较轻时，可以让电动机在星形接法下运行。此时，额定转矩与负载可以匹配，这样能使电动机的效率有所提高，并节约了电力消耗。

六、思考与练习

1.三角形连接的电阻负载的线电压为380V，线电流为32A。求电阻值。

2.有三个星形连接120Ω电阻，它与三个三角形连接的电阻等效，这三个电阻其值各为多少？

3.图4.3.7所示电路中的电流表在正常工作时的读数是26A，电压表读数是380V，电源电压对称。在下列情况之一时，求各相的负载电流。

（1）正常工作；

（2）V相负载断路；

（3）U相线断路。

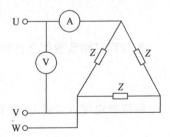

图4.3.7　题3的电路

4.三相对称负载作三角形连接，线电压为380V，线电流为17.3A，三相总功率为4.5kW。求每相负载的电阻和感抗。

任务四　三相有功功率的测量

一、任务分析

由于工程上广泛使用三相交流电源，三相交流电路功率的测量就成了很重要的工作。按其电源和负载的连接方式的不同，三相交流电路常采用的两种系统是三相三线制和三相四线制。本任务采用的三相电动机为三相三线制对称负载（图 4.4.1），三相四线制照明负载为不对称负载（图 4.4.2），采用单相功率表组成一表法、二表法和三表法测量其功率。

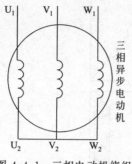

图 4.4.1 三相电动机绕组

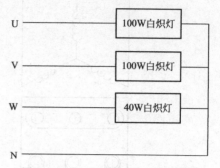

图 4.4.2 三相四线制不对称负载

1. 知识目标
能计算三相对称负载的功率。

2. 技能目标
会测量三相对称负载电路的有功功率，学会电路故障的基本排查方法。

二、相关知识

1. 三相电路的功率
在三相电路中，三相负载吸收的有功功率等于各相有功功率之和

$$P = P_1 + P_2 + P_3 = U_{P1} I_{P1} \cos\varphi_1 + U_{P2} I_{P2} \cos\varphi_2 + U_{P3} I_{P3} \cos\varphi_3$$

在对称三相电路中，由于负载的电压、电流有效值和阻抗角 φ_1、φ_2、φ_3 都相等，故总的对称三相负载有功功率为

$$P = 3 U_P I_P \cos\varphi$$

式中，φ 为相电压与相电流的相位差，亦即每相负载的阻抗角或功率因数角。

若对称三相负载作 Y 形连接，则

$$U_P = \frac{1}{\sqrt{3}} U_L \qquad\qquad I_P = I_L$$

若对称三相负载作△连接，则

$$U_P = U_L \qquad\qquad I_P = \frac{1}{\sqrt{3}} I_L$$

将两种连接方式的 U_P、I_P 代入，可得到相同的结果，即

$$P = 3 U_P I_P \cos\varphi = \sqrt{3} U_L I_L \cos\varphi \qquad (4.4.1)$$

式中，φ 仍为相电压与相电流的相位差。

由于在三相电路中，线电压和线电流的测量往往比较方便，故功率公式常用线电压和线电流来表示。

同理，三相电路的无功功率，也等于三相无功功率之和。在对称电路中，三相无功功率为

$$Q = 3 U_P I_P \sin\varphi = \sqrt{3} U_L I_L \sin\varphi \qquad (4.4.2)$$

而三相视在功率则为

$$S = \sqrt{P^2 + Q^2} \qquad (4.4.3)$$

一般情况下三相负载的视在功率不等于各相视在功率之和，只有当负载对称时，三相视在功率才等于各相视在功率之和。对称三相负载的视在功率为

$$S = 3U_P I_P = \sqrt{3} U_L I_L \tag{4.4.4}$$

【例 4.4.1】　对称三相三线制的线电压为 380V，每相负载阻抗为 $Z = 10\angle 53.1°$，求负载为 Y 形和△连接时的三相有功功率。

解： ① 负载为 Y 形连接时

相电压

$$U_P = \frac{1}{\sqrt{3}} U_L = \frac{380}{\sqrt{3}} = 220(\text{V})$$

相电流

$$I_P = I_L = \frac{220}{10} = 22(\text{A})$$

相电压与相电流的相位差是 53.1°。

三相有功功率为

$$P = 3U_P I_P \cos\varphi = 3 \times 220 \times 22 \times \cos 53.1° = 8712(\text{W})$$

② 负载为△连接时

线电压

$$U_L = 380\text{V}$$

相电流

$$I_P = \frac{380}{10} = 38(\text{A})$$

线电流

$$I_L = \sqrt{3} I_P = 38\sqrt{3}\,\text{A}$$

相电压与相电流相位差是 53.1°。

三相有功功率为 $P = \sqrt{3} U_L I_L \cos\varphi = \sqrt{3} \times 380 \times 38\sqrt{3} \times \cos 53.1° = 25992(\text{W})$

计算表明，在电源电压不变时，同一负载由星形改为三角形连接时，线电流、功率增加到原来的三倍。通过上面题目的分析，得知在电源电压一定的情况下，三相负载连接方式不同，负载的有功功率就不同，所以一般三相负载在电源电压一定的情况下，都有确定的连接方式（Y 形或△形），不能任意连接。若正常工作是星形连接的负载，误接成三角形时，将因功率过大而烧毁；若正常工作是三角形连接的负载，误接成星形时，则因功率过小而不能正常工作。

2. 三相有功功率的测量方法

三相电路有功功率的测量，在三相四线制供电系统中，可采用一瓦特计法（也称一表法）（负载对称）和三瓦特计法（也称三表法）（负载不对称）。对三相三线制供电系统，不论负载对称与否，亦不论负载是星形还是三角形连接，一般都采用二瓦特计法（也称两表法）。

（1）用一只单相功率表测量三相对称负载功率（一表法）。在对称三相系统中，可用一只单相功率表测量一相的功率，总功率就等于该表读数乘以 3，即：

$$P = 3P_1$$

式中，P 为三相总功率；P_1 为单相功率表读数。

其接线方式如图 4.4.3 所示。

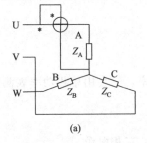
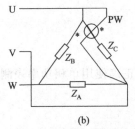
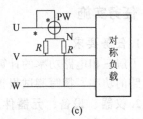

图 4.4.3　一表法测量三相对称负载功率

功率表的电流线圈串联接入三相电路中的任一相，通过电流线圈的电流为相电流；功率表电压线圈带"＊"的一端接到电流线圈的任意一端，加在功率表电压支路两端的电压是相电压。这样，功率表两个线圈中电流的相位差也就是负载的相电流和相电压之间的相位差，所以功率表的读数就是对称负载一相的功率。

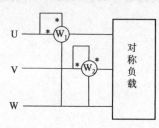

图 4.4.4　两表法测量三相三线制负载功率

如果星形连接负载的中性点不能引出或三角形连接负载的一相不能断开时，可采用图 4.4.3（c）所示的人工中性点法。应当注意的是，表外两个附加电阻的阻值应等于功率表内动圈和表内附加电阻 R_f 的和，以保证人工中性点 N 的电位为零。

（2）用两只单相功率表测量三相三线制电路的功率（两表法）。两表法接线方式如图 4.4.4 所示，这是用单相功率表测量三相三线制电路功率的最常用方法。不管三相负载是否对称，都可以用两表法测量三相有功功率。用两表法测三相功率，总功率应为两表读数的代数和。

① 若负载为阻性（即 $\varphi=0$），则两表读数相等，即有 $P=P_1+P_2$。

② 若负载功率因数为 0.5（即 $\varphi=\pm60°$），则其中一只功率表读数为零，即有 $P=P_1$。

③ 若负载为感性或容性，且当相位差 $\varphi>60°$、功率因数 $\cos\varphi<0.5$ 时（例如电动机空载或轻载运行），线路中的一只功率表指针将反偏，无法读数。此时可拨动面板上的极性开关（有些功率表无此开关，可调换电流线圈的两个接线端，但不能调换电压线圈端子），使指针正偏，但读数应记为负值，即有 $P=P_1+(-P_2)=P_1-P_2$。

如图 4.4.4 所示，功率表的电流线圈串联接入任意两相的相线中，使其流过线电流；两只电压表电压支路的"＊"端必须接至电流线圈所接的相线上，而另一端必须接到未接功率表电流线圈的第 3 条线上，使电压支路承受的是线电压。

（3）用三只单相功率表测量不对称三相四线制电路的功率（三表法）。三相四线制的负载一般是不对称的，此时可用 3 只功率表分别测出各相功率，而三相总功率等于 3 只功率表读数之和。三表法接线如图 4.4.5 所示。

每个单相功率表的接线和用一个单相功率表测量对称三相负载功率时的接线一样，只是把 3 只功率表的电流线圈相应串联接入每一相线。3 只功率表的电压支路的"＊"端接到该功率表电流线圈所在的相线上，另一端都接到中性线上。这样，每个功率表测量了一相的功率，所以三相总功率就等于三只功率表读数之和，即

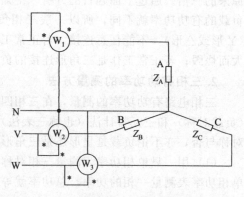

图 4.4.5　三表法测量三相四线制电路的功率

$$P=P_1+P_2+P_3$$

三、任务实施

1. 任务要求

了解三相电路功率的计算公式，正确使用单相功率表测量功率，学会用单相功率表测量三相电路的功率，撰写测试报告。

2. 仪器、设备、元器件及材料

单相功率表、三相异步电动机、日光灯、白炽灯、导线若干、三相电源。

3. 任务原理与说明

测量三相交流电路功率时，一般都利用单相功率表组成一表法、二表法和三表法进行测量。本任务用二表法来测量三相电动机的功率、用三表法测量三相四线制照明负载的功率。

4. 任务内容及步骤

① 根据被测负载正确选用功率表。

② 选择适当的功率表的量程。在使用功率表时，不仅要注意使被测功率不超过仪表的功率量程，还要注意被测电路的电流和电压不超过功率表的电流量程和电压量程，以确保仪表安全。

③ 功率表的接线一定要按照"发电机端守则"进行接线，即电流从电流线圈的发电机端流入，电流线圈与负载串联；同时，使电流从电压线圈的发电机端流入，电压线圈支路与负载并联。

④ 两表法测三相功率，总功率应为两表读数的代数和。三表法测量三相功率时，总功率应为三表读数的代数和。

5. 注意事项

① 通电测量前要经指导老师检查，确保接线正确。

② 要注意人身与带电体保持安全距离，手不得触及带电部分。

6. 思考题

① 用"两表法"测量三相功率时，功率表读数与负载的功率因数之间的关系是什么？

② 画出"三表法"的接线图，并说明适用范围及读数方法。

四、任务考评

评分标准见表 4.4.1。

表 4.4.1　评分标准

序号	考核内容	考核项目	配分	检测标准	得分
1	选择功率表类型	了解不同类型的功率表,学会选择功率表	20 分	选择不正确扣 20 分	
2	功率表量程的选择	正确选择功率表的量程	20 分	选择不正确扣 20 分	
3	功率表的接线	掌握功率表的接线方法	30 分	接线不正确扣 30 分	
4	功率表的读数	学会正确读取功率表指针指示的数据	30 分	读数不正确扣 20 分	
	合计		100 分		

五、知识拓展

实际测量中，如果功率表接线正确，但指针仍反转，这种情况一是发生在负载端含有电源，并且负载不是消耗而是发出功率时；二是发生在三相电路的功率测量中。这时，为了取得正确读数，必须在切断电源之后，将电流线圈的两个接线端对调，同时将测量结果前面加上负号。但不得调换功率表电压线圈支路的两个接线端，因为电压线圈支路中所串联的分压电阻 R_V 数值很大，其电压降也大。若对调电压线圈支路的接线端，将使 R_V 靠近电源端，如图 4.4.6 所示，这样电压线圈的电位会很低，而电流线圈的内阻小，其电压降也小，其电位将接近于电源电压。由于两线圈之间距离很近，两者之间电位差很大（近似等于电源电压），两线圈之间会产生较大的附加电场，从而引起仪表较大的附加误差，甚至造成仪表绝缘的击穿。

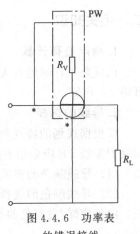

图 4.4.6　功率表的错误接线

为使用方便，通常在便携式功率表的电压支路中专门设置一个电流转向开关。它只改变电压线圈中电流的方向，并不改变分压电阻 R_V 的安装位置，因此不会产生上述不良后果。

六、思考与练习

1. 有一个三相对称负载，每相负载的电阻 $R = 12\Omega$，感抗 $X_L = 16\Omega$，如果负载接成星形，接到线电压为 380V 的三相对称电源上，求负载的相电流、线电流及有功功率，并作相量图。

2. 如果将上题所给负载改接为三角形，接于 380V 的对称三相电源上，求负载的相电流、线电流及有功功率，并作相量图。

3. 将对称三相负载接到三相电压源，试比较负载作星形连接和三角形连接两种情况下的线电流和功率。

4. 每相阻抗 $Z = (105 + j60)\Omega$ 的对称△连接负载接到 $U = 6600V$ 的三相电压源，每根端线的阻抗 $Z_1 = (2 + j4)\Omega$。试求负载的相电流、总功率、电压源的总功率。

任务五　生产车间供电线路的设计与安装

一、任务分析

电能是工业生产的主要动力能源，生产车间供电线路的设计任务是从电力系统取得电源，经过合理的传输、变换，分配到工厂车间中每一个用电设备上。供电线路设计是否完善，不仅影响工厂的基本建设投资、运行费用和有色金属消耗量，而且也反映到工厂的可靠性和工厂的安全生产上，它与企业的经济效益、设备和人身安全等是密切相关的。

本任务根据设计任务书的要求，设计的主要内容包括照明电路用电设备校验等。

1. 知识目标

掌握相关配电安装工艺知识。

2. 技能目标

① 能规划、安装、测试生产车间照明线路。

② 具备成本核算与环境保护的初步能力。

二、相关知识

1. 用电负荷计算

以线路工作时的最大电流为选用依据，并预留有 20% 的余量。按用电量估算：由 $P = UI$，可得 $I = P/U$。

2. 导线的选择

应根据现场的特点和用电负荷的性质、容量等合理选择导线型号、规格。相线 L、零线 N 和保护零线 PE 应采用不同颜色的导线。

（1）导线颜色的相关规定。如表 4.5.1 所示。

（2）导线颜色的选择。相线可使用黄色、绿色或红色中的任一种颜色，但不允许使用黑色、白色或绿/黄双色的导线。

表 4.5.1　导线颜色的相关规定

类别	颜色标志	线别	备注
一般用途导线	黄色	相线 L1 相	U 相
	绿色	相线 L2 相	V 相
	红色	相线 L3 相	W 相
	浅蓝色	零线或中性线	
保护接地(接零) 中性线(保护零线)	绿/黄双色	保护接地(接零) 中性线(保护零线)	颜色组合 3:7
二芯(供单相电源用)	红色	相线	
	浅蓝色	零线	
三芯(供单相电源用)	红色	相线	
	浅蓝色(或白色)	零线	
	绿/黄色(或黑色)	保护零线	
三芯(供三相电源用)	黄、绿、红色	相线	无零线
四芯(供三相四线制用)	黄、绿、红色	相线	
	浅蓝色	零线	

零线可使用黑色导线，没有黑色导线时，也可用白色导线。零线不允许使用红色导线。

保护零线应使用绿/黄双色的导线，如无此种颜色导线，也可用黑色的导线。但这时零线应使用浅蓝色或白色的导线，以便二者有明显的区别。保护零线不允许使用除绿/黄双色线和黑色线以外的其他颜色的导线。

(3) 导线截面的选择

① 概算总功率，即把所有的用电器功率加在一起。

② 用总功率÷电压＝电流来计算电流。

③ 根据计算的电流查电工手册，加大一挡选择电线的截面。

导线的截面积以 mm² 为单位。导线的截面积越大，允许通过的安全电流就越大。在同样的使用条件下，铜导线比铝线可以小一号。

在选择导线的截面时，主要是根据导线的安全载流量来选择导线的截面。另外，还要考虑导线的机械强度。

一般铜线安全计算方法是：

2.5mm² 铜电源线的安全载流量 28A；

4mm² 铜电源线的安全载流量 35A；

6mm² 铜电源线的安全载流量 48A；

10mm² 铜电源线的安全载流量 65A；

16mm² 铜电源线的安全载流量 91A；

25mm² 铜电源线的安全载流量 120A。

如果铜线电流小于 28A，按 10A/mm² 来取肯定安全。如果铜线电流大于 120A，按 5A/mm² 来取。这只能作为估算，但不是很准确。

导线线径一般按如下公式计算：

$$S(铜线) = IL/(54.4U)$$

式中　I——导线中通过的最大电流，A；

　　　L——导线的长度，m；

　　　U——允许的电源降，V；

S——导线的截面积，mm^2。

（4）导线的最终确定

① 通常是导线的应用环境与规范要求确定了必须选择什么类型的导线，例如硬或软，以及绝缘皮的类型等。

② 最后根据计算出来的电流，对照厂家提供的电缆规格表来确定采用具体规格的电缆或电线。

3. 断路器的选择

① 首先根据额定电压选择，额定电压要一致。

② 断路器的额定电流要大于等于所用电路的额定电流。

③ 断路器的额定开断电流要大于等于所用电路的短路电流。

4. 照明电路安装要求

（1）照明电路安装的技术要求

① 灯具安装的高度，室外一般不低于 3m，室内一般不低于 2.5m。

② 照明电路应有短路保护。照明灯具的相线必须经开关控制，螺口灯头中心触点应接相线，螺口部分与零线连接。不准将电线直接焊在灯泡的接点上使用。绝缘损坏的螺口灯头不得使用。

③ 室内照明开关一般安装在门边便于操作的位置，拉线开关一般应离地 2～3m，暗装翘板开关一般离地 1～3m，与门框的距离一般为 0.15～0.20m。

④ 明装插座的安装高度一般应离地 1.3～15m；暗装插座一般应离地 0.3m，同一场所暗装的插座高度应一致，其高度相差一般应不大于 5mm；多个插座成排安装时，其高度应不大于 2mm。

⑤ 照明装置的接线必须牢固，接触良好。接线时，相线和零线要严格区别，将零线接灯头上，相线须经过开关再接到灯头上。

⑥ 应采用保护接地（接零）的灯具金属外壳，要与保护接地（接零）干线连接完好。

⑦ 灯具安装应牢固，灯具质量超过 3kg 时，必须固定在预埋的吊钩或螺栓上。软线吊灯的质量限于 1kg 以下，超过时应加装吊链。固定灯具需用接线盒及木台等配件。

⑧ 照明灯具须用安全电压时，应采用双圈变压器或安全隔离变压器，严禁使用自耦（单圈）变压器。安全电压额定值的等级为 42V、36V、24V、12V、6V。

⑨ 灯架及管内不允许有接头。

⑩ 导线在引入灯具处应有绝缘保护，以免磨损导线的绝缘，也不应使其承受额外的拉力；导线的分支及连接处应便于检查。

（2）照明电路安装的具体要求

① 布局。根据设计的照明电路图，确定各元器件安装的位置。需符合要求，布局合理，结构紧凑，控制方便，美观大方。

② 固定器件。将选择好的器件固定在网板上，排列各个器件时必须整齐。固定的时候，先对角固定，再两边固定。要求元器件固定可靠、牢固。

③ 布线。先处理好导线，将导线拉直，消除弯、折。布线要横平竖直，整齐，转弯成直角，并做到高低一致或前后一致，少交叉，应尽量避免导线接头。多根导线并拢平行走而且在走线时需牢记"左零右火"的原则（即左边接零线，右边接相线）。

④ 接线。由上至下，先串后并；接线正确，牢固，各接点不能松动，敷线平直整齐，无漏洞、反圈、压胶。每个接线端子上连接的导线根数一般不超过两根，绝缘性能好，外形美观。红色线接电源相线（L），黑色线接零线（N），黄绿双色线专做地线（PE）；相线过开关，

零线一般不进开关；电源相线进线接单相电能表端子"1"，电源零线进线接端子"3"，端子"2"为相线出线，端子"4"为零线出线。进出线应合理汇集在端子排上。

⑤ 检查线路。用肉眼观看电路，看有没有接出多余线头。参照设计的照明电路安装图检查每条线是否严格按要求来接，每条线有没有接错位，注意电能表有无接反，漏电保护器、熔断器、开关、插座等元器件的接线是否正确。

⑥ 通电。送电由电源端开始往负载依次顺序送电。先合上漏电保护器开关，然后合上控制白炽灯的开关，白炽灯正常发亮；合上控制荧光灯开关，荧光灯正常发亮；插座可以正常工作，电能表根据负载大小决定表盘转动快慢，负荷大时，表盘就转动快，用电就多。

⑦ 故障排除。操作各功能开关时，若不符合要求，应立即停电，判断照明电路的故障可以用万用表欧姆挡检查线路，要注意人身安全和万用表挡位。

三、任务实施

1. 任务要求

① 学会正确和合理使用电工工具和仪表，并做好维护和保养工作。
② 熟练掌握导线的剖削和连接方法及器件的安装和接线工艺。
③ 学会检测和排除电路的故障。
④ 严格遵守电工安全操作规程，培养安全用电和节约原材料意识。
⑤ 培养团队合作、爱护工具、爱岗敬业、吃苦耐劳的精神。

2. 仪器、设备、元器件及材料

训练器材见表 4.5.2。

表 4.5.2　训练器材

序号	名称	作用	数量
1	电工实训实验板	安装照明电路	1
2	数字万用表或指针式万用表	检查故障、测试电路	1
3	单相电能表	计量电能	1
4	剥线钳、电工刀	剖削导线	各1把
5	螺钉旋具	安装照明器件	1套
6	剪断导线	钢丝钳、斜口钳	各1把
7	尖嘴钳	弯曲导线、导线连接	1
8	验电器	检查是否带电	1
9	开关	通断电路	1
10	插座	接用电器	1
11	漏电保护器	漏电保护装置	1
12	熔断器	电路的短路保护	2
13	灯泡、荧光灯管、节能灯	照明	1
14	导线	连接电路	1

3. 任务原理、说明、内容及步骤

根据要求，自行设计照明电路，并安装由单相电能表、漏电保护器、熔断器、荧光灯、白炽灯、节能灯、若干开关和插座等元器件组成的照明电路。要求走线规范，布局美观、合理，电路可以正常工作，并能排除常见的照明电路故障。

(1) 室内布线的工艺步骤

① 按设计图样确定灯具、插座、开关、配电箱等装置的位置。

② 确定导线敷设的路径，穿越墙壁或楼板的位置。

③ 在土建未涂灰之前，打好布线所需的孔眼，预埋好螺钉、螺栓或木榫。暗敷线路，还要预埋接线盒、开关盒及插座盒等。

④ 装设绝缘支撑物、线夹或管卡。

⑤ 进行导线敷设、导线连接、分支或封端。

⑥ 将出线接头与电器装置或设备连接。

（2）插座安装训练。插座的安装工艺要点及注意事项如下。

① 两孔插座在水平排列安装时，应零线接左孔，相线接右孔，即左零右火；垂直排列安装时，应零线接上孔，相线接下孔，即上零下火。三孔插座安装时，下方两孔接电源线，零线接左孔，相线接右孔，上面大孔接保护接地线。

② 插座的安装高度，一般应与地面保持 14m 的垂直距离，特殊需要时可以低装，离地高度不得低于 0.15m，且应采用安全插座。

另外在接线时也可根据插座后面的标识，L 端接相线，N 端接零线，E 端接地线。

注意：根据标准规定，相线（火线）是红色线，零线（中性线）是黑色线，接地线是黄绿双色线。

（3）漏电保护器的安装训练。漏电保护器对电气设备的漏电电流极为敏感。当人体接触了漏电的用电器时，产生的漏电电流只要达到 10～30mA，就能使漏电保护器在极短的时间（如 0.1s）内跳闸，切断电源，有效地防止了触电事故的发生。漏电保护器还有断路器的功能，它可以在交、直流低压电路中手动或电动分合电路。漏电保护器在三相四线制中的应用如图 4.5.1 所示。

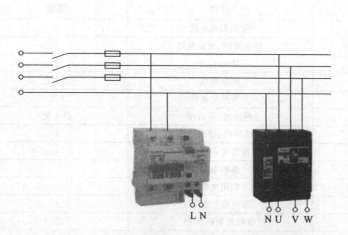

图 4.5.1　漏电保护器在三相四线制中的应用

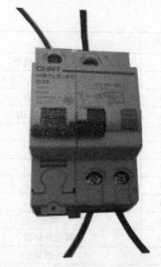

图 4.5.2　漏电保护器的接线

1）漏电保护器的接线（图 4.5.2）。电源进线必须接在漏电保护器的正上方，即外壳上标有"电源"或"进线"端；出线均接在下方，即标有"负载"或"出线"端。倘若把进线、出线接反了，将会导致保护器动作后烧毁线圈或影响保护器的接通、分断能力。漏电保护器的符号如图 4.5.3 所示。

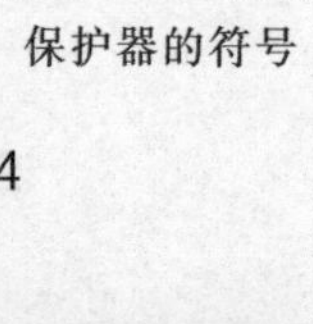

图 4.5.3　漏电保护器的符号

2）漏电保护器的安装

① 漏电保护器应安装在进户线截面较小的配电盘上或照明配电箱内（图 4.5.4），安装在电度表之后，熔断器之前。

204

② 所有照明线路导线（包括中性线在内），均必须通过漏电保护器，且中性线必须与地绝缘。

③ 应垂直安装，倾斜度不得超过 5°。

④ 安装漏电保护器后，不能拆除单相闸刀开关或熔断器等。这样一是维修设备时有个明显的断开点；二是刀闸或熔断器起着短路或过负荷保护作用。

图 4.5.4　配电盘上的漏电保护器

3) 注意事项

① 装接时，分清漏电保护器进线端和出线端，不得接反。

② 安装时，必须严格区分中性线和保护线，四极式漏电保护器的中性线应接入漏电保护器。经过漏电保护器的中性线不得作为保护线，不得重复接地或接设备外露的导电部分，保护线不得接入漏电保护器。

③ 漏电保护器中的继电器接地点和接地体应与设备的接地点和接地体分开，否则漏电保护器不能起保护作用。

④ 安装漏电保护器后，被保护设备的金属外壳仍应采用保护接地和保护接零。

⑤ 不得将漏电保护器当作闸刀使用。

（4）熔断器的安装。低压熔断器广泛用于低压供配电系统和控制系统中，主要用作电路的短路保护，有时也可用于过负载保护。常用的熔断器有瓷插式、螺旋式、无填料封闭式和有填料封闭式。使用时串联在被保护的电路中，当电路发生短路故障，通过熔断器的电流达到或超过某一规定值时，熔断器以其自身产生的热量使熔体熔断，从而自动分断电路，起到保护作用。

熔断器的安装要点：

① 安装熔断器时必须在断电情况下操作。

② 安装位置及相互间距应便于更换熔件。

③ 应垂直安装，并应能防止电弧飞溅在邻近带电体上。

④ 螺旋式熔断器在接线时，为了更换熔断管时安全，下接线端应接电源，而连接螺口的上接线端应接负载。

⑤ 瓷插式熔断器安装熔丝时，熔丝应顺着螺钉旋紧方向绕过去，同时注意不要划伤熔丝，也不要把熔丝绷紧，以免减小熔丝截面尺寸或拉断熔丝。

⑥ 有熔断指示的熔管，其指示器方向应装在便于观察侧。

⑦ 更换熔体时应切断电源，并应换上相同额定电流的熔体，不能随意加大熔体。

⑧ 熔断器应安装在线路的各相线（火线）上，在三相四线制的中性线上严禁安装熔断器；单相二线制的中性线上应安装熔断器。

（5）配电板的安装训练（图 4.5.5）

1) 闸刀开关的安装。安装固定闸刀开关时，手柄一定要向上，不能平装，更不能倒装，以防拉闸后，手柄由于重力作用而下落，引起误合闸。

2) 单相电能表的安装要点

① 电能表应安装在箱体内或涂有防潮漆的木制底盘、塑料底盘上。

② 为确保电能表的精度，安装时，表的位置必须与地面保持垂直，其垂直方向的偏移不大于 1°。表箱的下沿离地高度应在 1.7～2m 之间，暗式表箱下沿离地 1.5m 左右。

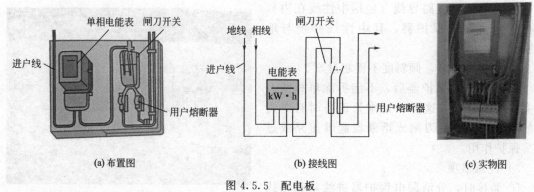

| (a) 布置图 | (b) 接线图 | (c) 实物图 |

图 4.5.5 配电板

③ 单相电能表一般应装在配电盘的左边或上方，而开关应装在右边或下方。与上、下进线间的距离大约为 80mm，与其他仪表左右距离大约为 60mm。

④ 电能表的安装部位，一般应在走廊、门厅、屋檐下，切忌安装在厨房、厕所等潮湿或有腐蚀性气体的地方。现住宅多采用集表箱安装在走廊。

⑤ 电能表的进线出线应使用铜芯绝缘线，线芯截面不得小于 15mm。接线要牢固，但不可焊接，裸露的线头部分不可露出接线盒。

⑥ 由供电部门直接收取电费的电能表，一般由其指定部门验表，然后由验表部门在表头盒上封铅封或塑料封，安装完后，再由供电局直接在接线桩头盖上或计量柜门封上铅封或塑料封。未经允许，不得拆掉铅封。

3）单相电能表的接线。具体接线时应以图 4.5.6 为依据。

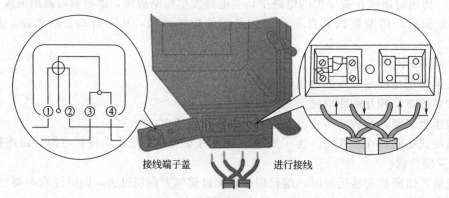

接线端子盖   进行接线

图 4.5.6 单相电能表的接线方法

单相电能表接线盒里共有四个接线桩，从左至右按 1、2、3、4 编号。直接接线方法是按编号 1、3 接进线（1 接相线，3 接零线），2、4 接出线（2 接相线，4 接零线），如图 4.5.6 所示。注意：在具体接线时，应以电能表接线盒盖内侧的线路图为准。

（6）三相电能计量线路（不带互感器）的安装与调试

1）任务要求。按照国家相关标准，进行三相电能计量线路（不带互感器）的安装与调试，实现三相电能的计量功能。要求能正确选用电工工具和仪表，将三相电度表、三相断路器、熔断器、三相插座、用电负载等电器，按照三相计量线路的控制要求和工艺标准，完成其安装与调试。

2）仪器、设备、元器件及材料。万用电表 1 个，通用电工工具一套，塑料线槽板若干，三相电度表，三相断路器，熔断器，三相插座，三相异步电动机，塑料线卡若干，护套线若干等。

3）任务内容及步骤。画出三相电能计量线路（不带互感器）的原理图，如图4.5.7所示。

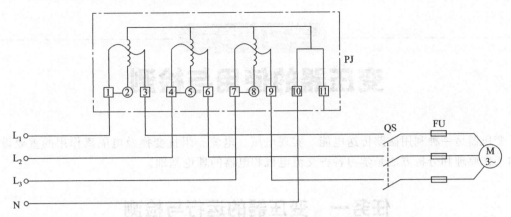

图 4.5.7　三相电能计量线路（不带互感器）的原理图

4. 注意事项

① 实施过程中，必须时刻注意安全用电，严禁带电作业，严格遵守安全操作规程。

② 安装好后必须经实训教师检查后方可通电检测，不能自行通电，防止事故的发生。

四、任务考评

评分标准见表 4.5.3。

表 4.5.3　评分标准

序号	考核内容	考核项目	配分	检测标准	得分
1	用电负荷计算、导线的选择、断路器的选择、照明电路安装要求	掌握用电负荷计算、导线的选择、断路器的选择、照明电路安装要求	20分	不能掌握有关内容扣20分	
2	室内布线	能进行室内布线	20分	布线不正确扣20分	
3	插座安装	能安装插座	10分	插座安装不正确扣10分	
4	漏电保护器的安装	能安装漏电保护器	10分	漏电保护器安装不正确扣10分	
5	熔断器的安装	能安装熔断器	10分	熔断器安装不正确扣10分	
6	配电板的安装	能安装配电板	30分	配电板安装不正确扣30分	
合计			100分		

五、思考与练习

低压配电装置及线路设计规范有哪些？

学习情境五

变压器的使用与检测

变压器是一种利用磁路传送电能，实现电压、电流、阻抗变换及电隔离作用的重要设备，它的工作原理和分析方法是学习各种交流电机和电器的理论基础。

任务一 变压器的运行与检测

一、任务分析

变压器是一种根据电磁感应原理制成的传输电能或信号的静止电气设备，具有变电压、变电流、变阻抗、变相位和隔离的作用。它的种类很多，广泛运用于电力系统中的输、配电领域和电子技术领域、测试技术领域、焊接技术领域等。

电磁关系是运行状态的反映，分析变压器应从电磁关系入手，获取变压器基本方程，进一步分析变压器的特性。

变压器的运行情况包括空载运行、负载运行和运行特性。空载运行是指变压器的一次侧接交流电源，二次侧开路的运行状态。负载运行是指变压器的一次侧接交流电源，二次侧接负载的运行状态。运行特性包括负载运行时二次侧输出电压随负载电流变化的关系以及在负载功率因数不变时，变压器效率随负载电流变化的关系。

1. 知识目标

① 掌握变压器的用途、基本结构、变压比、变流比及变阻抗的计算。

② 理解变压器的额定值、外特性、损耗及效率。

③ 了解小功率电源变压器。

2. 技能目标

① 会检测变压器的运行特性，会验证变压器的变阻抗特性。

② 能准确测出小型变压器的空载电压、空载电流，并根据测量结果准确判断其是否合格。

③ 会正确使用兆欧表测量变压器的绝缘电阻。

④ 会正确使用直流电桥测量变压器低压绕组的直流电阻。

⑤ 会判别单相变压器的同名端。

二、相关知识

1. 变压器的分类与用途

为了满足不同场合的需要，变压器有多种类型，其分类方式也有多种。常见的分类方式及应用见表 5.1.1。最常见的是按用途来分类，可分为电力变压器和特殊变压器两大类。应用于电力系统输配电的变压器称为电力变压器，常见的有升压变压器、降压变压器和配电变压器等。针对某种特殊需要而制造的变压器，称为特殊变压器，如用于仪表测量技术中的仪用互感器；用于局部照明和控制的控制变压器；在焊接设备中使用的电焊变压器；将交流电整流成直

表 5.1.1 变压器的分类方式及应用

分类方式	名称	特点及应用
用途	电力变压器	主要用于输配电系统,容量从几十千伏安到几十万伏安,电压等级从几百伏到几百千伏。如升压变压器、降压变压器、配电变压器等
	特殊变压器	如电炉变压器、电焊变压器、整流变压器等
	仪用变压器	电流互感器、电压互感器等。用于电力系统的测量仪表和继电保护装置
	试验变压器	能产生很高的电压。用于对电气设备进行高压试验
	调压变压器	输出电压可调。如实验室多使用小容量的调压变压器
	控制变压器	用于自动控制系统。如电源变压器、输入输出变压器、脉冲变压器等
绕组数目	双绕组变压器	每相有高、低压两个绕组。用于连接两个电压等级
	三绕组变压器	每相有高压、中压、低压三个绕组。一般用于电力系统区域变电站,连接三个电压等级
	自耦变压器	高、低压共享一个绕组。在高压、低压绕组之间既有磁的耦合,又有电的联系。用于电力系统、实验室
铁芯形式	芯式变压器	铁轭靠着线圈的顶面和底面,但不包含线圈侧面的变压器。用于电力变压器
	壳式变压器	铁轭不仅包含线圈的顶面和底面,而且还包含线圈的侧面的变压器。一般用于小型干式变压器,如大电流的电炉变压器或用于电子设备的电源变压器
相数	单相变压器	用于单相负荷和三相变压器组
	三相变压器	用于三相交流系统的升、降压
冷却方式	干式变压器	变压器的热量散发到空气中,用于互感器和小型变压器
	油浸式变压器	铁芯和绕组装进油箱,并浸入变压器油中。小型配电变压器和中型以上电力变压器

流电的整流电源系统中的整流变压器;用于平滑调节电压的自耦变压器,还有电炉变压器、音频变压器等。

图 5.1.1 所示为几种变压器的实物。

(a) 油浸式电力变压器　　(b) 包封线圈干式变压器　　(c) 音频环形变压器　　(d) 电源变压器

图 5.1.1 几种变压器的实物

上述各种变压器有不同的用途,但其作用都是可以改变交流电压和交流电流、变换阻抗、改变相位以及产生脉冲等。

变压器最主要的用途是在输、配电技术领域。当发电站发出的电能在输送到用户的过程中,通常需用很长的输电线。根据 $P = \sqrt{3}UI\cos\varphi$,在输送功率 P 和负载的功率因数 $\cos\varphi$ 一定时,输电线路上的电压 U 越高,则流过输电线路中的电流 I 就越小。这不仅可以减小输电线的截面积,节约导体材料的消耗,同时还可减小输电线路的功率损耗及电压损失。因此目前世界各国在电能的输送与分配方面都朝建立高电压、大功率的电力网系统方面发展,以便集中输送、统一调度与分配电能。这就促使输电线路的电压由高压（110～220kV）向超高压（330～750kV）和特高压（750kV 以上）不断升级。目前我国高压输电的电压等级有 110kV、220kV、330kV、500kV 及 750kV 等多种。发电机本身由于其结构及所用绝缘材料的限制，不可能直接发出这样的高压，因此在输电时首先必须通过升压变电站，利用变压器将电压升高。高压电能输送到用电区后，为了保证用电安全和合乎用电设备的电压等级要求，还必须通过各级降压变电站，利用变压器将电压降低。例如工厂输电线路，高压为 35kV 及 10kV 等，低压为 380V、220V 等。图 5.1.2 是电力系统的流程示意图。

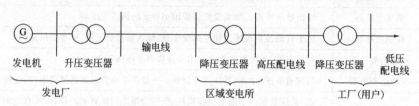

图 5.1.2　电力系统的流程示意图

综上所述可见，变压器是输、配电系统中不可缺少的重要电气设备。从发电厂发出的电压经升压变压器升压，输送到用户区后，再经降压变压器降压供电给用户，中间要经过多次变压器的升降压。根据最近的资料显示，1kW 的发电设备需 8～8.5kV·A 变压器容量与之配套。由此可见，在电力系统中变压器是容量最多最大的电气设备。电能在传输过程中会有能量的损耗，主要是输电线路的损耗及变压器的损耗，它占整个供电容量的 5%～9%，这是一个相当可观的数字。例如我国 2005 年发电设备的总装机容量约为 5 亿千瓦，则输电线路及变压器损耗的部分为 2500 万千瓦～4500 万千瓦，它相当于目前我国 20～40 个装机容量最大的火力发电厂的总和。在这个能量损耗中，变压器的损耗最大，占 60% 左右，因此变压器效率的高低成为输配电系统中一个突出的问题。我国从 20 世纪 70 年代末开始研制高效节能变压器，换代过程为 SJ→S5→S7→S9→S10。目前大批量生产的是 S9 低损耗节能变压器，并要求逐步淘汰原来在使用中的旧型号变压器。据初步估算采用低损耗变压器所需的投资费用可在 4～5 年时间内从节约的电费中回收。因此，变压器对电力系统的经济输送、灵活分配及安全用电有着极其重要的意义。

变压器还有其他用途，如在实验室用自耦变压器改变电源电压，在测量上利用仪用变压器扩大对交流电压、电流的测量范围，在电子设备和仪器中用小功率电源变压器将电网电压转换为所需的各种电压，用耦合变压器传递信号、实现阻抗匹配并隔离电路上的联系等。

变压器虽然大小悬殊，用途各异，但其基本结构和工作原理是相同的。

2. 变压器的基本结构

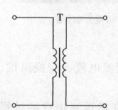

变压器的结构由于它的使用场合、工作要求及制造等原因而有所不同，结构形式多种多样，但其基本结构都相类似，均由铁芯和线圈（或称绕组）组成。其符号如图 5.1.3 所示。

（1）铁芯。变压器铁芯的作用是构成磁路，并作为变压器的机械骨架。为了减小涡流和磁滞损耗，铁芯通常用厚度为 0.35mm 或 0.5mm（要求高的也有用 0.2mm 制成）两面涂有绝缘漆的硅钢片叠装而成，在一些专用的小型变压器中，也有采用铁氧体或坡莫合金替代硅钢片的。

图 5.1.3　图形符号

也有用冷轧硅钢片卷制后切割而成，称为 C 型变压器。为了降低磁路的磁阻，减少励磁电流，在叠片时一般采用交错叠装方式，即将每层硅钢片的接缝错开。图 5.1.4 为几种常见的铁芯形状。要求耦合性能强，铁芯都做成闭合形状，其线圈缠绕在铁芯柱上。对高频范围使用的变压

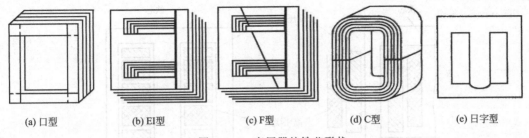

| (a) 口型 | (b) EI型 | (c) F型 | (d) C型 | (e) 日字型 |

图 5.1.4 变压器的铁芯形状

器（数百千赫以上），要求耦合弱一点，绕组就缠绕在"棒形"（不闭合）铁芯上，或制成空心变压器（没有铁芯）。

按线圈套装铁芯的情况不同，变压器一般分为芯式和壳式两种，其结构如图 5.1.5 所示。芯式变压器的铁芯被绕组所包围，而壳式变压器的铁芯则包围绕组。芯式变压器线圈缠绕在每个铁芯柱上，它的用铁量比较少，结构较简单，绕组的装配和绝缘都比较方便，故其铁芯截面是均匀的，多用于容量较大的变压器。电力变压器多采用芯式铁芯结构。壳式变压器在中间铁芯柱上安置绕组，具有分支的磁路，铁芯把绕组包围在中间，故不要专门的变压器外壳，它的用铁量比较多，制造工艺较复杂，常用于小容量的变压器，如各种电子设备和仪器中的变压器多采用壳式结构。还有一种卷制式 C 型变压器，生产效率高，质量好，是今后的发展方向。

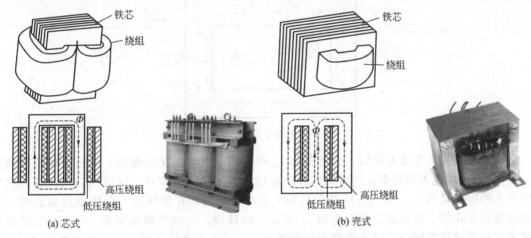

图 5.1.5 变压器的铁芯结构及实物图

（2）绕组。绕组构成变压器的电路部分，为降低电阻值，多用导电性能良好的彼此绝缘的铜线或铝线缠绕而成。一般小容量的变压器的绕组用高强度的漆包圆铜线绕成，大容量的变压器可用绝缘扁铜线或铝线制成。变压器一般有两个或两个以上的绕组，接电源的绕组称为一次绕组，接负载的绕组称为二次绕组。变压器在工作时电压高的绕组叫高压绕组，其导线直径较细，匝数则较多；而电压低的绕组叫低压绕组，其导线直径较粗，匝数较少。根据高压绕组和低压绕组的相对位置，变压器绕组可分为同心式绕组和交叠式绕组两种形式，如图 5.1.6 所示。电力变压器的高、低压绕组多做成圆筒形，同心地套在铁芯柱上，绕组之间及绕组与铁芯间都隔有绝缘材料。同心式绕组的低压绕组在里面，高压绕组在外面，这样排列可降低绕组对铁芯的绝缘要求。

变压器在工作时铁芯和绕组都会发热，小容量变压器采用自冷式，即将其放置在空气中自然冷却；中容量电力变压器采用油冷式，即将其放置在有散热管（片）的油箱中；大容量变压器还要用油泵使冷却液在油箱与散热管（片）中作强制循环。

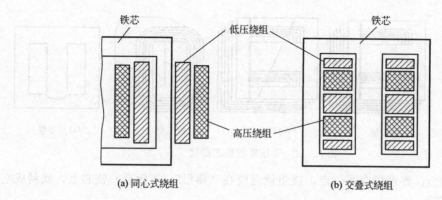

图 5.1.6　绕组形式

3. 变压器的工作原理

图 5.1.7 为单相变压器的原理示意图，为了分析问题方便起见将互相绝缘的两个绕组分别画在两个铁芯柱上。和电源相连的绕组称一次绕组（又称初级绕组、原绕组），与其有关的各量的符号均标有下标"1"，如 e_1、E_1、u_1、U_1、i_1、I_1 等。和用电设备相连接的绕组称二次绕组（或次级绕组、副绕组），与其有关的各量的符号均标有下标"2"。它们的匝数分别为 N_1 和 N_2。

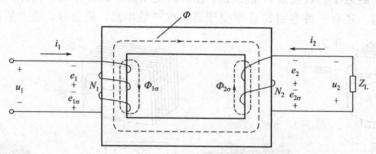

图 5.1.7　单相变压器原理示意图（负载运行）

当一次绕组接上交流电源后，交变电流 i_1 即在铁芯中产生交变磁场，由一次线圈磁通势 $N_1 i_1$ 产生的磁通绝大部分都在闭合的铁芯中通过，由于磁感线穿过二次绕组，从而在二次绕组中产生感应电动势 e_2，所以变压器是利用电磁感应原理，将能量从一个绕组传输到另一个绕组而进行工作的。接负载后便有电流 i_2 流过二次线圈，二次线圈磁通势 $N_2 i_2$ 产生的磁通也绝大部分通过铁芯闭合，因此铁芯中的磁通由一、二次磁通势共同产生，这个磁通称为主磁通 Φ。由于主磁通既交链于一次线圈，又交链于二次线圈，因此分别在两个线圈中感应出电动势 e_1 和 e_2。此外，这两个磁通势又分别产生只交链于本线圈的漏磁通 $\Phi_{1\sigma}$ 和 $\Phi_{2\sigma}$，从而在各自线圈中分别感应出漏感电动势 $e_{1\sigma}$ 和 $e_{2\sigma}$，它们间的电磁关系如图 5.1.8 所示。

（1）变电压。若变压器一次绕组接交流电压 u_1，而二次绕组开路（$i_2 = 0$，电压为开路电压 u_{20}），称为变压器的空载运行，如图 5.1.9 所示。在 u_1 的作用下，原绕组有电流 $i_1 = i_{10}$ 通

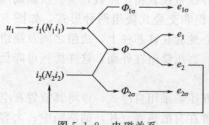

图 5.1.8　电磁关系

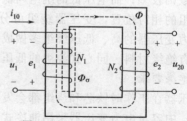

图 5.1.9　变压器的空载运行

过，这个电流称为空载电流，或励磁电流。各量的方向按习惯参考方向选取。N_1 为一次绕组的匝数，N_2 为二次绕组的匝数。

由于二次侧开路，这时变压器的一次侧电路相当于一个交流铁芯线圈电路。磁动势 $N_1 i_{10}$ 将在铁芯中产生同时交链着原、副绕组的主磁通 Φ，以及只和本身绕组相交链的漏磁通 Φ_σ，因 Φ_σ 比 Φ 在数量上小得多，故在分析计算时，常忽略不计。根据电磁感应原理，原副线圈中产生同频率的感应电动势 e_1 和 e_2，当 e_1、e_2 与 Φ 的参考方向之间符合右手螺旋定则（见图 5.1.9）时，由法拉第电磁感应定律可得

$$e_1 = -N_1 \frac{\mathrm{d}\Phi}{\mathrm{d}t} \tag{5.1.1}$$

$$e_2 = -N_2 \frac{\mathrm{d}\Phi}{\mathrm{d}t} \tag{5.1.2}$$

用基尔霍夫电压定律，对变压器一次电路列出回路电压方程，即

$$\dot{U}_1 = -\dot{E}_1 + R_1 \dot{I}_1 + \mathrm{j}X_{1\sigma} \dot{I}_1 \tag{5.1.3}$$

由于一次线圈电阻 R_1 和漏阻抗 $X_{1\sigma}$ 很小，因而其漏阻抗压降也很小，相对于主电动势 E_1 可忽略不计，于是

$$U_1 \approx E_1 \tag{5.1.4}$$

用同样的方法可列出变压器二次电路的电动势方程

$$\dot{U}_2 = \dot{E}_2 - R_2 \dot{I}_2 - \mathrm{j}X_{2\sigma} \dot{I}_2 \tag{5.1.5}$$

式中，R_2 和 $X_{2\sigma} = 2\pi f L_{2\sigma}$ 分别为二次线圈的电阻和漏感抗。

由于变压器空载，$I_2 = 0$，则

$$U_{20} = E_2 \tag{5.1.6}$$

式中，U_{20} 为变压器空载时二次线圈端电压。

根据式 $E = \dfrac{E_m}{\sqrt{2}} = \dfrac{2\pi f N \Phi_m}{\sqrt{2}} = 4.44 f N \Phi_m$

得到

$$U_1 \approx E_1 = 4.44 f N_1 \Phi_m \tag{5.1.7}$$

$$U_{20} = E_2 = 4.44 f N_2 \Phi_m \tag{5.1.8}$$

式中，f 为交流电源的频率；Φ_m 是主磁通的幅值。由此可以推出变压器的电压变换关系为

$$\frac{U_1}{U_{20}} \approx \frac{E_1}{E_2} = \frac{N_1}{N_2} = K \tag{5.1.9}$$

由式（5.1.9）可见，变压器空载运行时，一、二次绕组上电压的比值等于两者的匝数比，这个比值 K 称为变压器的变压比或变比，这是变压器中最重要的参数之一。当一、二次绕组匝数不同时，变压器就可以把某一数值的交流电压变换为同频率的另一数值的电压，这就是变压器的电压变换作用。当一次绕组匝数 N_1 比二次绕组匝数 N_2 多时，$K > 1$，这种变压器称为降压变压器；反之，若 $N_1 < N_2$，$K < 1$，则为升压变压器。

【例 5.1.1】某单相变压器接到电压 $U_1 = 220\text{V}$ 的电源上，已知副边空载电压 $U_{20} = 11\text{V}$，副绕组匝数 $N_2 = 100$ 匝，求变压比 K 及 N_1。

解：
$$K = \frac{U_1}{U_{20}} = \frac{220}{11} = 20$$

$$N_1 = K N_2 = 20 \times 100 = 2000（\text{匝}）$$

【例 5.1.2】已知某变压器铁芯截面积为 150cm^2，铁芯中磁感应强度的最大值不能超过

1.2 T，若要用它把 6000V 工频交流电变换为 230V 的同频率交流电，则应配多少匝数的一次绕组？

解： 铁芯中磁通的最大值

$$\Phi_m = B_m S = 1.2 \times 150 \times 10^{-4} \text{Wb} = 0.018 \text{Wb}$$

一次绕组的匝数应为

$$N_1 = \frac{U_1}{4.44 f \Phi_m} = \frac{6000}{4.44 \times 50 \times 0.018} = 1502$$

（2）变电流。变压器一次绕组接额定电压，二次绕组则与负载 Z_L 相连的运行状态称变压器的负载运行。如图 5.1.7 所示。图中各量的参考方向各为相关联的参考方向。

在二次绕组感应电动势 e_2 的作用下，将产生二次绕组电流 i_2。因此一次绕组中的电流也由空载电流 i_{10} 增大为负载电流 i_1。二次侧的电流 i_2 越大，一次侧的电流也越大。因为二次绕组有了电流 i_2 时，二次侧的磁通势 $N_2 i_2$ 也要在铁芯中产生磁通，即铁芯中的主磁通由磁动势 $N_1 \dot{I}_1 + N_2 \dot{I}_2$ 决定。忽略直流电阻和漏磁通的影响，则由式（5.1.7）可以看出，当电源频率 f 及一次线圈匝数 N_1 一定时，变压器主磁通的大小主要由电源电压 U_1 决定，而与负载大小无关。只要外加电压 U_1 一定时，不论空载或有载，铁芯中的主磁通 Φ_m 基本不变 $\left(\Phi_m = \frac{U_1}{4.44 f N_1} \right)$，所以磁动势应近似相等，即

$$N_1 \dot{I}_1 + N_2 \dot{I}_2 = N_1 \dot{I}_0 \tag{5.1.10}$$

式（5.1.10）称为磁动势平衡方程式，改写成

$$\dot{I}_1 + \frac{N_2}{N_1} \dot{I}_2 = \dot{I}_0 \tag{5.1.11}$$

变压器空载电流主要用来励磁。由于铁芯的磁导率 μ 很大，故空载电流 I_0 很小，一般不到额定电流的 10%，可忽略不计，则

$$\dot{I}_1 \approx -\frac{N_2}{N_1} \dot{I}_2 \tag{5.1.12}$$

由上式可知，$\dot{I}_1$ 与 $\dot{I}_2$ 的相位相反。一、二次绕组的磁通势方向相反，即二次侧电流 $\dot{I}_2$ 对一次侧电流 $\dot{I}_1$ 产生的磁通有去磁作用。因此，当负载阻抗减小，二次侧电流 $\dot{I}_2$ 增大时，$N_2 \dot{I}_2$ 随之增大，铁芯中的主磁通将减小，为保持主磁通基本不变，一次侧必须产生这样一个电流，由它产生的磁通来抵消二次电流和磁通势对主磁通的影响，于是一次侧电流 $\dot{I}_1$ 必然增加。一次侧电流 $\dot{I}_1$ 实质上由两部分组成，一部分用来产生主磁通，另一部分用来抵消二次磁通势的影响。前者大小不变（因主磁通大小不变），而后者随二次电流的增减而增减。所以，无论负载怎样变化，一次侧电流 $\dot{I}_1$ 总能按比例自动调节，以适应负载电流的变化。它们的数值关系为

$$\frac{I_1}{I_2} \approx \frac{N_2}{N_1} = \frac{1}{K} \tag{5.1.13}$$

式（5.1.13）表明，变压器一、二次绕组中的电流与一、二次绕组的匝数成反比，即变压器也有变换电流的作用，且电流的大小与匝数成反比。变压器的高压绕组匝数多，通过的电流则小，因此绕组所用的导线细；反之低压绕组匝数少，通过的电流大，所用的导线较粗。

变压器一、二次线圈之间虽无电的联系，但它们间有着磁的耦合，由此实现了能量的传

递。从能量转换的角度来看，二次绕组接上负载后，二次侧电路出现电流，说明二次绕组向负载输出电能，这些电能只能由一次绕组从电源吸取，然后通过主磁通传递到二次绕组。二次绕组负载输出的电能越多，一次绕组向电源吸取的电能也越多。因此，二次侧电流变化时，一次侧电流也会相应地变化。

【例 5.1.3】　有一台降压变压器，一次绕组电压为 220V，二次绕组电压为 110V，一次绕组为 2200 匝。若二次绕组接入阻抗为 10Ω 的阻抗，问一次、二次绕组中电流各为多少？

解：二次绕组电流为

$$I_2 = \frac{U_2}{|Z_L|} = \frac{110}{10}A = 11A$$

根据式（5.1.13）可得一次绕组电流为

$$I_1 = \frac{N_2}{N_1}I_2 = \frac{1100}{2200} \times 11A = 5.5A$$

（3）变阻抗。变压器不仅具有变换电压和变换电流的作用，它还具有阻抗变换的作用。原绕组的电流 I_1 会随着副绕组的负载阻抗 Z_L 的大小而变化，若 $|Z_L|$ 减小，则 $I_2 = U_2/|Z_L|$ 增大，$I_1 = I_2/K$ 也增大。因此，从原边电路看变压器，可以设想原边电路存在一个等效阻抗 Z_L'，它能反映副边负载阻抗的大小发生变化对原绕组电流 I_1 的作用。在图 5.1.10(a)中，负载阻抗 Z_L 接在变压器的副边，而图中点画线框中部分的总阻抗可用图 5.1.10(b) 中的等效阻抗 Z_L' 来表示。所谓等效，就是它们从电源吸取的电流和功率相等。

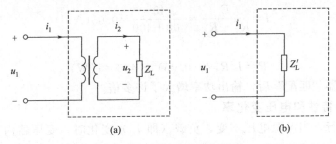

图 5.1.10　变压器的阻抗变换

$$\frac{U_2}{I_2} = |Z_L| \tag{5.1.14}$$

$$\frac{U_1}{I_1} = |Z_L'| \tag{5.1.15}$$

两式相比，得

$$\frac{|Z_L'|}{|Z_L|} = \frac{U_1}{U_2} \times \frac{I_2}{I_1} = K^2 \tag{5.1.16}$$

式（5.1.16）说明，在变比为 K 的变压器副边接阻抗为 $|Z_L|$ 的负载，相当于在电源上直接接一个阻抗 $|Z_L'| = K^2|Z_L|$。也可以说变压器把负载阻抗 Z_L 变换为 $|Z_L'|$。通过选择合适的变比 K，可把实际负载阻抗变换为所需的数值，这就是变压器的阻抗变换作用。

可以采用适当的匝数比，使变换后的阻抗等于电源的内阻，称为阻抗匹配。这时负载上可获得最大功率。

在电子电路中，为了获得较大的功率输出往往对输出电路的输出阻抗与所接的负载阻抗之间有一定的要求。例如对音响设备来讲，为了能在扬声器中获得最好的音响效果（获得最大的功率输出），要求音响设备输出的阻抗与扬声器的负载阻抗尽量相等。但在实际中扬声器的负载阻抗往往只有几欧到十几欧，而音响设备等信号的输出阻抗很大，一般在几百欧、几千欧以上，为此通常在两者之间加接一个变压器（称输出变压器、线间变压器）来达到阻抗匹配的目的。

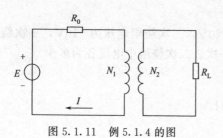

图 5.1.11　例 5.1.4 的图

【例 5.1.4】　交流信号源电动势 $E=40\text{V}$，内阻 $R_0=400\Omega$，负载电阻 $R_L=4\Omega$。求：（1）负载直接接在信号源上，信号源的输出功率；（2）接入输出变压器，电路如图 5.1.11 所示，要使折算到原边的等效电阻为 400Ω，求变压器的变比及信号源的输出功率。

解：（1）负载直接接到信号源上，信号源输出的电流为

$$I=\frac{E}{R_0+R_L}=\frac{40}{400+4}=0.099(\text{A})$$

输出功率为

$$P=I^2R_L=0.099^2\times4=0.0392(\text{W})$$

（2）当 $R_L'=R_0$，输出变压器的变比为

$$K=\sqrt{\frac{R_L'}{R_L}}=\sqrt{\frac{400}{4}}=10$$

输出电流为

$$I=\frac{E}{R_L'+R_0}=\frac{40}{400+400}=0.05(\text{A})$$

输出功率为

$$P=I^2R_L'=(0.05)^2\times400=1(\text{W})$$

可见，经变压器"匹配"后，输出功率增大了许多倍。

4. 变压器的外特性和电压变化率

变压器负载运行，当电源电压不变，负载（即 I_2）变化时，变压器内部的损耗也将发生变化。由于一次、二次线圈漏阻抗压降的结果，使变压器二次端电压 U_2 发生了变化，其变化情况与负载大小和性质有关。因为变压器传递的是交流性质的电能，所以对外特性进行描述时，需要规定负载的功率因数。当电源电压 U_1 及负载功率因数 $\cos\varphi_2$ 为常数时，输出电压 U_2 与负载电流 I_2 的变化关系 $U_2=f(I_2)$ 称为变压器的外特性，它反映了当变压器负载功率因数（$\cos\varphi_2$）一定时，二次端电压随负载电流变化的情况，如图 5.1.12 曲线所示。

图 5.1.12 表明，当负载为电阻性和电感性时，变压器的外特性曲线是一条沿水平轴稍为下降的曲线，U_2 随 I_2 的增大而下降，且感性负载的功率因数越低，U_2 下降得越快；对容性负载，U_2 随 I_2 的增大而上升。表明，变压器的外特性不仅取决于变压器本身的阻抗，还与负载的功率因数有关。

为反映电压波动（变化）的程度，用电压变化率 $\Delta U\%$ 来表示，变压器的电压变化率是指变压器从空载到满载，二次侧电压 U_2 的变化量与空载时二次侧电压 U_{20} 的比值，即

$$\Delta U\%=\frac{U_{20}-U_2}{U_{20}}\times100\%\quad(5.1.17)$$

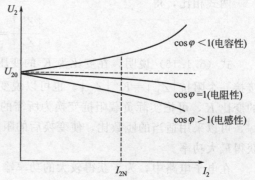

图 5.1.12　变压器的外特性曲线

U_{20} 为副绕组空载时的电压（称为额定电压）；U_2 为当负载为额定负载（即电流为额定电流）时副绕组的电压。电压变化率反映了供电电压的稳定性，是变压器的一个重要性能指标，直接影响到供电质量。电压变化率越小，变压器的稳定性越好。一般来说容量大的变压器漏阻抗很小，电压变化率较小，电力变压器的电压变化率一般在 5% 左右，而小型变压器的电压变化率可达 20%。为提高供电电压的稳定性，保证供电质量，应设法提高负载的功率因数。我国电力技术规程规定，35kV 及以上电压允许偏差为 ±5%，10kV 及以下三相供电电压允许偏差为 ±7%，220V 单相供电电压允许偏差为 −10%～5%。

5. 变压器的损耗与效率

当副绕组接负载后，在电压 U_2 的作用下，负载有电流通过，负载吸收功率。负载吸收的有功功率为

$$P_2 = U_2 I_2 \cos\varphi_2 \tag{5.1.18}$$

$\cos\varphi_2$ 为负载的功率因数。这时原绕组从电源吸收的有功功率为

$$P_1 = U_1 I_1 \cos\varphi_1 \tag{5.1.19}$$

φ_1 是 U_1 与 I_1 的相位差。

变压器在传输电能的过程中，变压器从电源得到的有功功率不会全部由负载吸收，一、二次绕组和铁芯都要消耗一部分功率，即绕组上的铜损 ΔP_{Cu} 和铁芯中的铁损 ΔP_{Fe}，这些损耗均变为热量，使变压器温度升高。所以输出功率将略小于输入功率。根据能量守恒定律

$$P_1 = P_2 + \Delta P_{\mathrm{Cu}} + \Delta P_{\mathrm{Fe}} \tag{5.1.20}$$

输出功率 P_2 与输入功率 P_1 之比称为变压器的效率，通常用百分数表示，即

$$\eta = \frac{P_2}{P_1} \times 100\% = \frac{P_2}{P_2 + \Delta P} \times 100\% = \frac{P_2}{P_2 + P_{\mathrm{Cu}} + P_{\mathrm{Fe}}} \times 100\% \tag{5.1.21}$$

由式（5.1.21）可知，变压器的效率与负载有关。空载时，$P_2 = 0$，但 $\Delta P_{\mathrm{Cu}} \neq 0$，$\Delta P_{\mathrm{Fe}} \neq 0$，故 $\eta = 0$。随着负载的增大，开始时 η 也增大，但后来因铜损增加得很快（铜损与电流平方成正比，铁损因主磁通基本不变也保持基本不变），η 反而有所减小。经分析，当变压器的铜损耗和铁损耗相等时，变压器的负载为满载的 70% 左右时出现 η 的最大值。变压器效率 η 与负载电流 I_2 的关系如图 5.1.13 所示。由于变压器是静止电机，相对来说其损耗较小，在额定负载时，变压器的效率一般都较高，小型变压器的效率为 60%～90%，大型电力变压器的效率可达 96%～99%，且变压器容量越大效率越高。但轻载的效率都

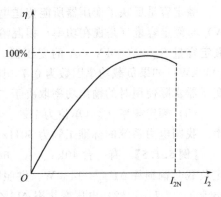

图 5.1.13　变压器效率与负载电流的关系

很低。因此为了变压器能经济运行，应合理选用变压器的容量，避免长期轻载运行或空载运行。

降低变压器本身的损耗，提高其效率是供电系统中一个极为重要的课题。世界各国都在大力研究高效节能变压器，其主要途径一是采用低损耗的冷轧硅钢片来制作铁芯，二是减小铜损耗，如果能用超导材料来制作变压器绕组，则可使其电阻为零，铜损耗也就不存在了。世界上许多国家正在致力于该项研究，目前已有 330kV·A 单相超导变压器问世，其体积比普通变压器小 70% 左右，损耗降低 50%。

6. 变压器的额定值

运行人员运行的依据是铭牌上的额定值。额定值是制造厂根据设计或试验数据，对变压器

正常运行状态所作的规定值。要正确使用变压器，必须首先搞清楚变压器的有关技术数据。

（1）型号。由字母和数字组成，字母表示的意义为：S 表示三相，D 表示单相，K 表示防爆，F 表示油浸风冷等。例如 S9-500/10。S9 表示三相变压器系列，它是我国统一设计的高效节能变压器。500 表示容量，单位为千伏安（kV·A），10 表示高压侧的电压，单位为千伏（kV）。

（2）额定电压 U_{1N}、U_{2N}（单位为 V 或 kV）。原绕组的额定电压是指变压器在长时间运行的情况下，根据变压器的绝缘强度和容许温升所规定的应加在一次绕组上的正常工作电压有效值，用符号 U_{1N} 表示。也指制造厂规定的加到一次侧额定分接头上的电压。副绕组的额定电压是指变压器空载，原绕组加上额定电压 U_{1N} 时，副绕组两端的电压有效值，用 U_{2N} 表示。在仪器仪表中通常是指变压器一次侧施加额定电压，二次侧接额定负载时的输出电压有效值。三相变压器额定电压一律指线电压。例如 $10000\pm5\%/400V$，其中 $10000\pm5\%$ 表示一次绕组额定电压为 10000V，并允许在 $\pm5\%$ 范围内变动，二次绕组电压为 400V。

（3）额定电流 I_{1N}、I_{2N}（单位为 A）。额定电流是指变压器在额定运行情况下，根据容许温升所规定的一、二次绕组允许通过的最大电流有效值，用 I_{1N} 和 I_{2N} 表示。也指根据变压器的额定容量和额定电压计算出来的电流值。三相变压器额定电流一律指线电流。

（4）额定容量 S_N（单位为 V·A 或 kV·A）。额定容量是指在额定运行状态下变压器副绕组输出的额定视在功率，用符号 S_N 表示。它等于变压器二次线圈的额定电压和额定电流的乘积。

单相变压器

$$S_N = U_{2N} I_{2N} \approx U_{1N} I_{1N} \qquad (5.1.22)$$

当变压器有多个二次线圈时，它的额定容量应为所有二次线圈视在功率之和

$$S_N = \sum (U_{2N} I_{2N}) \qquad (5.1.23)$$

额定容量反映了变压器所能传送电功率的能力，但不要把变压器的实际输出功率（单位是W）与额定容量（是视在功率）相混淆，因输出功率的大小还与负载功率因数有关。例如一台额定容量 $S_N = 1000kV\cdot A$ 的变压器，如果负载功率因数为 1，它能输出的最大有功功率为 1000kW；如果负载功率因数为 0.7，则它能输出的最大有功功率 $P = 1000\times0.7kW = 700kW$。变压器实际使用时的输出功率取决于二次侧负载的大小和性质。

（5）额定频率 f_N（单位为 Hz）。额定频率是指变压器额定运行时，原绕组外加电压的频率。我国电力系统的标准工频为 50Hz。

【例 5.1.5】 有一台 40kV·A、6400/230V 的单相变压器，测得铁损耗 $\Delta P_{Fe} = 450W$，额定负载时铜损耗 $\Delta P_{Cu} = 1430W$，供照明负载用电，满载时副绕组电压为 220V。求：（1）额定电流 I_{1N}、I_{2N}；（2）电压变化率 $\Delta U\%$；（3）额定负载时的效率 η。

解：（1）根据 $S_N = U_{2N} I_{2N}$ 得

$$I_{2N} = \frac{S_N}{U_{2N}} = \frac{40\times10^3}{230} A = 173.9A$$

$$I_{1N} = \frac{I_{2N}}{K} = I_{2N} \frac{U_{2N}}{U_{1N}} = 173.9\times\frac{230}{6400} A = 6.25A$$

（2） $$\Delta U\% = \frac{U_{20}-U_2}{U_{20}}\times100\% = \frac{230-220}{230}\times100\% \approx 4.3\%$$

（3） $$P_2 = I_{2N} U_{2N} \cos\varphi_2 = 173.9\times230W = 40000W$$

$$\eta = \frac{P_2}{P_1}\times100\% = \frac{P_2}{P_2+P_{Cu}+P_{Fe}}\times100\%$$

$$=\frac{40000}{40000+450+1430}\times100\%\approx95.5\%$$

7. 小功率电源变压器

在各种仪器设备中提供所需电源电压的变压器，一般容量和体积都很小，称为小功率电源变压器。为了满足不同部件的需要，这种变压器常含有多个二次绕组，可从二次侧获得多个不同的电压。如图 5.1.14 所示为具有三个二次绕组的小功率电源变压器。

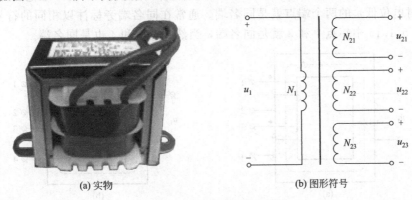

(a) 实物　　　　　　　　　　　　(b) 图形符号

图 5.1.14　小功率电源变压器

在这种多绕组的变压器中，各绕组所环链的主磁通都是相同的，因此各绕组之间的变压比仍等于各匝数之比。设一次绕组的匝数为 N_1，三个二次绕组的匝数分别为 N_{21}、N_{22}、N_{23}，一次侧接电源电压 u_1，则三个二次绕组的电压分别是

$$\left.\begin{aligned}U_{21}&\approx\frac{N_{21}}{N_1}U_1\\[4pt]U_{22}&\approx\frac{N_{22}}{N_1}U_1\\[4pt]U_{23}&\approx\frac{N_{23}}{N_1}U_1\end{aligned}\right\}\tag{5.1.24}$$

当各二次绕组分别接入负载阻抗 $|Z_1|$、$|Z_2|$、$|Z_3|$ 后，二次侧电流分别为

$$\left.\begin{aligned}I_{21}&=\frac{U_{21}}{|Z_1|}\\[4pt]I_{22}&=\frac{U_{22}}{|Z_2|}\\[4pt]I_{23}&=\frac{U_{23}}{|Z_3|}\end{aligned}\right\}\tag{5.1.25}$$

与双绕组变压器一样，当电源电压和频率不变时，铁芯中的主磁通最大值应保持基本不变，故磁通势也应保持基本不变，即

$$\dot{I}_1N_1+\dot{I}_{21}N_{21}+\dot{I}_{22}N_{22}+\dot{I}_{23}N_{23}\approx\dot{I}_{10}N_1$$

若忽略空载电流 I_{10}，则负载时一次侧电流为

$$\dot{I}_1\approx-\left(\frac{N_{21}}{N_1}\dot{I}_{21}+\frac{N_{22}}{N_1}\dot{I}_{22}+\frac{N_{23}}{N_1}\dot{I}_{23}\right)\tag{5.1.26}$$

即一次侧的电流由各二次侧电流决定，故一次侧向电源吸取的功率也取决于二次侧各负载消耗的功率。

　　小功率电源变压器在使用中有时需要把绕组串联起来以提高电压，或把绕组并联起来以增大电流。在连接时必须认清绕组的同极性端，否则不仅达不到预期目的，反而可能烧坏变压器。

　　同极性端又称同名端，是指变压器各绕组电位瞬时极性相同的端点。以图 5.1.15(a) 为例，它有两个二次绕组，由主磁通把它们与一次绕组联系在一起。当主磁通交变时，每个绕组中都要产生感应电动势。任一瞬时这两个二次绕组都是一端电位高，另一端电位低，这同时电位高（或同时电位低）的两个端点就是同名端。通常在同名端旁标注以相同的符号，如"•"或"*"。图 5.1.15 中端点 1 和 3 就是同名端，当然端点 2 和 4 也是同名端。

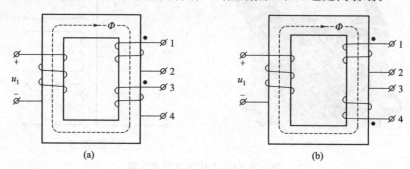

图 5.1.15　变压器的同极性端

　　同名端与绕组的绕向有关，如图 5.1.15(b) 所示，一个绕组改变了绕向，端点 1 和 3 就不是同名端而是异名端了。

　　正确的串联接法，应把两个绕组的一对异名端连在一起，如把图 5.1.15(a) 中的 2、3 端连在一起，这样在另一对异名端（1、4 端）得到的电压即为两个二次绕组电压之和，若接反，则输出电压会抵消；正确的并联接法，应把两个绕组的两对同名端分别连在一起（还需注意并联绕组的电压必须相等），如把图 5.1.15(a) 中的 1、3 端以及 2、4 端分别相连，这时可向负载提供更大的电流，如接反，则会造成线圈短路以致烧毁变压器。

8. 三相电力变压器的工作原理

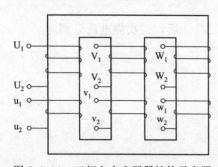

图 5.1.16　三相电力变压器结构示意图

　　三相变压器工作原理与单相变压器相同。三相变压器可以由三台同容量的单相变压器组成，再按需要将一次绕组或二次绕组分别接成星形或三角形连接。三相变压器的另一种结构形式是把三个单相变压器合成一个三铁芯柱的结构形式，称为三相心式变压器，如图 5.1.16 所示，变压器的三相绕组结构完全相同，每相的原绕组和副绕组绕制好后，分别套在各自的铁芯柱上，三相变压器三个高压线圈首端通常用 U_1、V_1、W_1（或 U1、V1、W1）表示，末端用 U_2、V_2、W_2（或 U2、V2、W2）表示；三个低压线圈首端用 u_1、v_1、w_1（或 u1、v1、w1）表示，末端用 u_2、v_2、w_2（或 u2、v2、w2）表示；高、低压线圈中点（若有的话）分别用 N（或 O）和 n（或 o）表示。由于三相一次绕组所加的电压是对称的，因此三相磁通也是对称的，二次侧的电压也是对称的。

　　三相电力变压器的三相线圈星形连接时，高压侧用大写字母 Y 表示，低压侧用小写字母 y 表示。三角形连接时高压侧用大写字母 D（旧型号为△）表示，低压侧用小写字母 d 表示。有中线时加 n。例如，Y，y_{n0} 表示该变压器的高压侧为无中线引出的星形连接，低压侧为有中线引出的星形连接，标号的最后一个数字表示高低压绕组对应的线电压（或线电动势）的相位差为零。根据电力网的线电压及一次绕组额定电压的大小，可以将一次绕组分别接成星形或三角形；根据供电需要，二次绕组也可以接成三相四线制星形或三相三线制三角形。高压线圈接成 Y 形连接比较有利，因这时加在每相线圈上的相电压在数值上只为电网线电压的 $1/\sqrt{3}$ 倍，因此对变压器的绝缘要求降低了。当负载电流很大时，低压侧线圈接成 d 接线较为有利，因为此时流过线圈的相电流在数值上只为电网线电流的 $1/\sqrt{3}$ 倍。在电力系统中，三相电力变压器的常见连接方式是 Y，yn（即 Y/

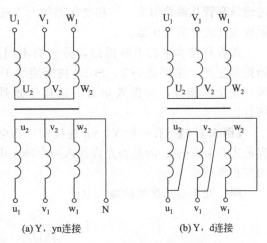

(a) Y，yn连接　　　　(b) Y，d连接

图 5.1.17　三相变压器的两种接法

Y0）、Y，d（即 Y/△）和 YN，d（Y0/△）三种，逗号前（或分子）表示三相高压线圈的连接方式，逗号后（或分母）表示三相低压线圈的连接方式，YN 或 yn 表示 Y 或 y 形连接有中性线引出。图 5.1.17 为 Y，yn 和 Y，d 两种连接的接线情况。Y，yn 连接的三相变压器常用于车间配电变压器，低压侧有中性线引出作三相四线制供电，不仅给用户提供了三相电源，同时还提供了单相电源，供给动力和照明混合负载，其高压侧额定电压不超过 35kV，低压侧电压 400V（单相为 230V），动力负载用 400V 线电压，照明负载用 230V 单相电压。Y，d 连接的三相变压器用于低压侧电压高于 400V、高压侧电压在 35kV 及以下的电路中，主要用在变电站作降压或升压用。YN，d 连接的三相变压器用于 110kV 及以上的高压输电线路中，其高压侧可通过中性点接地。

三相变压器一、二次侧线电压的比值，不仅与匝数比有关，而且与接法有关。设一、二次侧的线电压分别为 U_{L1}、U_{L2}，相电压分别为 U_{p1}、U_{p2}，匝数分别为 N_1、N_2，则作 Y，yn 连接时，有：

$$\frac{U_{L1}}{U_{L2}}=\frac{\sqrt{3}U_{p1}}{\sqrt{3}U_{p2}}=\frac{N_1}{N_2}=K \tag{5.1.27}$$

作 Y，d 连接时，有

$$\frac{U_{L1}}{U_{L2}}=\frac{\sqrt{3}U_{p1}}{U_{p2}}=\sqrt{3}\frac{N_1}{N_2}=\sqrt{3}K \tag{5.1.28}$$

三相电力变压器的额定值含义与单相变压器相同，但三相变压器的额定容量 S_N 是指三相总额定容量，可用下式进行计算：

$$S_N=\sqrt{3}U_{2N}I_{2N}=\sqrt{3}U_{1N}I_{1N} \tag{5.1.29}$$

三相电力变压器的额定电压 U_{1N}/U_{2N} 和额定电流 I_{1N}/I_{2N} 是指线电压和线电流。其中二次侧额定电压 U_{2N} 是指变压器一次侧施加额定电压 U_{1N} 时二次侧的空载电压，即 U_{20}。

由于三相变压器主要用于电力系统进行电能的传输，因此其容量都比较大，电压也比较高。为了铁芯和绕组的散热和绝缘，通常用油浸式结构，即将其置于绝缘的变压器油内，而油则盛放在钢板制成的油箱内，箱壁上装有散热用的油管或散热片，通过油管或散热片将热量散发于大气中。其中波纹式散热器用作变压器油散热。考虑到油会热胀冷缩，在变压器油箱上置一储油柜和油位表，此外还装有一根防爆管，一旦发生故障（例如短路事故），产生大量气体时，高压气体将冲破防爆管前端的塑料薄片而释放，从而避免变压器发生爆炸。高低压引线通过绝缘套管从油箱引出。三相变压器加上高低压绕组的出线瓷套管、散热装置及保护装置等，形成油浸式电力变压器。

随着科技水平的不断提高，另一类不用变压器油的新型三相电力变压器在我国也已开始批量生产，主要是 SC8、SCB9 树脂绝缘干式变压器，采用真空浸渍、H 级绝缘及敞开通风，安全性能好，环保效果好。适用于地铁、船舶等对安全要求极高及湿热通风不良的场合。

【例 5.1.6】 有一台 Y，yn 连接的三相电力变压器，已知额定电压为 10kV/400V，额定容量为 50kV·A。问是否允许接入一台额定电压 400V、额定功率 45kW、额定功率因数 0.87 的三相负载？

解： 变压器二次侧的额定电流

$$I_{2N} = \frac{S_N}{\sqrt{3}U_{2N}} = \frac{50 \times 10^3}{\sqrt{3} \times 400}A = 72.2A$$

负载所需电流

$$I_L = \frac{P_2}{\sqrt{3}U_{2N}\cos\varphi} = \frac{45 \times 10^3}{\sqrt{3} \times 400 \times 0.87}A = 74.7A$$

$I_L > I_{2N}$，已超载，故不允许该负载接入。

三、任务实施

1. 变压器的运行与检测

(1) 任务要求

① 熟悉单相变压器的铭牌数据。

② 会正确使用兆欧表测量变压器的绝缘电阻。

③ 会正确使用直流电桥测量变压器低压绕组的直流电阻。

④ 测定变压器的空载电流，了解变压器的变压比、变流比、阻抗变换。

⑤ 测定变压器的输出特性。

(2) 仪器、设备、元器件及材料。单相变压器（BK500 型 380/200V 500V·A 50Hz）1 台，交流电压表 2 只，交流电流表 1 只，兆欧表 1 块（见图 5.1.18），直流电桥 1 块，钳形电流表 1 块。

图 5.1.18　兆欧表

（3）任务原理与说明。变压器空载时没有输出功率，它从电源获取的功率都消耗在内部，称为空载损耗。空载损耗包括一次绕组电阻上的损耗（铜损耗）和铁芯损耗（磁滞损耗和涡流损耗），其中铁芯损耗占绝大部分。

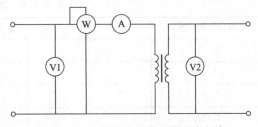

图 5.1.19　单相变压器空载试验电路

空载试验是变压器的基本实验之一。通过空载试验可以测定变压器的电压比、空载电流、铁芯损耗和励磁阻抗等参数。单相变压器的空载试验电路如图 5.1.19 所示。

1）测定电压比 K。当一次侧加额定电压 U_{1N}，则空载时二次侧的电压就是额定电压 $U_{2N}=U_{20}$。此时一次侧电压与二次侧电压的比值就是电压比。

2）测定空载电流和空载损耗。当一次侧电压为额定值时，电流表的读数即是变压器的空载电流。因为二次侧开路，所以二次绕组没有损耗。因空载电流很小，一次绕组的铜耗可忽略，则变压器一次绕组的输入功率可认为是变压器的铁芯损耗。

3）测定励磁阻抗。励磁阻抗为一次电压与空载电流之比。由上述测定数据可求得励磁阻抗为一次侧电压与空载电流的比值。对降压变压器做空载试验时，为了安全以及选择测量仪表方便，一般在低压侧加电压进行，高压侧开路。这时测得的励磁阻抗为折算到低压侧的，要表示为高压侧的，则必须进行归算，即乘以电压比的平方。

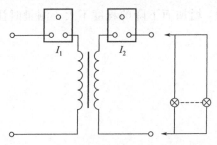

图 5.1.20　变压器空载、负载接线图

（4）任务内容及步骤

① 记录变压器铭牌上的各额定数据（自设表格）。

② 使用兆欧表测量变压器的绝缘电阻（自设表格）。

③ 使用直流电桥测量变压器低压绕组的直流电阻（自设表格）。

④ 变压器空载实训。

按图 5.1.20 接线，不接负载灯箱时，测量原、副边电压及空载电流 I_0，并记入表 5.1.2 中。

表 5.1.2　空载实验

I_0/A	U_1/V	U_{20}/V	$K_L=U_1/U_{20}$

⑤ 变压器负载实训

按图 5.1.21 接线，并接好负载灯箱，根据表 5.1.3 的要求调节负载灯数并测量相应数据，记入表 5.1.3 中。根据表 5.1.3 数据作变压器负载特性曲线 $U_2=f(I_2)$。

⑥ 用自耦调压器将输出电压调到 100V，接入变压器的原边，按图 5.1.21 接线，电阻箱调到某值时，测量原、副边电压、电流，并记入表 5.1.4 中，算出变换到原边的电阻 R_i，与 U_1/I_1 进行比较。

（5）注意事项

① 本实训变压器为降压使用，必须分清原、副绕组，不可接错。

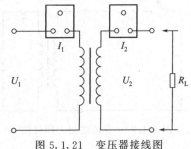

图 5.1.21　变压器接线图

表 5.1.3　变压器负载测试实验

项目负载灯数	3×60W	4×60W	5×60W	6×60W	7×60W	8×60W	9×60W
U_2/V							
I_2/A							
I_{L1}/A							
I_2/I_{L1}							

表 5.1.4　阻抗变换实验

R_L/Ω					
U_1/V					
U_2/V					
$K_L=U_1/U_2$					
I_1/A					
I_2/A					
R_i/Ω					
$(U_1/I_1)/\Omega$					

② 测定变压器外特性时，副边电压 U_2 随负载电流 I_2 增加而下降的程度不大，测量时注意数据准确性。

③ 注意选用仪表量程。

（6）思考题

① 试述变压器空载试验的目的。

② 为什么空载试验可以确定变压器的铁损耗？

2. 同名端的判别

（1）任务要求。正确使用测试仪表；根据指定方法，判别变压器的同名端。

（2）仪器、设备、元器件及材料。单相变压器（BK500 型、380/200V、500V·A、50Hz、100W）1 台，交流电压表 2 只，直流电压表 1 只，单相自耦调压器 1 台，1.5V 干电池 2 节，导线若干。

（3）任务原理与说明。变压器的同极性端（即同名端），是指通过各绕组的磁通发生变化时，在某一瞬间，各绕组上感应电动势或感应电压极性相同的端钮。根据同极端钮，可以正确连接交压器绕组。

同极性端的确定方法如下。

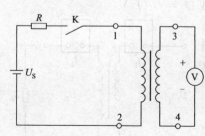

图 5.1.22　直流法测定同极性端

1）直流法。图 5.1.22 是直流法测定同极性端的电路。依据同名端定义以及互感电动势参考方向标注原则来判定。指针式万用表选直流 $50\mu A$ 挡。当开关 K 突然闭合时，若伏特表正向偏转，则右绕组 3 端为正极性端。又因开关 K 闭合时，左绕组的电流是由 1 端流入，电流在增加，由楞次定律可知，1 端是感应电动势的正极性端，所以 1、3 为同极性端。注意测试时人体不要触及变压器端子，防止被电击。采用这种方法，若变压器升压绕组（匝数较多的绕组）接电池，电表应选用最小量程，使指针偏摆幅度较大，以利于观察；若变压器的降压绕组（即匝数较少的绕组）接电池，电表应选用较大量程，以免损坏电表。

接通电源瞬间，指针会向某一个方向偏转，但断开电源时，由于自感作用，指针会向相反方向倒转。如果接通和断开电源的间隔时间太短，很可能只看到断开时指针的偏转方向，而把测量结果搞错。所以接通电源后要等几秒钟再断开电源，也可以多测几次，以保证测量的准确。

说明：单相变压器的高、低压绕组都是绕在同一铁芯柱上的。它们是被同一主磁通所交链，高、低压绕组感应电势的相位关系只能有两种可能，一种是同相，一种是反相（差 180°）。

2）交流法。如图 5.1.23 所示，将两个绕组的 2、4 端串联后，1、3 之间接一交流电压表，于 1、2 端加一交流电压，若电压表读数为 $U_{12}+U_{34}$，则必定 1、4 端为同极性端。反之，若电压表读数为 $U_{12}-U_{34}$，则说明两绕组为反串，则 1、3 端为同极性端。

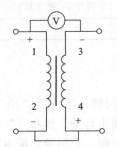

图 5.1.23　交流法测定同极性端

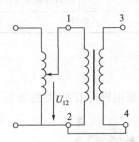

图 5.1.24　测定同名端接线

（4）任务内容及步骤

① 用直流法测变压器副绕组的同名端。画出直流法判定单相变压器同名端的接线图，用不同颜色的标签标注单相变压器的同名端。

② 用交流法测变压器副绕组的同名端。按图 5.1.24 接线，旋动调压器手柄，使 U_{12} ＜80V，测 U_{13} 和 U_{34}，并记录在表 5.1.5 中，根据测得的数据确定同名端。

表 5.1.5　同名端测定

U_{12}/V	U_{13}/V	U_{34}/V	同名端

（5）注意事项

① 本实训变压器为降压使用，必须分清原、副绕组，不可接错。

② 注意选用仪表量程。

（6）思考题

简述判别变压器同名端的直流法。

四、任务考评

评分标准见表 5.1.6。

表 5.1.6　评分标准

序号	考核内容	考核项目	配分	检测标准	得分
1	变压器空载实验	1.试验准备工作 2.试验线路连接 3.试验数据记录、整理、计算	20分	1.准备工作完整 2.线路连接正确 3.数据处理完整	
2	变压器的外特性测试	1.试验准备工作 2.试验线路连接 3.试验数据记录、整理、计算	20分	1.准备工作完整 2.线路连接正确 3.数据处理完整	
3	阻抗变换实验	1.试验准备工作 2.试验线路连接 3.试验数据记录、整理、计算	20分	1.准备工作完整 2.线路连接正确 3.数据处理完整	
4	同名端的判别	1.试验准备工作 2.试验线路连接 3.试验数据记录、整理、计算	20分	1.准备工作完整 2.线路连接正确 3.数据处理完整	
5	安全文明操作	执行安全操作规定	20分	符合安全操作规定	
合计			100分		

五、知识拓展

图 5.1.25　已投入运行的单相配电变压器

为解决低压配电网存在的线损负荷高、电压质量差等问题，可按照"10 千伏线路深入负荷中心，配电变压器小容量、密布点"的总体思路和缩短低压供电半径的原则，采用单相配电变压器供电，如图 5.1.25 所示。经过应用实践证明，采用单相配电变压器的方法切实可行，从而为负荷密度小、用户分布广的区域开辟了一条供电新途径。

单相配电变压器体积小、重量轻，可以最大限度深入负荷中心，缩短低压网络半径，降低损耗。该型变压器可采用杆挂式安装，安装方便，并能减少材料费用。

单相配电变压器一般采用单杆悬挂的安装方式，电杆选用 12m 重型水泥杆或 15m 水泥杆。单相配电变压器的安装地点受地理因素限制少，但受负荷性质因素制约多。一般在以下四种情况下，可以采用单相配电变压器。

一是当三相配电变压器的供电半径过大，负荷密度小，末端供电电压偏低，影响用户正常用电时，在供电末端安装单相配电变压器，可缩短低压供电半径，解决用户电压偏低问题。

二是当三相配电变压器的负荷过重时，根据负荷特点，选择适当的支线安装单相配电变压器，可转移负荷，解决增容问题。

三是在无三相电用户的住宅小区安装单相配电变压器向居民供电，可缩短低压供电半径，降低损耗。

四是在负荷密度小、分布广、无三相电用户的地点安装单相配电变压器供电，可节约投资，解决远离电源点的问题。

　　根据配电变压器安装要求，结合电网实际运行情况，单相配电变压器安装的典型配置，应包括单相配电变压器、低压开关、无功补偿装置及配电负荷监测系统等设备。

　　在负荷分散、密度小、无三相电力用户条件下使用单相变压器，具有以下五方面优势。

　　① 低压线损下降明显。单相配电变压器的供电半径仅为 $10\sim15\mathrm{m}$，与三相配电变压器相比，供电半径大大缩短，低压线损明显下降，经过统计，小区的低压线损率从 7.61% 下降为 2.72%，月变电容量 $1810\mathrm{kV\cdot A}$。

　　② 电压合格率显著提高。由于低压供电半径大大缩短，线路电压损耗小，到户电压合格率显著提高。

　　③ 用户供电可靠率得到提高。1 台单相配电变压器仅向 $10\sim20$ 家用户供电，当单相配变故障时，受影响的居民用户户数大幅减少，配电线路的供电可靠率得到较大提高。

　　④ 降低工程造价。采用单相配电变压器供电，高压线路可按两线架设，低压线路可按两线或三线架设，而采用三相配电变压器供电，高压线路必须按三线架设，低压线路按四线架设。从工程费用来看，高、低压线路工程造价可节省 20%。

　　⑤ 节省台区费用。从台区建设费用来看，建一个 H 型配电台区所需经费 6000 元左右，而单相配电变压器采用单杆悬挂式，材料费不足 2000 元。因此，可节省台区建设费用 67%。

　　有资料显示，在国外电网的损耗中，低压网的损耗比例较小。这是因为家庭平均用电量较大，几乎是平均每个家庭或者是几个家庭用电就配备专门的单相配电变压器。可见国外低压配电网中始终贯穿着小容量、密布点、短半径、电源到家的供电方式。因此，针对我国配电网负荷密度、分布等实际情况，因地制宜采用单相配电变压器供电模式，将大幅度降低电网损耗，这是配电网建设的可选方案之一。

六、思考与练习

　　1.有一台 220V/24V 的变压器，如果把原绕组接上 220V 的直流电源，问能否变压？会产生什么后果？

　　2.一台额定频率为 50Hz 的变压器，能否用于 25Hz 的交流电路中，为什么？

　　3.某铁芯变压器接上电源运行正常，有人为减小铁芯损耗而抽去铁芯，结果一接上电源，线圈就烧毁，为什么？

　　4.变压器空载运行时，一次线圈加交流额定电压，这时一次线圈的电阻 R_1 很小，为什么空载电流 I_0 却不大？

　　5.制造变压器时误将铁芯截面做小了，当这台变压器空载运行时，它的主磁通、空载电流将如何变化？

　　6.有一交流铁芯线圈接在 220V、50Hz 的正弦交流电源上，铁芯截面积为 $13\mathrm{cm}^2$，求铁芯中的磁通最大值和磁感应强度最大值是多少？

　　7.有一匝数为 100 匝、电流为 40A 的交流接触器线圈被烧毁，检修时手头上只有允许电流为 25A 的较细导线，若铁芯窗口面积允许，问重绕的线圈应为多少匝？

　　8.一台 220/36V 行灯变压器，已知一次线圈匝数 $N_1=1100$ 匝，求二次线圈匝数？若在二次侧接一盏 36V、100W 的白炽灯，问一次电流为多少？（忽略空载电流和漏阻抗压降）

　　9.一台 $S_N=10\mathrm{kV\cdot A}$、$U_{1N}/U_{2N}=3300/220\mathrm{V}$，单相照明变压器，要在二次侧接 60W、220V 白炽灯，如要变压器在额定状态下运行，可接多少盏灯？一次、二次额定电流是多少？

　　10.一单相变压器，额定容量为 $50\mathrm{kV\cdot A}$，额定电压为 10000V/230V，当该变压器向 $R=0.83\Omega$、$X_L=0.618\Omega$ 的负载供电时，正好满载，试求变压器一、二次绕组的额定电流和电压变化率。

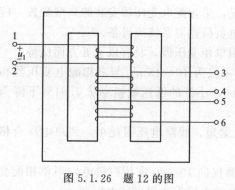

图 5.1.26　题 12 的图

11. 阻抗为 8Ω 的扬声器，通过一台变压器，接到信号源电路上，使阻抗完全匹配，设变压器一次线圈匝数 $N_1=500$ 匝，二次线圈匝数 $N_2=100$ 匝，求变压器一次侧输入阻抗？

12. 已知图 5.1.26 中变压器一次绕组 1-2 接 220V 电源，二次绕组 3-4、5-6 的匝数都为一次绕组匝数的一半，额定电流都为 1A。

① 在图上标出一、二次绕组同名端的符号。

② 该变压器的二次侧能输出几种电压值？各如何接线？

③ 有一负载，额定电压为 110V，额定电流为 1.5A，能否接在该变压器二次侧工作？如果能的话，应如何接线？

13. 三相变压器一次线圈每相匝数 $N_1=2080$ 匝，二次线圈每相匝数 $N_2=80$ 匝。若一次侧加线电压 $U_1=6000$V，求在 Y、y（Y/Y）和 Y、d（Y/△）两种接线时二次侧线电压和相电压。

14. 有一额定值为 220V、100W 的电灯 300 盏，接成星形的三相对称负载，从线电压为 10kV 的供电网上取用电能，需用一台三相变压器。设此变压器采用 Y、yn 接法，求所需变压器的最小额定容量以及额定电压和额定电流。

任务二　自耦变压器、互感器的应用

一、任务分析

除了前面介绍的普通电力变压器外，还有一些在特殊场合使用的专用变压器，其工作原理和基本性能与普通电力变压器相同，但在结构、绕组连接和技术数据上有特殊性。由于用途各异，特种变压器的种类很多，本节只介绍比较常用的自耦变压器和互感器。

自耦变压器是只有一个绕组的变压器，当作为降压变压器使用时，从绕组中抽出一部分线匝作为二次绕组；当作为升压变压器使用时，外施电压只加在绕组的一部分线匝上。同容量的自耦变压器与普通变压器相比，不但尺寸小，而且效率高，并且变压器容量越大，电压越高，这个优点就越加突出。

互感器包括电流互感器和电压互感器。它们将一次回路的高电压、大电流，按既定的比例变为适合于仪表和继电器测量的低电压和小电流，正确反映一次电路的运行状态。

1. 知识目标

① 区分自耦变压器、电压互感器和电流互感器工作原理的异同，了解使用注意事项。

② 理解电焊变压器结构及工作特点。

2. 技能目标

① 能够简单选择、使用各类用途的变压器。

② 能进行三相三线有功电能表配电压互感器、电流互感器的接线及三相四线有功电能表配电流互感器的接线。

二、相关知识

1. 自耦变压器和调压器

前面介绍的变压器，其一、二次绕组是分开绕制的，它们虽装在同一铁芯上，但相互之间是绝缘的，即一、二次绕组之间只有磁的耦合，而没有电的直接联系，称为双绕组变压器。如果一、二次侧共用一部分绕组，如图 5.2.1(a) 所示，这种只有一个绕组、利用一个绕组抽头的办法来实现改变电压的变压器就称为自耦变压器。绕组中既作一次绕组又作二次绕组的部分为公共部分（公共绕组）；仅作一次绕组的部分称为串联部分（串联绕组）。可见自耦变压器的原、副绕组之间除了有磁的耦合外，还有电的直接联系。图中 N_1、N_2 分别为一、二次绕组的匝数。自耦变压器的原理与普通变压器相同，由于同一主磁通穿过一、二次绕组，所以一、二次侧的电压仍与它们的匝数成正比，负载时一、二次侧的电流仍与它们的匝数成反比，即

$$\frac{U_1}{U_2} \approx \frac{I_2}{I_1} \approx \frac{N_1}{N_2} = K$$

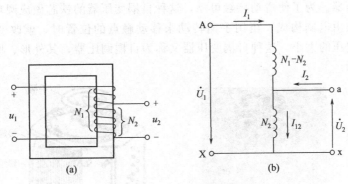

图 5.2.1　自耦变压器原理

如图 5.2.1(b) 所示，在不计励磁电流的条件下，电流关系为

$$\dot{I}_1 = -\frac{\dot{I}_2}{k}, \dot{I}_{12} = \left(1 - \frac{1}{k}\right)\dot{I}_2 \tag{5.2.1}$$

额定容量（通过容量）为

$$S_N = U_{1N}I_{1N} = U_{2N}I_{2N} = U_{2N}(I_{12} + I_{1N}) = U_{2N}I_{12} + U_{2N}I_{1N} \tag{5.2.2}$$

式（5.2.2）说明，自耦变压器的额定容量由两部分组成：一部分是通过绕组公共部分的电磁感应作用，由一次侧传递到二次侧的电磁容量（计算容量）$U_{2N}I_{12}$；另一部分是通过绕组串联部分的电流直接传递到负载的传导容量 $U_{2N}I_{1N}$。

计算容量决定了变压器的主要尺寸和材料消耗，是变压器设计的依据。传导容量的传递不需要增加绕组容量，即自耦变压器的负载可以直接向电源汲取部分功率，这是自耦变压器所特有的。因此，在输出容量相同的条件下，自耦变压器比普通变压器省材料、尺寸小、制造成本低。但是，由于自耦变压器的一、二次绕组有电的直接联系，因此当过电压波侵入一次侧时，二次侧将出现高压，所以自耦变压器的二次侧必须装设过电压保护，防止高压侵入损坏低压侧的电气设备，其内部绝缘也需要加强。

只要适当选择 N_2，即可在二次侧获得所需的电压。与普通变压器相比，自耦变压器的主要优点是结构简单、节省用铜量、重量轻、尺寸小、成本低、效率较高。理论及实践均证明：当一、二次绕组的电压之比接近于 1，或者说不大于 2 时，自耦变压器的优点比较显著，因此容量较大的异步电动机降压启动时，常采用自耦变压器来降压。

自耦变压器的缺点在于：一、二次绕组的电路直接连在一起，因此高压侧的电气故障会波及低压侧，这是很不安全的。因此要求自耦变压器在使用时必须正确接线，且外壳必须接地，并规定安全用的降压变压器不允许采用自耦变压器结构形式，其原因是一旦发生接线错误，极

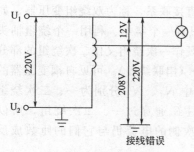

图 5.2.2　自耦变压器使用
时不安全状况

易出现危险。例如，图 5.2.2 所示为自耦变压器给携带式安全照明灯提供 12V 工作电压的电路图，因为 U_2 端接地，此时连接照明灯的每根导线对地的电压都是 200V 以上，这对持灯人极不安全。自耦变压器也不能用于要求一、二次侧电路隔离的场合。

自耦变压器不仅用于降压，也可作为升压变压器。自耦变压器可用作电力变压器，也可作为实验室的调压设备以及异步电动机启动器的重要部件。

如果把自耦变压器的二次侧抽头做成能够沿绕组自由滑动的触点，就可以改变二次线圈匝数，构成输出电压连续可调的自耦变压器。为了使滑动接触可靠，这种自耦变压器的铁芯做成圆环形，其上均匀分布绕组，滑动触点由电刷构成。当用手柄转动来移动触点的位置时，就改变了二次绕组的匝数，调节了输出电压的大小。这种自耦变压器又称为自耦调压器，其外形、原理电路和图形符号如图 5.2.3 所示。

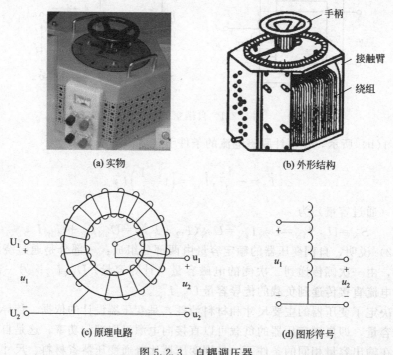

(a) 实物　　　　　　　　　　(b) 外形结构

(c) 原理电路　　　　　　　　(d) 图形符号

图 5.2.3　自耦调压器

旋动自耦调压器手柄，改变二次线圈匝数，输出电压 u_2 随之改变，这种调压器的输出电压 u_2 可低于电源电压 u_1，也可稍高于电源电压。如实验室中常用的单相调压器，一次绕组 $U_1 U_2$ 接输入交流电压 $u_1=220$V 或 110V，二次绕组 $u_1 u_2$ 接输出电压 $u_2=0\sim250$V，均匀变化。

使用自耦调压器时应注意以下几点。

① 一、二次绕组的公共端 U_2 或 u_2 接中性线，U_1 端接电源相线（火线），u_1 端和 u_2 端作为输出。若把相线接在 U_2 或 u_2 端子，调压器输出电压即使为零（u_1 端和 u_2 端重合，$N_2=0$），但 u_1 端仍为高电位，用手触摸时有危险。

② 一、二次绕组不能对调使用，否则可能会烧坏绕组，甚至造成电源短路。

③ 接通电源前，先将滑动触头移至零位，使输出电压为零，接通电源后再慢慢顺时针转动手柄，使输出电压逐步上升，将输出电压调到所需值。用毕，再将手柄转回零位，以备下次

安全使用。

④ 输出电压无论多低，其电流也不允许大于额定电流。

图 5.2.4 所示为三相自耦变压器电路图，它的三相线圈常接成 Y 形。

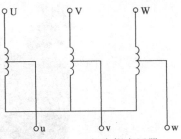

图 5.2.4　三相自耦变压器

2. 电焊变压器

电弧焊接是在焊条与焊件之间燃起电弧，用电弧的高温使金属熔化进行焊接。电焊变压器就是为满足电弧焊接的需要而设计制造的特殊的变压器。图 5.2.5 是其原理和实物。

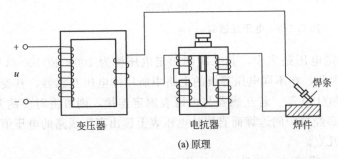

(a) 原理　　　　　　　　　　　　　(b) 实物

图 5.2.5　电焊变压器

为了起弧较容易，电焊变压器的空载电压一般为 $60 \sim 80 \mathrm{V}$。当电弧起燃后，焊接电流通过电抗器产生电压降。调节电抗器上的旋柄可改变电抗的大小以控制焊接电流及焊接电压。维持电弧工作电压一般为 $25 \sim 30 \mathrm{V}$。

3. 仪用互感器

在电工测量中，被测量的电量经常是高电压或大电流，如果直接使用电压表和电流表测量，仪表的绝缘和载流量需要大大加强，这给仪表的制造带来困难，同时对操作人员也不安全。为了保证测量者的安全及按标准规格生产测量仪表，必须将待测电压或电流按一定比例降低，以便于测量。用于测量的变压器称为仪用互感器，是电工测量中经常使用的一种专用双绕组变压器，主要作用是扩大测量仪表的量程和使测量仪表与高压电路隔离以保证安全。

互感器的作用如下。

① 与测量仪表配合，对线路的电压、电流、电能进行测量。

② 与继电保护装置配合，对电力系统和设备进行过电压、过电流、过负载和接地等保护。

③ 使测量仪表、继电保护装置与线路的高电压隔离，以保证操作人员和设备的安全。

④ 将电压和电流变换成统一的标准值，以利于仪表和继电器的标准化。

仪用互感器按用途不同分为电压互感器和电流互感器两种。

(1) 电压互感器。电压互感器实质上是一台小容量的降压变压器。电压互感器如图 5.2.6 所示，其一次绕组匝数多，与被测的高压电网并联；二次绕组匝数少，与电压表或功率表的电压线圈连接，因为电压表或功率表的电感线圈阻抗很大，所以电压互感器二次侧电流很小，近似于变压器的空载运行，于是有

$$U_1 = \frac{N_1}{N_2} U_2 = K_{\mathrm{u}} U_2 \qquad (5.2.3)$$

式中，K_{u} 称为电压互感器的变压比。

由式 (5.2.3) 可知，当 $N_1 \gg N_2$ 时，K_{u} 很大，$U_2 \ll U_1$，故可用低量程的电压表去测量

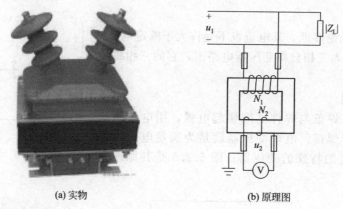

(a) 实物   (b) 原理图

图 5.2.6 电压互感器

高电压。通常电压互感器不论其额定电压是多少，其二次侧额定电压皆为 100V 或 $100\sqrt{3}$ V，可采用统一的 100V 标准电压表。因此，在不同电压等级的电路中所用的电压互感器，其变压比是不同的，例如 6000/100，10000/100 等。若互感器与电压表固定连接，则可将对应的 U_1 值标于电表刻度盘上，这样就可不必经过中间运算而直接从电压表上读出高压线路的电压值。

使用电压互感器时须注意以下几点。

① 铁芯和二次绕组的一端必须可靠接地，以防止一次绕组绝缘损坏时，铁芯和二次绕组带高电压而发生触电和损坏设备。

② 二次侧不允许短路，否则将产生很大的短路电流，把互感器烧坏。为此须在一、二次侧回路串接熔断器进行保护。

③ 电压互感器的额定容量有限，二次侧不宜接过多的仪表，否则会影响准确度。

电压互感器也可以接成三相使用。

(2) 电流互感器。电流互感器类似于一个升压变压器，是用来扩大测量交流电流的量程，并使测量仪表与高压电路隔开，以确保人身及设备安全的一种电器，它利用变压器变电流的原理制成。电流互感器如图 5.2.7 所示，它的一次绕组用粗线绕成，通常只有一匝或几匝，与被测量的负载串联，通过一次绕组的电流 I_1 与负载电流相等；它的二次绕组匝数较多，导线较细，与测量仪表（如电流表、功率表和电度表中的电流线圈、继电器的电流线圈）连接，流过电流 I_2。因为电流线圈负载阻抗很小，二次侧电流很大，所以电流互感器的二次侧相当于短路。电流互感器一次、二次线圈中的电流关系和普通变压器一样，这时有：

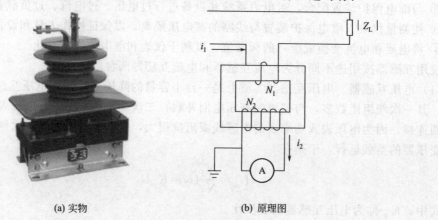

(a) 实物   (b) 原理图

图 5.2.7 电流互感器

$$I_1 = \frac{N_2}{N_1} I_2 = K_i I_2 \tag{5.2.4}$$

式中，K_i 称为电流互感器的变流比，也称为变换系数。

由式（5.2.4）可知，$N_2 \gg N_1$ 时，K_i 很大，$I_2 \ll I_1$，故利用电流互感器可用小量程的电流表来测量大电流。若互感器与电流表固定连接，则可直接将对应的 I_1 值标于电流表的刻度盘上，直接读出被测大电流的数值。电流互感器二次绕组的额定电流通常都规定为 5A 或 1A，在不同电流等级的电路中所用的电流互感器的变流比是不同的，例如 30/5、50/5、100/5 等。

使用电流互感器时须注意以下几点。

① 铁芯和二次绕组的一端必须可靠接地，以防止绕组绝缘损坏时，高压侧电压传到低压侧，而发生触电和损坏设备。

② 二次侧不允许开路。因为它的原绕组是与负载串联的，其电流 I_1 的大小，决定于供电线路上负载大小而不决定于副边电流 I_2，这点与普通变压器是不同的。其一次磁通势虽可很大，但基本上被二次磁通势所平衡，只剩下很小一部分励磁磁通势用以建立磁通，故正常运行时，二次侧电动势并不高。运行中如副边一旦开路（$I_2 = 0$）时，则用以平衡一次磁通势的二次磁通势随之消失，而一次磁通势大小未变，故它将全部用来建立铁芯磁通，使铁芯磁通剧增，会在二次线圈感应出很高的电动势，把绕组绝缘击穿，危及设备及人身安全。同时，由于磁通剧增，磁路过饱和，铁损大大增加导致铁芯严重发热而烧毁绕组。为此，电流互感器在运行时，二次线圈严禁开路，同时二次电路也不允许接熔断器和开关，当必须从运行中的电流互感器副边电路中拆除电流表等仪器时，必须先将互感器二次线圈可靠地短接。

③ 二次侧回路中所接的负载阻抗值不宜过大，否则将影响测量准确度。

利用电流互感器原理可以制作便携式钳形电流表，如图 5.2.8 所示。它的钳形铁芯可以开合。在测量之前，应根据被测电流的大小、电压高低选择量程；测量电流时先按下手把，使可动铁芯张开，将被测电流的导线放在钳口（铁芯）中间，再松开扳手，让弹簧压紧铁芯，使钳口紧密闭合。这样，该导线就成为电流互感器的一次绕组，其匝数 $N_1 = 1$。电流互感器的二次绕组绕在铁芯上并与电流表接成闭合电路，可从电流表上直接读出被测电流值，用钳形电流表测量电流时不用断开电路，使用十分方便。测量小于 2A 以下的小电流（或量程太大，又无小量程表）时，可设法将被测载流导线多绕几圈夹进钳口进行测量，其实际值为读数除以导线圈数。

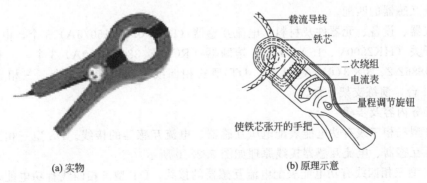

(a) 实物　　　　　　　　　　　　(b) 原理示意

图 5.2.8　钳形电流表

三、任务实施

1. 单相电能计量线路（带互感器）的安装与调试

（1）任务要求。按照国家相关标准，进行单相电能计量线路（带互感器）的安装与调试，实现单相电能的计量功能。要求能正确选用电工工具和仪表，将单相电度表、单相断路器、熔断器、电压互感器、电流互感器、开关、用电负载等电器和灯具，按照单相计量线路的控制要求和工艺标准，完成其安装与调试。

（2）仪器、设备、元器件及材料。万用电表1个，通用电工工具一套，塑料线槽板若干，单相电度表［型号：DDS577、220V、2.5（10）A、50Hz］，单相断路器（DZ47-63C10），熔断器，电压互感器，电流互感器，单相开关，单相插座，灯座，白炽灯，塑料线卡若干，护套线若干，用电负载等。

（3）任务内容及步骤。画出单相电能计量线路（带互感器）的原理图如图5.2.9所示。

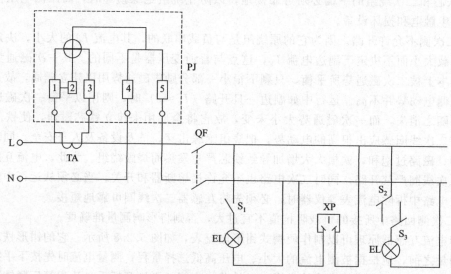

图5.2.9　单相电能表配电流互感器接线原理图

2. 三相三线、三相四线有功电能表配互感器的接线

（1）任务要求。三相有功电能表测量的负载电流较大时，除可以使用额定电流较大的三相有功电能表外，还可以将三相有功电能表与电流互感器配合使用。配用电流互感器时，由于电流互感器的二次电流都是5A，因此电能表的额定电流也应选用5A的，这种配合关系称为电能表与电流互感器的匹配。

（2）仪器、设备、元器件及材料。电流互感器（LMZ-0.5、150/5A）3个，电压互感器1个，闸刀开关（HK2500V、15A）1个，熔断器（RC1A、380V、10A）3个，三相三线有功电能表［DS862-2、3×3（6）A］1个，DT型三相四线有功电能表1个，三相异步电动机（1.1kW）1台，演练支架1台。

（3）任务内容及步骤

1）DS型三相三线有功电能表配电压互感器、电流互感器的接线。DS型三相三线有功电能表配电压互感器、电流互感器接线原理如图5.2.10所示。

2）DT型三相四线有功电能表配电流互感器的接线。DT型三相四线有功电能表配电流互感器的接线原理如图5.2.11所示。

四、任务考评

评分标准见表5.2.1。

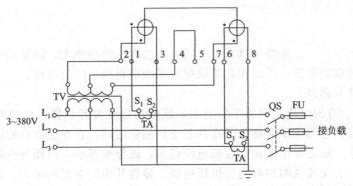

图 5.2.10 DS 型三相三线有功电能表配电压互感器、电流互感器接线原理图

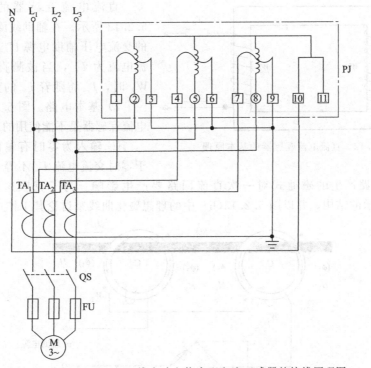

图 5.2.11 DT 型三相四线有功电能表配电流互感器的接线原理图

表 5.2.1 评分标准

序号	考核内容	考核项目	配分	检测标准	得分
1	DS 型三相三线有功电能表配电流互感器的接线	1. 试验准备工作 2. 试验线路连接 3. 试验数据记录	30 分	1. 准备工作完整 2. 线路连接正确	
2	DS 型三相三线有功电能表配电压互感器、电流互感器的接线	1. 试验准备工作 2. 试验线路连接 3. 试验数据记录	30 分	1. 准备工作完整 2. 线路连接正确	
3	DT 型三相四线有功电能表配电流互感器的接线	1. 试验准备工作 2. 试验线路连接 3. 试验数据记录	30 分	1. 准备工作完整 2. 线路连接正确	
4	安全文明操作	执行安全操作规定	10 分	符合安全操作规定	
合计			100 分		

五、知识拓展

直流互感器由于一、二次绕组具有电气隔离，二次输出功率大，测量的准确度较好，电路简单，使用维护及制造简便，因此在直流输配电系统中得到了广泛应用。

（1）直流电流互感器

1）基本原理。直流电流互感器工作的基本原理和磁放大器一样。被测的直流电流通过互感器的一次绕组使铁芯偏于单向磁化。在铁芯直流偏磁之后，它在工作点处微分磁导率（也称动态或增量磁导率）随之发生变化。直流电流越大，磁导率越小，因而绕在同一铁芯上的交流线圈感抗也变小，若交流线圈加有交流恒压电源，显然其中的电流将增大。该交流经整流后可得到直流输出，此输出和被测的直流电流基本成正比。

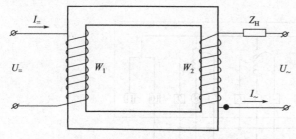

图 5.2.12　直流电流互感器的基本原理

直流电流互感器的基本原理如图 5.2.12 所示。在辅助线圈 W_2 上施加恒定的交流电压辅助电源 $U_\sim$，其中流通的交流电流为 $I_\sim$，当被测直流 $I_=$ 通过线圈 W_1 时，$I_\sim$ 将随着 $I_=$ 的变化而变化。

2）基本电路。图 5.2.12 所示的直流电流互感器是不能使用的。这是因为：

① 输入为零时有输出，亦即：$I_=$ 等于零时交流电流 $I_\sim$ 不等于零。

② 交流回路产生的磁通式对一次直流回路要产生影响。为了克服这些缺点，采用图 5.2.13(a) 所示的结构，并以图 5.2.13(b) 中的理想磁化曲线来讨论其工作过程。

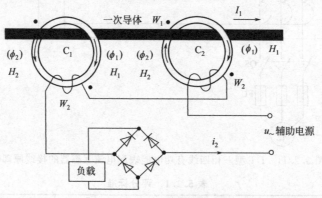

(a) 基本原理接线图

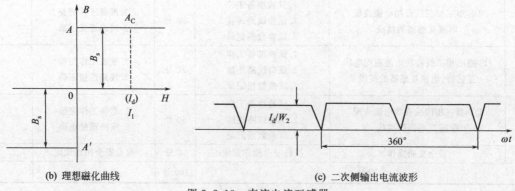

(b) 理想磁化曲线　　　　　　　　　(c) 二次侧输出电流波形

图 5.2.13　直流电流互感器

如图 5.2.13 所示，在两个相同的铁芯 C_1 和 C_2 上绕有匝数相等的线圈。一般情况下，额定直流电流较大，一次电路往往只是一支铜棒穿过两个磁心的内孔，被测的直流电流 I_1 通过这一导体，在两个铁芯中产生磁动势 H_1，两个匝数相等（W_2）的二次线圈极性相反地串联，并施加恒压的辅助电源 $u_\sim$，交流电流 i_2 在铁芯 C_1 和 C_2 中产生磁动势 H_2。

当 H_2 为正半波时，铁芯 C_2 中 H_1 与 H_2 同方向，随着 H_2 增大，工作点向右移动，铁芯饱和，磁通没有变化，因而在 W_2 中不产生感应电势。也可以说：这时铁芯 C_2 绕组 W_2 的电感为零，对 i_2 没有影响。而在铁芯 C_1 中，H_1 与 H_2 方向相反，当 $H_2 < H_1$ 时，工作点向左平移，在 W_2 中也不感应电势；所以决定 i_2 大小的是二次回路中的电阻。当 $H_2 = H_1$ 时，工作点向左平移到 A 点后，H_2 继续增大，工作点将沿 $A \sim A'$ 直线下降，相当于这时绕组 W_2 的电感为无穷大，因而保持 i_2 不变，即 $i_2 W_2 = I_1 W_1$（$W_1 = 1$），显然 i_2 与 I_1 成正比变化。$u_\sim$ 在正半波下降快到零时，i_2 迅速下降到零，工作点回到 A。当 H_2 为负半波时，C_1 和 C_2 的工作过程和上述情况正好相反。

因此，在二次回路中交流恒压辅助电源 $u_\sim$ 作用下，二次回路中正、负半波均为接近于矩形的正梯形。经过整流后可以得到一连串正梯形连接起来的直流电流输出，两个梯形之间有一个微小的三角形缺口，这个缺口对准确度有一定的影响。图 5.2.13 所示的电路为无反馈式直流电流互感器，在准确度和响应速度上都存在有缺陷，目前，实用的直流电流互感器是图 5.2.14 所示的内反馈式接线图。

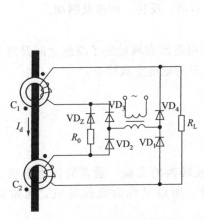

图 5.2.14　直流电流互感器接线图

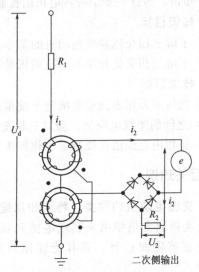

图 5.2.15　采用磁放大器原理的直流电压互感器

（2）直流电压互感器。磁放大型直流电压互感器（见图 5.2.15）是在直流电流互感器的一次线圈中通过和直流电压 U_d 成正比的电流 i_1，与 i_1 成正比的二次电流 i_2 流经 R_2 就可以得到与之成正比的直流电压信号 U_2，因而 U_2 与 U_d 之间存在着正比例关系，可以用 U_2 来反映被测的直流电压 U_d 的大小。

六、思考与练习

1. 互感器使用的注意事项是什么？
2. 试述三相有功电能表配电流互感器的接线。

学习情境六

三相异步电动机的测试与使用

任务 三相异步电动机的运行、检测

一、任务分析

随着科学技术、工农业生产的不断发展和逐步电气化，以及自动化程序的不断提高，现代生产机械广泛应用电动机来拖动。由于异步电动机与其他电动机相比，具有结构简单、运行可靠、维修方便、坚固耐用及价格便宜等优点，因此得到广泛应用。据统计，动力负载的用电量占电网总负载的60％以上，而异步电动机的用电量则占总动力负载的85％以上，这就足以说明异步电动机使用的普遍性。了解三相异步电动机的结构，熟悉三相异步电动机的工作原理及其相关知识，为进一步学习对电机的控制打下基础。

1. 知识目标

① 了解三相交流异步电动机的基本构造，掌握其工作原理。

② 了解三相交流异步电动机的机械特性，掌握其启动、反转、调速及制动。

2. 技能目标

① 能使用万用表测量电机定子绕组的直流电阻和用兆欧表测量定子绕组之间及绕组与地（铁芯）之间的绝缘电阻值。会对三相笼型异步电动机进行通电空载检查。

② 能利用直流法正确判定三相异步电动机的极性。

二、相关知识

1. 交流电动机的种类、特点和用途

电动机通常是指用来实现电能和机械能之间相互转换的设备，通常简称为电机。它是依靠电磁感应而运行，具有能够作相对旋转的部件，所以又称为旋转电机，通常简称为电机。

电机是国民经济各部门广泛采用的一种动力机械和发电设备。电机的种类繁多，分类方法各不相同。考虑电机制造厂的生产规模、技术和管理的科学性与合理性，以及专业分工和专业化生产的需要，目前我国生产的电机按机座号（中心高或交流电机定子铁芯外径和直流电机电枢铁芯外径）大小或功率大小分为大、中、小和分马力电机四种产品。其中分马力电机按用途又分为驱动用和控制用两个大类。对每一种产品又按它们的工作原理、结构特征、性能、用途等的不同，划分为异步、同步和直流电机三类。

各种常用电机的分类如图6.1.1所示。

三相交流异步电动机作为一种交流电机，广泛用于工农业生产中，例如拖动轧机、各类机床、起重运输设备、鼓风机、水泵、金属切削机床、卷扬机、冶炼设备、农业机械、船舰、轧钢设备、矿山设备与轻工机械等都用它作为原动机，其容量从几千瓦到几千千瓦。日益普及的家用电器，例如洗衣机、风扇、电冰箱、空调器中采用单相异步电动机，其容量从几瓦到几千

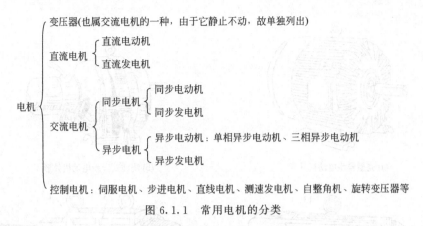

图 6.1.1　常用电机的分类

瓦。异步电动机也可作为发电机使用，例如小水电站、风力发电机也可采用异步电机，由于其基于电磁感应原理而工作，因此也叫感应电机。

　　异步电动机的基本优点是结构简单、制造容易、维护方便、运行可靠以及体积小、重量轻、成本低等；缺点是运行时必须从电网吸收无功励磁电流，使电网功率因数变坏（可采取补救措施），调速性能和功率因数较差，因此，一些要求调速范围大的生产机械上，它的应用受到了一定的限制。随着交流调速系统的发展，目前异步电动机的调速范围、调速平滑性及经济性都得到了很大的提高，具有了工业应用价值，已在较多的电力传动系统中应用，交流调速的前景将越来越好。

2. 三相异步电动机的基本结构与原理

　　（1）三相异步电动机的基本结构。三相异步电动机主要由两大部分组成：一个是固定部分（静止部分），称为定子；另一个是旋转部分，称为转子。转子装在定子腔内，为保证转子能在定子内自由转动，定、转子之间必须有一定的间隙，称为气隙。此外还有其他附件，如前后端盖（用以支撑转子并将其安装在确定的位置上，使定子、转子之间形成一个很小很均匀的空气间隙）、转轴、轴承、轴承盖、接线盒、风扇（起风冷作用）及形成风路、保护风扇的端罩等。图 6.1.2、图 6.1.3 所示为三相异步电动机的外形及结构示意。

　　1）定子。如图 6.1.4(a) 所示，异步电动机定子的主要作用是建立旋转磁场，定子主要由定子铁芯、定子绕组和机座三部分组成。

　　① 定子铁芯。定子铁芯是异步电动机主磁通磁路的一部分，为减少磁通交变时所引起的铁芯损耗，通常由 0.35～0.5mm 厚、表面涂有绝缘漆的硅钢片叠压而成，使各片之间相互绝缘，以减小涡流损耗。目前多采用冷轧硅钢片制作。在铁芯的内表面均匀地冲成了若干槽，用来放置定子绕组，如图 6.1.4(b)、(c) 所示。

　　② 定子绕组。如图 6.1.4(a) 所示，它是异步电动机定子部分的电路，由许多线圈按一定规律连接而成。线圈用高度漆包铜线或铝线绕成，嵌入槽内时有单、双层之分。两层线圈间、线圈与槽壁间均需加以绝缘。槽口用槽楔将定子绕组紧固，槽楔常用竹、胶布板或环氧玻璃布板等非磁性材料制成。三相异步电动机的定子绕组由互成 120°角的完全相同的互相绝缘（互不相通）的三个绕组组成，叫三相绕组。因为每相绕组有两个端头，所以三相绕组就有六个端头从接线盒或出线孔中引出。

　　③ 机座。机座主要用来固定与支撑定子铁芯，并通过端盖来支撑转子。因此要求其有足够的机械强度和刚度，能够承受运输和运行中的各种作用力。中、小型异步电动机一般采用铸铁机座，为增加散热面，封闭式电动机机座外表面铸有散热片。微型电动机机座也有采用铸铝的，大型异步电动机一般采用钢板焊接的机座。

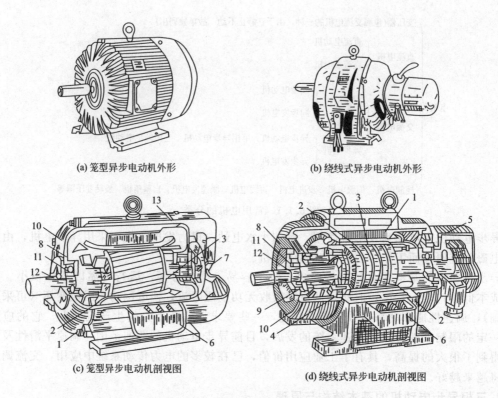

(a) 笼型异步电动机外形   (b) 绕线式异步电动机外形

(c) 笼型异步电动机剖视图   (d) 绕线式异步电动机剖视图

图 6.1.2　三相异步电动机的外形和结构

1—定子铁芯；2—定子绕组；3—转子铁芯；4—转子绕组；5—滑环；
6—接线盒；7—风扇；8—轴承；9—轴承盖；10—端盖；11—内盖；12—外盖；13—风罩

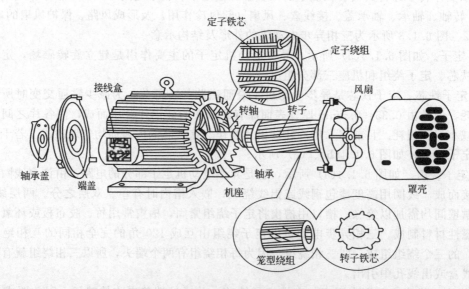

图 6.1.3　三相笼型异步电动机的基本结构

(a) 定子　　　　　　　　　　(b) 未装绕组的定子铁芯　　　　　　(c) 定子硅钢片

图 6.1.4　定子、未装绕组的定子铁芯与定子硅钢片

此外，机座两端装有端盖，端盖由铸铁或钢板制成。有的端盖中央还装有轴承，轴承用来支撑转子。

2）转子。异步电动机转子主要是利用旋转磁场感应产生转子电流，从而产生电磁转矩。转子由转子铁芯、转子绕组和转轴三部分组成。

① 转子铁芯。转子铁芯也是电动机磁路的一部分，一般是用 0.35～0.5mm 厚的硅钢片叠压而成的圆柱体。在铁芯的外圆上均匀地冲有若干槽，槽内可以浇铸铝条或嵌放转子绕组，中间冲有轴孔，整个铁芯用压装的方法固定在转轴上或转子的支架上，转子支架再套在转轴上。如图 6.1.5、图 6.1.6 所示。

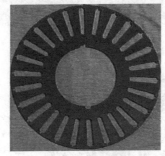

图 6.1.5　转子铁芯　　　　　　　　　　图 6.1.6　转子铁芯及硅钢片

② 转子绕组。转子绕组是短路绕组，其作用是产生感应电动势，流过感应电流。异步电动机的转子绕组有笼型转子绕组和绕线型转子绕组两种。

a. 笼型转子绕组。由于笼型转子制造简单、造价低廉、运行可靠、维护方便，故三相异步电动机大都采用这种转子。大型电动机的转子绕组是把铜杆嵌入转子铁芯槽内，在铁芯的两端分别焊上导电的端环，使各铜杆都并联起来，从而形成自行短路的绕组，形成一个端接的闭合回路。中小型电动机的转子绕组连同两端的端环和风扇是用铝一次浇铸而成。为了改善电动机的启动特性，转子铁芯一般采用斜槽结构。如果去掉铁芯，转子绕组的形状就像一个松鼠笼，所以称为笼型转子，如图 6.1.7 所示。

b. 绕线型转子绕组。绕线型转子绕组和定子绕组一样，也是三相对称绕组，是由嵌入转子槽内的线圈组成的三相对称绕组。小容量电动机一般为△连接，大中容量电动机一般接成 Y 连接，绕组的三个末端连接在一起，三个始端分别与装在转轴上但与转轴绝缘的三个

241

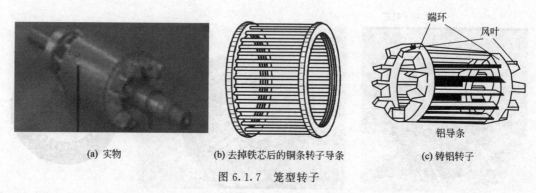

| (a) 实物 | (b) 去掉铁芯后的铜条转子导条 | (c) 铸铝转子 |

图 6.1.7　笼型转子

滑环相连接，滑环又通过电刷与外面的附加变阻器相连接，用以改善电动机的启动和调速特性。如图 6.1.8 所示为绕线型转子结构示意图，具有这种转子绕组的电动机称为绕线式异步电动机。

③ 转轴。转轴用强度和刚度较高的中碳钢车削制成，一方面是为了支撑和固定转子铁芯，

(a) 实物

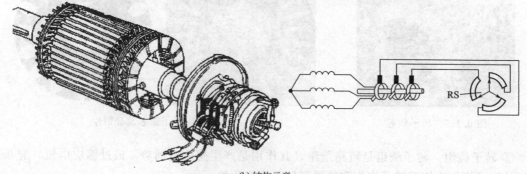

(b) 结构示意

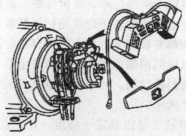

(c)电刷装置

图 6.1.8　绕线型转子结构示意图

另一方面起着传递电动机的输出转矩、输出机械功率、拖动机械负载运转的作用。整个转子靠轴承和端盖支撑着。

3）气隙。异步电动机定、转子间的空隙称为气隙，气隙的大小直接影响到电动机的运行性能。气隙越大，磁阻也越大，所需励磁电流也大，功率因数降低。气隙太小，使装配困难，易发生定、转子相擦（俗称"扫膛"）现象，运行不可靠，高次谐波磁场增强，从而使附加损耗增加以及使启动性能变差。一般中小型电机的气隙为 $0.2\sim2mm$。

（2）电动机的工作原理。大家都知道，电动机接通电源之后就会旋转起来。电动机为什么会旋转呢？从电学基础知识中知道，电和磁存在着不可分割的联系；闭合导体切割磁力线时能产生电流；通电导体受到磁场力作用时能产生运动。三相异步电动机就是根据这些原理制成的。

1）电动机的模型试验。如图 6.1.9 所示，在可以旋转的马蹄形磁铁中间放一个能够绕轴旋转的铝框，当旋转磁铁时，铝框也跟着旋转。这是因为磁铁旋转时，它的磁场也随着旋转，铝框便切割磁力线产生感生电流，旋转磁场和有感生电流的铝框互相作用，产生使铝框旋转的力矩，铝框便旋转起来。

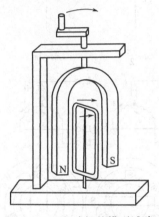

图 6.1.9　电动机的模型试验

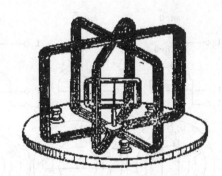

图 6.1.10　通电线圈对铝框的作用

可以拿三个结构相同、互相间隔 120° 的线圈，通以三相交流电来代替旋转的马蹄形磁铁，同样能使铝框旋转。如图 6.1.10 所示，取三个结构相同的线圈，使这三个线圈的平面互相间隔 120°，固定在木座上，在线圈中间放入一个铝框或磁针，当给三个线圈通以低压三相交流电（最好 36V 以下）时，铝框立刻转动起来。这说明在三个互成 120° 角的线圈中通入三相交流电时，它们中间的空间里就产生了旋转磁场。

2）电动机的旋转原理。电动机的定子绕组就是三个互成 120° 的线圈，当往三相定子绕组中通以对称三相交流电时，就会在定子绕组中间产生旋转磁场。此时，定子绕组中的转子就和旋转磁场发生相对切割运动。转子绕组被旋转磁场的磁力线所切割，就产生感应电动势。由于转子绕组是闭合回路，所以转子绕组中就有感应电流通过。转子绕组中的感应电流与旋转磁场相互作用，使转子绕组的笼条受到电磁力的作用而旋转起来。这就是三相异步电动机的旋转原理。

下面来具体分析：三相交流电通入电动机的定子绕组时，所产生的磁场是怎样随三相交流电的变化而旋转的。

设将三相绕组连接成星形，接到三相电源上，绕组中便有三相对称电源

$$i_1 = I_m \sin\omega t$$
$$i_2 = I_m \sin(\omega t - 120°)$$
$$i_3 = I_m \sin(\omega t + 120°)$$

　　如图 6.1.11 所示。

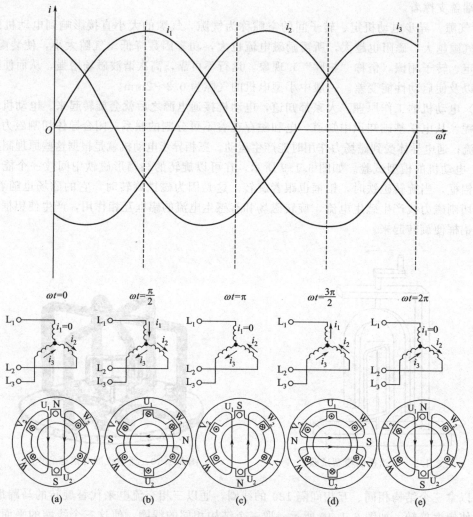

图 6.1.11　三相交流电的旋转磁场

　　假定三相电流从绕组的首端流入，从尾端流出，为电流的正方向，用符号⊗表示；反之为负，用符号⊙表示。

　　① 当 $\omega t=0$ 时，$i_1=0$，U 相绕组内没有电流；i_2 是负值，V 相绕组的电流由 V_2 端流入，V_1 端流出；i_3 是正值，W 相绕组的电流由 W_1 端流入，W_2 端流出；应用安培定则，可确定合成磁场的方向是从上向下的，如图 6.1.11(a) 所示。

　　② 当 $\omega t=\pi/2$ 时，i_1 是正值，电流由 U_1 端流入，U_2 端流出；i_2 为负值，电流由 V_2 端流入，V_1 端流出；i_3 也为负值，电流由 W_2 端流入，W_1 端流出；此时三个线圈的电流的合成磁场方向是从右向左的，如图 6.1.11(b) 所示，从图中可看出，合成磁场的方向在空间按顺时针方向旋转了 90°。

　　③ 当 $\omega t=\pi$ 时，$i_1=0$，i_2 也为负值，i_3 是正值，合成磁场的方向是从下向上的，如图 6.1.11(c) 所示，此时合成磁场顺时针旋转了 180°。

　　④ 当 $\omega t=3\pi/2$ 时，i_1 是负值，i_2 和 i_3 是正值，合成磁场的方向是从左向右的，如图 6.1.11(d) 所示，此时合成磁场顺时针旋转了 270°。

⑤ 当 $\omega t = 2\pi$ 时，$i_1 = 0$，i_2 是负值，i_3 是正值，合成磁场的方向是从上向下的，如图 6.1.11（e）所示，与 $\omega t = 0$ 相比，旋转磁场转了 360°。

由此可见，随着定子绕组中三相电流的不断变化，它所产生的合成磁场在空间中也不断变化，形成一个旋转磁场的效应。所以，通常都把这一现象说成是三相交流电通入定子绕组能产生旋转磁场。从上面的分析可以看出，三相交流电通过定子绕组时，就产生一个合成磁场，这个合成磁场是随着交流电的变化而旋转的，交流电变化一周，合成磁场刚好旋转 360°。交流电的频率是 50Hz，则在 1s 内，电流完成了 50 个循环，合成磁场也就旋转 50 圈。

旋转磁场的旋转方向取决于通入定子绕组中的三相交流电流的相序。当三相电流为正序时，旋转磁场的转向为：U 相→V 相→W 相。若要改变旋转磁场的方向，只要改变通入定子绕组的电流相序，即任意调换两根电源进线即可反向。

随着定子绕组产生旋转磁场，转子与旋转磁场之间有相对运动，转子绕组中就会产生感应电动势，并在形成闭合回路的转子导体中产生感应电流，其方向用右手定则判定。转子绕组有感应电流后又与旋转磁场相互作用而产生电磁力，电磁力的方向用左手定则确定，电磁力在转轴上形成电磁转矩，两者相互作用，使转子顺着旋转磁场的方向转动起来。如图 6.1.12 所示，旋转磁场的转速 n_0 称为同步转速。电动机在正常运转时，其转速 n 总是稍低于同步转速 n_0，因而称为异步电动机。又因为产生电磁转矩的电流是电磁感应所产生的，所以也称为感应电动机。

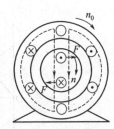

图 6.1.12　三相异步电动机的转动原理

3）转差率。电动机转子转动的方向与磁场旋转的方向相同，但转子的转速 n 不可能达到与旋转磁场的转速 n_0 相等，即 $n < n_0$。因为，如果两者相等，则转子与旋转磁场之间就没有相对运动，转子绕组就不切割磁力线，也就不会产生感应电流和电磁转矩，转子就无法转动，所以这种交流电动机叫做异步电动机。又由于异步电动机的转子中的电流是由电磁感应产生的，所以又叫感应电动机。而旋转磁场的转速 n_0 常称为同步转速。

用转差率 s 来表示转子转速 n 与磁场转速 n_0 相差的程度，即

$$s = \frac{n_0 - n}{n_0} \tag{6.1.1}$$

转差率是异步电动机的一个重要的参数。转子转速愈接近磁场转速，则转差率愈小。由于三相异步电动机的额定转速与同步转速相近，所以它的转差率很小。通常异步电动机在额定负载时的转差率为 1%～9%。

当 $n = 0$ 时（启动初始瞬间），$s = 1$，这时转差率最大。

4）旋转磁场的转速。如果把每相绕组数增加一倍，每相由两个绕组组成，三相共六个绕组，各绕组相差 60°。把两个互差 180° 的绕组串联起来，作为一相绕组，如图 6.1.13 所示。

U 相绕组由 U_1-U_1' 与 U_2-U_2' 串联组成，V 相由 V_1-V_1' 与 V_2-V_2' 串联组成，W 相由 W_1-W_1' 与 W_2-W_2' 串联组成。当三相电流 i_1、i_2、i_3 分别通入三相绕组时，便产生如图 6.1.14 所示的旋转磁场。

对照图 6.1.12 和图 6.1.14，当交流电变化一周时，2 极电动机的旋转磁场在空间转 360°，即一圈；而 4 极电动机的旋转磁场只转过 180°，即 1/2 圈。由此类推，当旋转磁场具有 p 对磁极时，交流电每变化一周，其旋转磁场就在空间转动 $1/p$ 圈，因此三相交流电动机定子旋转磁场每分钟的转速 n_1、定子电流频率 f、磁极对数 p 之间的关系是 $n_1 = 60f/p$（r/min）。旋转磁场的转速 n_1 又称为同步转速，我国三相电源的频率规定为 50Hz，因此，2 极电动机的旋转磁场的转速是 3000r/min，4 极的为 1500r/min，6 极的为 1000r/min。

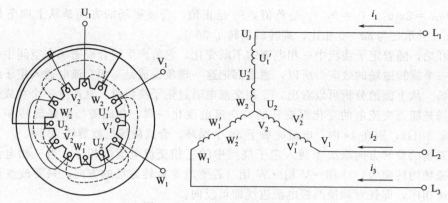

图 6.1.13　4 极电动机定子绕组

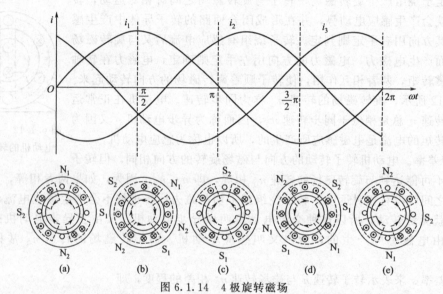

图 6.1.14　4 极旋转磁场

【例 6.1.1】　YD112M-8/6/4 型三相多速异步电动机的定子绕组可接成 4 极、6 极或 8 极，试求在不同极数时的同步转速 n_1（即旋转磁场的转速）。

解： 由式 $n_1 = 60f/p$ 可知

接成 4 极时，$p = 2$　$n_1 = \dfrac{60 \times 50}{2} = 1500 \text{(r/min)}$

接成 6 极时，$p = 3$　$n_1 = \dfrac{60 \times 50}{3} = 1000 \text{(r/min)}$

接成 8 极时，$p = 4$　$n_1 = \dfrac{60 \times 50}{4} = 750 \text{(r/min)}$

3. 三相异步电动机的电磁转矩与机械特性

（1）三相异步电动机的电磁转矩。电动机要带动其他工作机械转动，电动机的转矩就是一个重要的问题。异步电动机的电磁转矩是由定子绕组产生的旋转磁场与转子绕组的感应电流相互作用而产生的。磁场越强，转子电流越大，则电磁转矩也越大。三相异步电动机的电磁转矩 T 与转子电流 I_2、定子旋转磁场的每极磁通 Φ 及转子电路的功率因数 $\cos\varphi_2$ 成正比，可表示为：

$$T = K_T \Phi I_2 \cos\varphi_2 \tag{6.1.2}$$

式中　K_T——转矩常数，由电机结构参数决定；

　　　Φ——气隙中合成旋转磁场的每极磁通量，Wb；

I_2——转子每相绕组的电流，A；

$\cos\varphi_2$——转子绕组电路的功率因数；

T——电动机的电磁转矩，N·m。

根据欧姆定律，转子每相绕组的电流为：

$$I_2 = \frac{E_2}{Z_1} = \frac{sE_{20}}{\sqrt{R_2^2 + (sX_{20})^2}} = \frac{s(4.44K_2N_2f\Phi)}{\sqrt{R_2^2 + (sX_{20})^2}}$$

旋转磁场的磁通 Φ 为：

$$\Phi = \frac{E_1}{4.44K_1N_1f_1} \approx \frac{U_1}{4.44K_1N_1f_1}$$

将以上两式带入 $T = K_T\Phi I_2\cos\varphi_2$ 得

$$T = K\frac{sR_2U_1^2}{R_2^2 + (sX_{20})^2} \tag{6.1.3}$$

式中，K 为比例常数；s 为转差率；U_1 为加于定子每相绕组的电压；X_{20} 为转子静止时每相绕组的感抗，一般也是常数；R_2 为每相转子绕组的电阻，在绕线式转子中可外接可变电阻器改变 R_2。由此可见，可以人为改变的参数是电压 U_1 和电阻 R_2，它们是影响电动机机械特性的两个重要因素。这说明，当电源电压 U_1 和转子电阻 R_2 一定时，电磁转矩 T 是转差率 s 的函数，其关系曲线如图 6.1.15 所示。通常称 $T = f(s)$ 曲线为异步电动机的转矩特性曲线。图中给

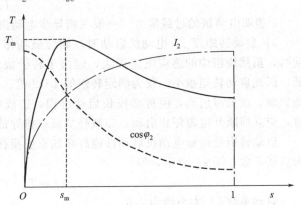

图 6.1.15　三相异步电动机转矩特性曲线

出的虚线是为了便于联系上式来理解。可以看出，三相异步电动机的电磁转矩 T 与转子电流 I_2、转子电路的功率因数 $\cos\varphi$ 的乘积成正比。

从三相异步电动机的转矩特性可以看到，当 $s=0$，即 $n=n_1$ 时，$T=0$，这是理想的空载运行；随着 s 的增大，T 也开始增大（这时 I_2 增加快而 $\cos\varphi_2$ 减得慢）；但到达最大值 T_m 以后，随着 s 的继续上升，T 反而减小（这时 I_2 增加慢而 $\cos\varphi_2$ 减得快）。最大转矩 T_m 又称临界转矩 T_m，对应于 T_m 的 s_m 称为临界转差率。

（2）三相异步电动机的机械特性。在电源电压 U_1 和转子电阻 R_2 一定的条件下，转矩 T 与转差率 s 的关系曲线 $T = f(s)$（图 6.1.16）或转速 n 与转矩 T 的关系曲线 $n = f(T)$（图 6.1.17）称为电动机的机械特性（亦称运行特性）曲线。

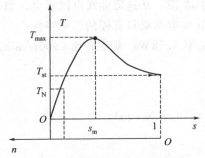

图 6.1.16　三相异步电动机的 $T = f(s)$ 曲线

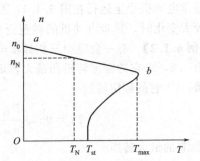

图 6.1.17　三相异步电动机的 $n = f(T)$ 曲线

研究机械特性的目的是分析电动机的运行性能。根据机械特性曲线（图 6.1.17 中 n_0 为同步转速），对三个转矩进行讨论。

1）额定转矩 T_N。额定转矩是电动机在额定负载时的转矩，它可从电动机铭牌上的额定功率 P_{2N} 和额定转速 n_N 应用下式求得：

$$T_N = 9550 \frac{P_N}{n_N} \tag{6.1.4}$$

式中，转矩单位为 N·m；功率单位为 kW；转速单位为 r/min。

2）最大转矩 T_{max}。在机械特性图上，转矩有一个最大值，称为最大转矩或临界转矩。如果负载转矩超过最大转矩，电动机就没法带动负载了，发生所谓闷车现象。闷车后，电动机的电流马上升高 6~7 倍，造成电动机因严重过热而烧坏。

最大转矩与额定转矩的比值称为过载系数 λ，即

$$\lambda = 9550 \frac{T_{max}}{T_N} \tag{6.1.5}$$

λ 表明电动机的过载能力。一般三相异步电动机的 λ 为 1.8~2.2。

3）启动转矩 T_{st}。电动机启动时，旋转磁场作用在转子上的旋转力，称为启动转矩。启动时，虽然绕组中的感应电流很大，但由于转子绕组的感抗也很大，所以转子的功率因数很低，因此启动转矩很小，仅为额定转矩的 1~2 倍。如果电动机的启动转矩过小，则电动机不能启动，或虽可启动，但势必拖长启动过程，造成电动机过热。因此当发现电动机不能启动时，应立即断开电源停止启动，在减轻负载或排除故障以后再重新启动。

启动转矩是衡量电动机启动性能好坏的重要指标，启动转矩 T_{st} 与额定转矩 T_N 的比值称为启动系数，用 λ_{st} 表示，即

$$\lambda_{st} = T_{st}/T_N \tag{6.1.6}$$

启动系数 λ_{st} 大小约为 2.0。

下面结合机械特性曲线来分析电动机的运行特性。

① 在电动机启动瞬间（即 $n=0$ 或 $s=1$），电动机轴上产生的转矩为启动转矩。如果启动转矩大于电动机轴上所带的机械负载转矩，则电动机就能够转动；反之，电动机就无法启动。

② 当电动机转速达到同步转速（即 $n=n_0$ 或 $s=0$）时，转子电流为零，因而转矩 T 也为零。

③ 当电动机在额定状态下运行时，对应的转速为额定转速 n_N，对应的转差率为额定转差率 s_N，在电动机轴上产生的转矩称为额定转矩 T_N。

④ 当转速为某值 n_b 时，电动机产生的转矩最大，称为最大转矩 T_{max}，该转速称为临界转速。电动机在运行当中拖动的负载转矩必须小于最大转矩，电动机才能稳定运行，否则电动机因无法拖动负载而被迫停转。

通常电动机稳定运行在图 6.1.17 所示特性曲线的 ab 段，从这段曲线可以看出，当负载转矩有较大变化时，异步电动机的转速变化不大，因此异步电动机具有硬的机械特性。

【例 6.1.2】 有一台笼型三相异步电动机，额定功率 5.5kW，额定转速 2900r/min，过载系数为 2.2，求它的额定转矩和最大转矩为多少？

解：① 它的额定转矩

$$T_N = 9550 \frac{P_N}{n_N} = 9550 \times \frac{5.5}{2900} = 18.1(N \cdot m)$$

② 它的最大转矩

$$T_m = \lambda T_N = 2.2 \times 18.1 = 39.8(N \cdot m)$$

4. 三相异步电动机的启动、调速与制动

（1）三相异步电动机的启动

1）电动机的启动要求。三相异步电动机在使用过程中，需要经常启动。电动机从接通电源开始，转子转速由零上升到稳定状态的过程称为启动过程，简称启动。

电动机在启动瞬间有一个很大的启动电流，一般为额定电流的 4～7 倍。例如一台 50kW 的电动机，额定电流是 74A，若启动电流是额定电流的 7 倍，即启动电流是 518A，这么大的启动电流是十分有害的，具体危害如下。

① 影响电源电压，造成电网电压波动。特别是当供电容量较小时，会使电网中的电压显著下降，从而影响同一电网中其他用电设备的正常工作，甚至使正在工作的电动机停转，使正在启动的电动机更不容易启动。

② 电流过大，电机、线路损耗大；频繁的启动，还会造成电动机过热，导致绝缘加速老化。

③ 绕组线头受电磁力冲击，发生变形。

为了使电动机能够转动并快速达到额定转速，对于异步电动机启动的要求如下。

① 足够的启动转矩 T_{st}，以便缩短启动过程，使电动机拖动生产机械尽快达到正常运行状态。

② 尽量小的启动电流 I_{st}，以免电网产生很大电压降，影响接在同一电网上的其他用电设备的正常工作。

③ 启动过程中损耗小。启动要简单、经济，启动时操作要方便、可靠，易操作和维护。

因此，应根据不同情况，选择不同的启动方法。

2）电动机的启动方法。绕线式电动机都是在转子电路中串入电阻，直接降低转子电流来启动的。在启动时，转子绕组接入启动电阻，随电动机转速提高，逐步减小所接入电阻，直到电动机达到额定转速后把三个滑环短路，电动机正常运行。绕线式电动机在转子串入电阻启动过程中，启动转矩不但没有减小，反而会增大，因此可以重载启动。常用于需要启动转矩大的起重提升设备。

三相笼型异步电动机因无法在转子回路中串接电阻，所以只有直接启动与降压启动两种方法。

① 直接启动。直接启动也叫全压启动，即合上开关把全部电源电压直接加在定子绕组上。如图 6.1.18 所示为电动机的直接启动电路。

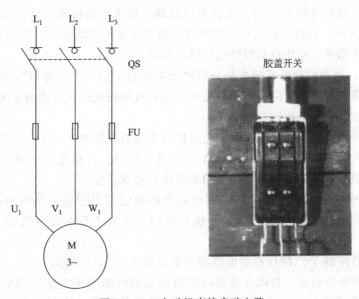

图 6.1.18　电动机直接启动电路

启动时，合上胶盖开关 QS，电动机通电启动运转；停止时，拉开胶盖开关 QS，电动机断电停止运转。

这种方法启动电流大，一般只适应于 10kW 以下的电动机或其容量不超过电源变压器容量的 15%～20%。

直接启动虽然存在着启动电流大、启动时电压降较大等不利因素，但启动设备简单、控制电路简单、操作维护方便、启动迅速，所以笼型异步电动机应首先考虑采用直接启动，只有在不符合直接启动条件时，才考虑降压启动方式。

但直接启动时的启动电流为电动机额定电流的 4～7 倍，过大的启动电流会造成电网电压明显下降，影响在同一电网工作的其他电气设备的正常工作。对于经常启动的电动机，过大的启动电流将造成电动机发热而加速绝缘老化，影响电动机的寿命；同时电动机绕组（尤其是绕组端部）在电动力的作用下，会发生有害变形，可能造成绕组短路而烧坏电机。如果电源容量足够大，而电动机的容量又不太大，电动机的启动电流对其他负载不会造成很大的影响，都可以直接启动。一般在公用电网上 10kW 以下（不含 10kW）电动机可以直接启动；在有独立变压器的情况下，13kW 以下（不含 13kW）电动机可以直接启动。在工厂里由于变压器容量较大，允许直接启动的电动机的功率还可以增大。所以异步电动机能否使用全压启动方法主要考虑两个方面的问题：一是供电网路是否允许；二是生产机械是否允许。应考虑的具体因素如下。

第一，异步电动机的功率低于 7.5kW 时允许全压启动。如果功率大于 7.5kW，而电源容量较大，符合下式要求者，也允许全压启动：

$$\frac{I_{st}}{I_N} \leq \frac{3}{4} + \frac{电源变压器总容量(kV \cdot A)}{4 \times 电动机功率(kW)} \tag{6.1.7}$$

式中　I_{st}——电动机直接启动的启动电流，A；

　　　I_N——电动机的额定电流，A。

这个经验公式的计算结果只作粗略参考。

第二，电力管理机构的规定：用电单位如有单独的变压器供电，则在电动机启动频繁，电动机功率小于变压器容量的 20% 时，允许全压启动。如果电动机不经常启动，它的功率小于变压器容量的 30% 时，也可全压启动。如果没有独立的变压器供电（与照明共用），允许全压启动的电动机最大功率，应使启动时的电压降不超过 5%。

② 降压启动。减小启动电流的方法只有降低电动机的启动电压即降压启动，但这时启动转矩也要随之下降，所以一般降压启动只适用于电动机轻载或空载启动的情况。启动完毕，再加上额定电压使电动机正常运转。

对于大、中容量的电动机，当其容量超过供电变压器容量的 5% 时，一般应采用降压启动方式。降压启动方法主要有星形-三角形（Y-△）降压启动、自耦变压器降压启动、定子绕组串电抗器（或电阻器）降压启动、延边三角形降压启动等方法。

a.星形-三角形（Y-△）降压启动。Y-△降压启动就是先把定子绕组改接成星形，待电动机转速稳定后再改接成三角形。这种方法只适用于正常工作时定子绕组为三角形连接的电动机。

按钮、接触器控制 Y-△降压启动电路的主电路如图 6.1.19 所示。

b.自耦变压器降压启动。自耦变压器降压启动是指启动电压先经自耦变压器降低，限制启动电流，待电动机启动后，再使电动机与自耦变压器脱离，从而在全压下正常运行。图

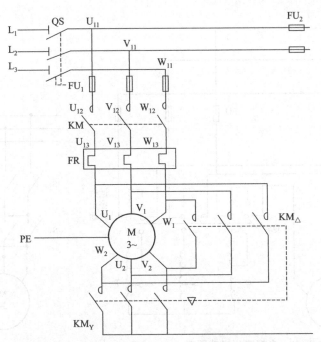

图 6.1.19　按钮、接触器控制 Y-△降压启动电路的主电路

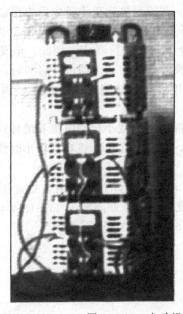

图 6.1.20　电动机自耦降压设备实物外形

6.1.20 为电动机自耦降压设备实物外形，这种降压启动原理如图 6.1.21 所示。

　　启动时，先合上电源开关 QS$_1$，再将开关 QS$_2$ 扳向"启动"位置，此时电动机的定子绕组与变压器的二次侧相接，电动机进行降压启动。待电动机转速上升到一定值时，迅速将开关 QS$_2$ 从"启动"位置扳到"运行"位置，这时，电动机与自耦变压器脱离而直接与电源相接，在额定电压下正常运行。

　　自耦变压器一次侧接电网，二次侧接电动机。常用的自耦变压器有 3 个分接头，用来选择不同的电压比，其输出电压分别为电源电压的 55%、64%、73%。

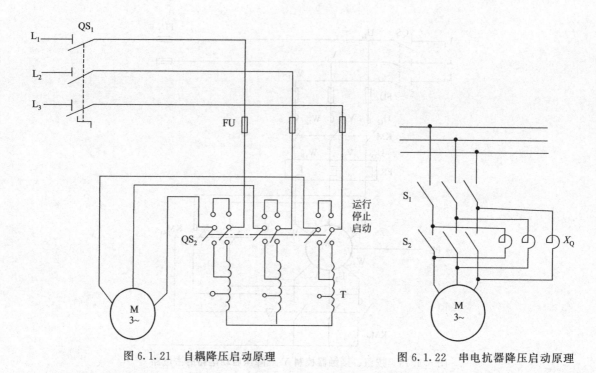

图 6.1.21　自耦降压启动原理　　　　图 6.1.22　串电抗器降压启动原理

c.定子绕组串电抗器（或电阻器）降压启动。在笼型电动机定子电路中串联电抗器启动的原理线路如图 6.1.22 所示。启动时先合上电源开关 S_1，定子电路中串入启动电抗 X_Q 降压启动。待电动机转速接近稳定值时，再将开关 S_2 合上，将电抗器 X_Q 切除，电动机进入全压运行。定子串电阻器启动时，只要用电阻器 R_Q 替换线路中的 X_Q 即可。启动时，由于启动电流在电抗（或电阻）上产生一定的压降，故加在电动机上的端电压降低了，因而限制了启动电流。

在定子电路中串电阻或电抗启动效果相同，都能起到减小启动电流和增加启动平滑性的作用。但是，定子串电阻启动损耗较大，经济性差，所以只在电动机容量较小时使用。较大容量的电动机多用定子串电抗器启动。

d.延边三角形降压启动。延边三角形降压启动是指电动机启动时，把定子绕组的一部分接成"△"，另一部分接成"Y"，使整个绕组接成延边△，如图 6.1.23(a) 所示。待电动机启动后，再把定子绕组改接成△形全压运行，如图 6.1.23(b) 所示。

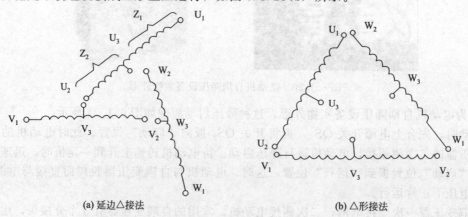

(a) 延边△接法　　　　　　　　(b) △形接法

图 6.1.23　延边△降压启动电动机定子绕组的连接方式

延边△降压启动是在 Y-△降压启动的基础上加以改进而形成的一种启动方式，它把 Y 形和△形两种接法结合起来，使电动机每相定子绕组承受的电压小于△接法时的电压，而大于 Y 形接法时的相电压，并且每相绕组电压的大小可随电动机绕组抽头（U_3、V_3、W_3）位置的改变而调节，从而克服了 Y-△降压启动时启动电压偏低、启动转矩偏小的缺点。

（2）三相异步电动机的调速。调速就是在同一负载工作时得到不同的转速，以便获得最高的生产率和保证加工质量。根据电动机转速计算公式

$$n = (1-s)n_1 = (1-s)\frac{60f}{p} \tag{6.1.8}$$

可知，改变电动机的转速有三种方法，即改变电源频率 f、改变磁极对数 p、改变转差率 s。前两者是笼型电动机的调速方法，后者是绕线式电动机的调速方法。现分别介绍如下。

1）变频调速。三相异步电动机的转速与交流电的频率有关，改变交流电的频率就可以改变电动机的转速，但改变交流电的频率是很困难的，需要专用设备，而且费用较高，常用于需要调速的大型电动机，且调速范围有限。如图 6.1.24 所示为变频调速装置，它主要由整流器、逆变器两大部分组成。整流器先将频率 f 为 50Hz 的三相交流电变换为直流电，再由逆变器变换为可调节的频率 f_1、电压有效值 U_1 也可调的三相交流电供给三相笼型电动机。由此得到电动机的无级调速，并具有硬的机械特性。频率调节范围一般为 0.5～320Hz。

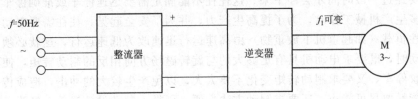

图 6.1.24　变频调速装置

2）变极调速。由公式 $n_1 = 60f/p$ 可知，如果磁极对数 p 减小一半，则旋转磁场的转速 n_1 便提高一倍，转子转速 n 相应地差不多也提高一倍。因此改变磁极对数 p 可得到不同的转速。而要改变磁极对数 p，需要改变定子绕组的接法。但是这样改变转速的方法只能按等级改变转速，一般变极电动机可以得到两个或多个不同的转速。

图 6.1.25 为双速电动机改变定子绕组接法的示意图：图 6.1.25(a) 中每相绕组由相同的两个线圈串联而成，因此磁极对数 $p=2$；图 6.1.25(b) 中将每相原来串联的两个线圈改为反并联（将原来每相绕组首、末端相连，从中间引出新首端）；图 6.1.25(c) 为并联后的直观图，可见此时的磁极对数改变为 $p=1$。在换极时，一个线圈中的电流方向不变，而另一个线圈中的电流必须改变方向。

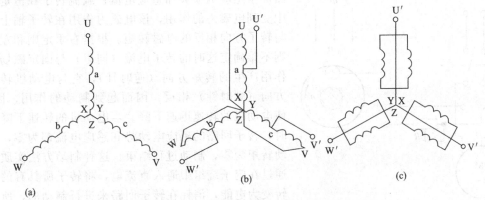

图 6.1.25　双速电动机改变定子绕组接法示意图

253

3）变转差率调速。只要在绕线式电动机的转子电路中接入一个调速电阻，如图 6.1.26 所示，改变转子电路电阻的大小，就可以得到平滑调速。比如增大调速电阻时，转差率上升，而转速下降。这种调速方法的优点是设备简单、投资少，但是调速的电阻要长时间通电，能量损耗较大，所以使用范围不很大，主要应用于起重设备中。

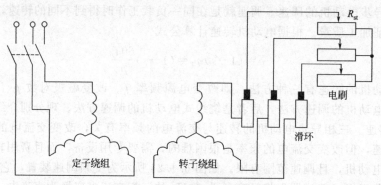

图 6.1.26　变转差率调速原理

（3）三相异步电动机的制动。当电动机与电源断开后，由于转动部分的惯性，电动机仍然继续转动，要经过一段时间才会停下来。这往往不能满足需要迅速停车或准确停车的生产机械的要求。许多生产机械工作时，为了提高生产力，并为了安全起见，往往需要电动机快速停转或者使位能性负载（如起重机下放重物）由高速运行迅速改为低速运行，这就必须对电动机进行制动。制动时，既要求电动机具有足够大的与旋转磁场方向相反的制动转矩，使电动机拖动生产机械尽快停车，又要求制动转矩变化不要太大，以免产生较大的冲击，造成传动部件的损坏。另外，能耗要尽可能小；还要求制动方法方便、可靠；制动设备简单、经济、易操作和维护。因此，对不同情况应采取不同的制动方法。

电动机制动的方法有机械制动和电气制动两种。

1）机械制动。使用电磁铁（如电磁抱闸制动器、电磁离合制动器）带动刹车机构动作，利用摩擦力来达到设备停转的目的。

2）电气制动。电气制动是在制动时，产生一个与原来旋转方向相反的电磁转矩（制动转矩），迫使电动机转速迅速下降。电气制动分为能耗制动、反接制动和回馈制动。

① 能耗制动。能耗制动的物理过程：在对三相交流异步电动机实施制动过程时，先将电动机脱离三相交流电源；然后将一直流电源接入电动机定子绕组的任意两相，如图 6.1.27 所示，在电动机内建立一个恒定磁场；转子因惯性继续在原方向转动而切割恒定磁场，则转子回路产生感应电动势和感应电流；载流转子在恒定磁场中受到电磁力的作用，该电磁力作用在转子轴上形成与转子方向相反的电磁转矩。根据右手定则和左手定则不难确定这时的转子电流（向里）与固定磁场相互作用产生的转矩方向（逆时针），它与电动机转动的方向（顺时针）相反，因而起到制动的作用。因此，使电动机的转速迅速下降。当电动机的转速下降到零时，转子回路的感应电动势和感应电流都为零，故制动转矩为零，制动过程结束。这种制动方法实质上是通过在定子绕组中通入直流电，将转子所具有的动能转变为电能，消耗在转子回路来进行制动的，所以称为能耗制动，又称动能制动。显然，制动转矩的大小

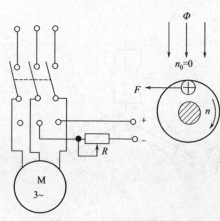

图 6.1.27　能耗制动原理

与所通入直流电流的大小和电动机的转速有关。转速越高，磁场越强，则产生的制动转矩越大。但通入的直流电流不能太大，否则会烧坏定子，通常为电动机空载电流的 3～5 倍，直流电流的大小一般为电动机额定电流的 0.5～1 倍。可以通过调节制动电阻来调节制动电流。

这种制动能量消耗小，制动平稳，广泛应用于要求平稳准确停车的场合，如在有些机床中采用这种方法。这种制动方法也可用于起重机这一类机械上，用来限制重物下降速度，使重物匀速下降。

能耗制动的控制方式有以时间为原则控制和以速度为原则控制两种。

② 反接制动。反接制动是通过改变电动机电源的相序，使定子绕组产生相反方向的旋转磁场，从而产生反向的制动转矩的制动方法。如图 6.1.28 所示，反接制动时，将电源开关由"运转"位置（上）切换到"制动"位置（下），这样就能把其中的两相电源接线对调。由于电压相序相反了，所以定子旋转磁场方向也反了，而转子由于惯性仍继续按原方向旋转。这时的电磁转矩方向与电动机的转动方向相反，因而起到制动的作用。当转速接近零时，再利用控制电器将电源自动切断，否则电动机将会反转。

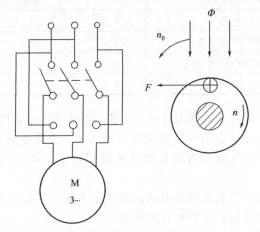 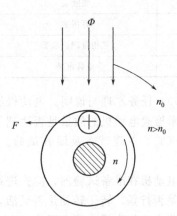

图 6.1.28　反接制动原理　　　　　　　图 6.1.29　回馈制动原理

反接制动时，转子与定子旋转磁场的相对转速接近于 2 倍的同步转速，转子绕组中流过的反接制动电流相当于直接启动时电流的 2 倍。为了减小制动电流，对于绕线转子电动机，可在转子回路串接反接制动电阻；对于笼型异步电动机，在定子回路中串接反接制动电阻。定子回路中串接反接制动电阻的方法有两种，即在三相中串接电阻的对称接法和在两相中串接电阻的不对称接法。制动电阻的对称接法在限制制动电流的同时，又限制了制动转矩；不对称制动电阻接法，在没有串接电阻的那一相仍有较大的电流。一般采用对称法。

反接制动的特点是制动转矩大、制动迅速、控制设备简单、制动效果好等。但由于反接制动时旋转磁场与转子间的相对运动加快，因而电流较大，制动过程会产生较强的机械冲击，易损坏传动部件，能量消耗大，制动准确性差。因此，反接制动不适宜频繁制动的场合。对有些中型车床和铣床主轴的制动采用这种方法。对于功率较大的电动机，制动时必须在定子电路（笼型）或转子电路（绕线式）中串入电阻，用以限制电流。

③ 回馈制动。回馈制动发生在电动机转子转速 n 大于定子磁场转速 n_0 的时候。如果起重机下放重物时，重物拖动转子，使其转速 $n > n_0$，这时转子绕组切割定子旋转磁场改变了方向，则转子绕组感应电动势和电流方向也随之相反，电磁转矩也反了，变为制动转矩，使重物受到制动而均匀下降。实际上这台电动机已转入发电机运行状态，它将重物的势能转变为电能而回馈到电网，故称为回馈制动，如图 6.1.29 所示。

将双速电动机从高速调到低速的过程中，也自然发生这种制动。因为刚将磁极对数 p 加倍时，磁场转速 n_0 立即减半，但由于惯性，转子转速 n 只能逐渐下降，因此出现 $n > n_0$ 的情况，迫使电动机转速迅速下降。

三、任务实施

1. 三相笼型异步电动机使用前的简易测试

（1）任务要求。正确掌握三相笼型异步电动机的基本结构。能使用万用表测量电机定子绕组的直流电阻和用兆欧表测量定子绕组之间及绕组与地（铁芯）之间的绝缘电阻值。会对三相笼型异步电动机进行通电空载检查。

（2）仪器、设备、元器件及材料。项目元件见表 6.1.1。

表 6.1.1　项目元件

序号	名称	型号与规格	数量	备注
1	三相交流异步电动机	小功率（≤4kW）	1台	笼型
2	兆欧表	500V	1个	
3	万用表	MF-47 或其他	1个	
4	三相自耦调压器	0～250V、400V、3kV	1台	
5	单臂电桥	QJ23	1台	

（3）任务原理与说明。电动机经过修理、保养及长期闲置后，在使用前都要经过必要的测试，来检验电动机的质量是否达到了使用要求。试验的项目通常有绝缘试验、直流电阻测定、短路试验、空载试车及温升试验。其中最基本的测试内容有绝缘电阻测定、空载电流的测定等。

电动机在准备试验前，应先进行常规检查。首先应检查电动机的装配质量，各部分的紧固螺栓是否拧紧，转子转动是否灵活，引出线的标记、位置是否正确等。

测定电机定子直流电阻在 1Ω 以上的绕组，用直流单臂电桥；检测电阻在 1Ω 以下的绕组，应使用直流双臂电桥。

（4）任务内容及步骤

1）外观检查。将三相异步电动机的外表清扫干净，看电动机的端盖、轴承盖、风扇等安装是否符合要求，紧固部分是否牢固可靠，转动部分是否轻便灵活，转动时有没有摩擦声和异常声响。

2）测量三相定子绕组冷态直流电阻。将三相定子绕组出线端的连接点拆开，用万用表电阻挡测量三相定子绕组的通断情况，若三相绕组正常，则测出的电阻值应基本一致。以万用表测得的电阻值为参考，将单臂电桥两支表笔的一支接到电动机某相绕组的接线端上（如 U_1），另一支表笔接于同一相绕组的另一接线端上（如 U_2）。精确测量 U 相直流电阻值，读取数据。然后按以上方法测量 V_1 与 V_2、W_1 与 W_2 之间的直流电阻值。将测量结果记入表 6.1.2 中。

表 6.1.2　三相定子绕组冷态下直流电阻的测量值

测量内容	U 相绕组直流电阻 R_U/Ω	V 相绕组直流电阻 R_V/Ω	W 相绕组直流电阻 R_W/Ω
万用表测量			
单臂电桥测量			

3）测量绕组绝缘电阻。先测量各相绕组对地的绝缘电阻，将兆欧表的接线柱"L"接被测相绕组一端，接线柱"E"接电动机机座上没有油漆的部位，分别测量三相绕组的绝缘电阻。再测量相与相之间的绝缘电阻。把测量数据记入表6.1.3中。

表 6.1.3　测量三相电动机三相定子绕组的绝缘电阻

测量对象	三相电动机绕组对地绝缘电阻			三相电动机绕组相间绝缘电阻		
	R_{U-E}	R_{V-E}	R_{W-E}	R_{U-V}	R_{U-W}	R_{W-U}
测量数据						

若测量值在 0.5MΩ 以上，说明该电动机绝缘尚好，可继续使用。

4）对三相笼型异步电动机进行通电空载检查。

（5）注意事项

① 测量绕组绝缘电阻时，必须要断开电源。兆欧表在测量前应做短路和开路试验，确定兆欧表完好。

② 使用兆欧表测量时，摇动手柄切不可忽快忽慢而使指针不停地摆动，而必须以额定转速（一般为 120r/min 左右）匀速摇动手柄，持续 1min 以后读数。在测量过程中不要用手触及表"L""E"两端，以免造成触电危险。

③ 对三相笼型异步电动机进行通电空载检查时应注意用电安全。

（6）思考题

① 怎样测量电机直流电阻？

② 电机绕组的绝缘电阻不达标会造成什么后果？如何处理？

③ 兆欧表与万用表测量电阻有什么不同？测量绝缘电阻能否用万用表？为什么？

2. 三相异步电动机极性判定

（1）任务要求。按照国家相关标准，使用指针式万用表，利用直流法正确判定三相异步电动机的极性。要求能正确选用电工工具和仪表，用导线正确连接电路，按照正确的测量方法测得极性。完成三相异步电动机极性判定后，画出直流法判定三相异步电动机极性的接线图，用不同颜色的标签标注电动机的极性。

（2）仪器、设备、元器件及材料。万用表 1 块，小功率三相异步电动机 1 台，1.5V 干电池 2 节，导线若干。通用电工工具一套。

（3）任务内容及步骤

1）用万用表检查方法之一

① 判断各相绕组的两个出线端。用万用表电阻挡分清三相绕组各相的两个线头，并进行假设编号，各相绕组假设编号为 U₁、U₂、V₁、V₂ 和 W₁、W₂。按图 6.1.30 的方法接线。

② 判断首尾端。注视万用表（微安挡）指针摆动的方向，合上开关瞬间，若指针摆向大于 0 的一边，则接电池正极的线头与万用表负极所接的线头同为首端或尾端。若指针反向摆动，则接电池正极的线头与万用表正极所接的线头同为首端或尾端。

③ 再将电池和开关接另一相两个线头，进

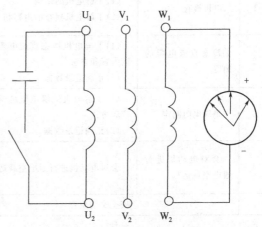

图 6.1.30　用万用表判断三相异步
电动机极性方法之一

行测试，就可正确判别各相的首尾端。

2）用万用表检查方法之二

① 判断各相绕组的两个出线端。用万用表电阻挡分清三相绕组各相的两个线头，并进行假设编号。各相绕组假设编号为 U_1、U_2、V_1、V_2 和 W_1、W_2。按图 6.1.31 的方法接线（电动机定子线圈的三个接线头并联）。

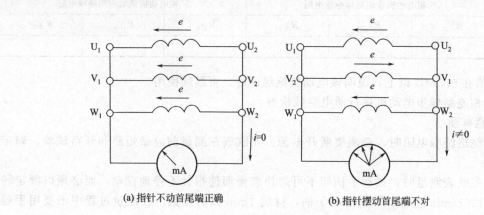

(a) 指针不动首尾端正确   (b) 指针摆动首尾端不对

图 6.1.31　用万用表判断三相异步电动机极性方法之二

② 判断首尾端。用万用表的两个表笔分别接并联好的线圈两端，用手转动电动机转子，如万用表（微安挡）指针不动，则证明假设的编号是正确的（因为转子剩磁在三相线圈中感应电动势矢量和为零）；若指针有偏转，说明其中有一相首尾端假设编号不对（因为转子剩磁在三相线圈中感应电势矢量和不为零），应逐相对调重测，直至正确为止。

③ 再将电池和开关接另一相两个线头，进行测试，就可正确判别各相的首尾端。

四、任务考评

（1）三相笼型异步电动机使用前的简易测试考评（见表 6.1.4）

表 6.1.4　评分标准

序号	考核内容	考核项目	配分	检测标准	得分
1	电机检查	(1)了解电机的结构 (2)了解电机检查的内容和步骤	10 分	(1)能叙述电机结构(4分) (2)能叙述电机检查的内容和步骤(6分)	
2	冷态直流电阻的测定	(1)了解电机冷态直流电阻的测定内容和方法 (2)正确记录数据	30 分	(1)能叙述电机冷态直流电阻的测定内容和方法(10分) (2)记录数据正确(10分)	
3	绝缘电阻测定	(1)了解电机绝缘电阻的测定内容和方法 (2)正确记录数据	30 分	(1)能叙述电机绝缘电阻的测定内容和方法(10分) (2)记录数据正确(10分)	
4	会对电动机进行通电空载运行	会对电动机进行通电空载运行	30 分	(1)空载运行前会进行常规检查(20分) (2)会通电空载运行(10分)	
5		安全文明生产		违反安全文明操作规程酌情扣分	
		合计	100 分		

（2）三相异步电动机极性判定的考评（见表 6.1.5）

表 6.1.5　评分标准

序号	考核内容	考核项目	配分	检测标准	得分
1	利用万用表判断三相异步电动机极性	会用两种方法用万用表判断三相异步电动机极性	100 分	(1)用直流法正确判断三相异步电动机的极性(50 分) (2)用第二种方法正确判断三相异步电动机的极性(50 分)	
2	安全文明生产			违反安全文明操作规程酌情扣分	
	合计		100 分		

五、知识拓展

每台异步电动机的机座上都装有一块铭牌,用来标明电动机的型号、额定值和有关技术参数。电动机的铭牌就是一个简单的说明书,它记载着电动机的性能及一些必要的规格,是选用、检查、安装、使用和维修电动机的主要依据,必须按照铭牌上给出的额定值和要求去使用和维修电动机。

因此,在使用和保管电动机时,不要将铭牌损坏和丢失。电动机的铭牌是用金属刻印的,与人们用的名片大小差不多,它能标识电动机的身份,如图 6.1.32 所示。

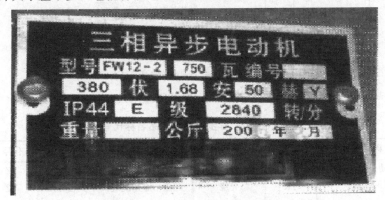

图 6.1.32　三相异步电动机的铭牌

三相异步电动机铭牌上各项内容的含义见表 6.1.6。

表 6.1.6　电动机铭牌上各项内容的含义

内容	说明
额定功率 P_N	额定运行时电动机轴上输出的额定机械功率,单位为 kW
额定电压 U_N	电动机在额定工作状态下工作时,定子线端输入的线电压。一般不应超过线电压的 ±5%
额定电流 I_N	电动机在额定工作状态下运行时,定子线端输入的电流。即电动机的最大安全电流,长时间地超过电动机的额定电流值,会使绕组发热,甚至烧坏
接法	电动机三相定子绕组与交流电源的连接方法。3kW 及以下大多数电动机采用 Y 形连接,4kW 及以上采用△形连接。使用时应根据铭牌要求进行连接
额定转速 n_N	电动机在额定工作状态下,转子每分钟的转速
绝缘等级	电动机绝缘材料的等级,决定电动机的允许温升
工作制	指电动机允许运行的持续时间,分为连续工作制(s_1)、短时工作制(s_2)、断续周期工作制(s_3)
型号	是表示电机主要技术条件、名称、规格的一种产品代号

注:有的铭牌上还标有额定功率因数和额定效率等。绕线式三相异步电动机的铭牌上除标有上述内容外,还标有转子电压和转子电流。转子电压是指电动机转子静止,且转子三相绕组开路,定子绕组加额定频率的额定电压时,在集电环上测得的转子绕组所感应的线电压,也称转子开路电压,单位为 V;转子电流是指电动机在额定状态下工作时,转子绕组出线端短接后,转子绕组的线电流,单位为 A。

（1）型号。型号是为了简化技术条件对产品名称、规格、形式等的叙述而引入的一种代号，以适应不同用途和不同工作环境的需要。通常把电动机制成不同的系列，各种型号用汉语拼音大写字母、国际通用字符和阿拉伯数字组成，用来表示电机的类型、结构特征和适用环境。如图 6.1.33 所示。

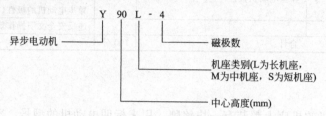

图 6.1.33　电动机型号的含义

Y 系列三相异步电动机的型号另一种表示方法如图 6.1.34 所示。

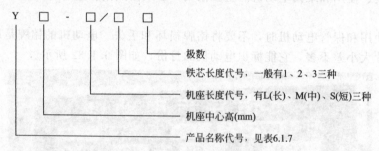

图 6.1.34　电动机型号另一种表示方法的含义

表 6.1.7　异步电动机产品名称代号

产品名称	代号	汉字意义	产品名称	代号	汉字意义
异步电动机	Y	异	起重冶金用异步电动机	YZ	异重
绕线式异步电动机	YR	异绕	起重冶金用绕线式异步电动机	YZ	异重绕
隔爆型异步电动机	YB	异爆	高启动转矩异步电动机	YQ	异启

（2）额定值

1）额定功率。指电动机能够带动负载的能力，也是电动机允许输出的最大机械功率，单位为 W 或 kW。选用电动机时，要注意和所带动的机械配套。当被带动的机械需要的功率超过电动机允许输出的功率时，称为过载。如果电动机过载运行，会造成电动机过热，甚至损坏；如果负载过小，则不经济，称为"大马拉小车"。

2）额定电压。指绕组上所加的线电压，单位为伏或千伏（V 或 kV）。例如：电动机铭牌上表明额定电压为 220/380V，表示这台电动机可用于线电压为 220V 的三相电源，也可用于线电压为 380V。

3）额定电流。指电动机在额定电压和额定功率下工作时的线电流，单位为安（A）。铭牌上额定电流的两个数值和额定电压的两个数值是对应的。即线电压为 220V 时（△接法），额定电流为 26A；线电压为 380V 时（Y 接法），额定电流为 14.5A。电动机运行时，若线电流大于其额定电流，则称为过载，时间长了会使电动机过热甚至烧毁。

对于额定电压为 380V、功率不超过 55kW 的三相异步电动机，其额定电流的安培数近似等于额定功率千瓦数的 2 倍，通常称为"1 千瓦 2 安培关系"。掌握这个规律，便于根据电动机的额定功率迅速得出它的额定电流。例如：10kW 电动机的额定电流约为 20A；7kW 电动机的额定电流约为 14A。

4）额定转速。指电动机在额定电压、额定频率和额定功率情况下运行时，转子每分钟所转的圈数，单位为转/分（r/min）。异步电动机的实际转速与负载的大小有关。空载或轻载时，电动机的转速要比其额定转速稍高一些；过载时，电动机的转速要比其额定转速低，这时，电动机的定子电流要超过它的额定电流。

5）额定频率。指通入电动机的交流电的频率，单位为赫兹（Hz）。我国电网的频率为 50Hz，因此除外销产品外，国内用的异步电动机的额定频率为 50Hz。

（3）功率因数。电功率为电压、电流之积（即 $P=UI$）。但在实际的交流电路中，电流在一定的电压下流动时，会有一些损耗，并不会都来做功。把真正做功的部分叫做有功功率，把交流电路中电压与电流的乘积叫做视在功率，把有功功率与视在功率的比，叫做功率因数：

$$功率因数 = \frac{有功功率}{视在功率} \qquad 即 \cos\varphi = \frac{P}{S}$$

由此可知，功率因数总是小于 1 的，功率因数越大，说明有功功率部分越大，反映电器设备性能越好。

（4）接线。这是指定子三相绕组的接法。定子绕组是异步电动机的电路部分，它由三相对称绕组组成，并按一定的空间角度依次嵌放在定子槽内。

三相绕组的首端分别用 A、B、C 表示，尾端对应用 X、Y、Z 表示。为了便于变换接法，三相绕组的 6 个端子头都引到电动机接线盒内的 6 个接线柱上，分上下两排排列。

三相绕组的接线方式有星形（Y）和三角形（△）两种。在对电动机进行接线前，必须首先看清楚铭牌上的接法，再根据实际的电源线电压，按照电动机铭牌上的要求进行接线。

① 电压为 380V/220V，接法为星形/三角形。这表明每相绕组的额定电压是 220V。如果电源线电压是 220V，则定子绕组应该接成三角形；如果电源线电压是 380V，则应接成星形。

所谓星形连接，是指将三相绕组的尾端 X、Y、Z 短接在一起，首端 A、B、C 分别接三相电源。

所谓三角形连接，是指将第一相的尾端 X 与第二相的首端 B 短接，第二相的尾端 Y 与第三相的首端 C 短接，第三相的尾端 Z 与第一相的首端 A 短接，然后将 3 个接点分别接至三相电源上。

② 额定电压为 380V，接法为三角形。这表明定子每相绕组的额定电压是 380V，适用于电源线电压是 380V 的场合。

三相异步电动机绕组的接线方法见表 6.1.8。

表 6.1.8　三相异步电动机绕组的接线方法

连接方法	接线实物	接线图	原理图
星形连接			

续表

连接方法	接线实物	接线图	原理图
三角形连接	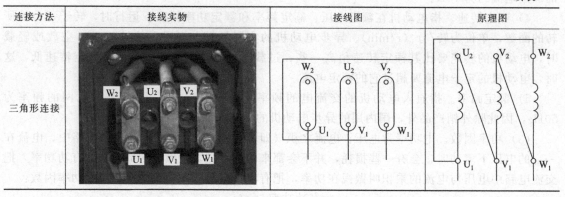		

六、思考与练习

1.交流电机按其功能的不同可分为哪两大类？它们的功能各是什么？

2.交流电动机按其转速的变化情况可分为哪两类？它们在运行时转速各有什么特点？

3.常用的异步电动机可分为哪几类？

4.什么是旋转磁场？旋转磁场的方向是怎样的？它是怎样产生的？

5.说明三相异步电动机的转动原理。三相笼型异步电动机主要由哪些部分组成？各部分的作用是什么？

6.三相笼型异步电动机和三相绕线转子异步电动机结构上的主要区别有哪些？

7.电动机产生旋转磁场的必要条件是什么？如何改变旋转磁场的旋转方向？

8.为什么在三相电源线上任意对调两相即可改变电动机的旋转方向？

9.异步电动机的气隙对电动机运行有什么影响？

10.异步电动机定子旋转磁场的旋转速度（同步转速）是由哪些因素决定的？

11.什么是三相异步电动机的启动？三相异步电动机有哪些启动方法？

12.什么是三相异步电动机的直接启动？在什么条件下允许直接启动？直接启动有什么优缺点？

13.三相笼型异步电动机有哪几种降压启动方法？各有什么特点？

14.什么是电动机过载？电动机过载对电机有何影响？

15.定子绕组△形连接的电动机误接成 Y 形连接运行，电动机各种电气量都有哪些改变？

16.什么是三相异步电动机的制动？三相异步电动机有哪几种电气制动方法？各有什么优缺点？

17.什么是反接制动和能耗制动？试比较各自的特点。

18.有一台电动机其功率为 1.5kW，制动时采用反接制动，并要求其反接制动电流 $I_Z \leqslant 1/2 I_{st}$，在三相电路中应该串入多大阻值和功率的电阻？

19.异步电动机主要由 ＿＿＿＿ 和 ＿＿＿＿ 两个基本部分组成。此外还有 ＿＿＿＿、＿＿＿＿、＿＿＿＿ 和 ＿＿＿＿ 等零部件。

20.旋转磁场的同步转速 n 由三相交流电源的 ＿＿＿＿ 和磁极的 ＿＿＿＿ 来决定。

21.改变电动机转速的方法有三种，它们分别是 ＿＿＿＿、＿＿＿＿ 和 ＿＿＿＿。

22.要想使电动机反转，只要将接在三相电源的三根相线中的 ＿＿＿＿ 即可。

23.当电动机的容量小于 ＿＿＿＿ 或其容量不超过电源变压器容量的 ＿＿＿＿ 时，可允许全压启动，其优点是 ＿＿＿＿。

24. 大、中型电动机不允许_____启动，启动时用降低加在定子绕组上电压的方法来减小_____，当启动过程结束后，再使电压恢复到_____，这种方法叫_____启动。

25. 常用的降压启动方法有_____和_____。

26. 单相电容异步电动机的定子由_____绕组和_____绕组组成，它们在定子铁芯的空间上相差_____，转子制成_____型。

27. 改变电动机定子绕组接线的_____，可以改变_____的方向，_____随之改变，这样就改变了电动机的转动方向。

28. 一台三相异步电动机的额定转速为 1440r/min，交流电源的频率为 50Hz，则该异步电动机的同步转速为_____，额定转差率为_____。

29. 使电动机迅速停机的电气制动方法有_____、_____和_____。

30. 以下不属于异步电动机实现调速方法的是（　　）。

    A. 改变交流电源频率　　　　　　　　　B. 改变电动机的磁极对数

    C. 改变电动机的额定工作电压　　　　　D. 改变电动机的转差率

31. 已知三相异步电动机有 6 个磁极，则该电动机的同步转速为_____（r/min）。

    A. 1500　　　　　　　　B. 1000　　　　　　　　C. 750　　　　　　　　D. 500

32. 三相异步电动机在一定负载转矩下运行，如果电源电压降低，电动机的电磁转矩、电流和转速有何变化？

33. 三相异步电动机在断了一根电源线后，为何不能启动？而在运行中断了一根电源线却能继续运转，为什么？

34. 一台三相六磁极异步电动机接电源频率 50Hz，试问：它的旋转磁场在定子电流的一周内转过多少空间角度？同步转速是多少？若满载时转子转速为 950r/min，空载时转子转速为 997r/min，试求额定转差率 s_N 和空载转差率 s_0。

35. Y-200L-4 三相异步电动机的启动转矩 T_{st} 与额定转矩 T_N 的比值为 1.9，试问在电压降低 30%、负载转矩为额定值的 80% 的重载情况下，能否启动？满载时能否启动？

36. 一台三相笼型异步电动机，频率为 50Hz，额定转速为 2880r/min，额定功率为 7.5kW，最大转矩为 50N·m，求它的过载系数。

37. Y-200L-4 三相异步电动机，额定功率 $P_2 = 30kW$，额定电压 $U_1 = 380V$，额定转速 $n = 1470r/min$，额定电流 $I_1 = 56.8A$，效率 $\eta = 92.2\%$，$f = 50Hz$，求电动机功率因数、额定转矩 T_N 和转差率 s。

部分思考与练习答案

学习情境一

任务二

（一）填空题

1.（1）建立完善的安全用电制度，树立安全用电意识；（2）操作规范，养成安全用电习惯

2.单相触电、两相触电、跨步电压触电

3.两相触电；单相触电；跨步电压触电

4.电路维修中，严禁合闸

5.触电事故、雷电事故、静电事故、电磁场伤害事故、电路故障

6.迅速、就地、准确、坚持

7.42V；42V、36V、24V、12V、6V

8.正方形边框、绿底、白图案

9.禁止标志、警告标志、指令和提示标志

10.口对口呼吸、口对鼻呼吸、口对口鼻呼吸（婴幼儿）

（二）选择题

1.B　2.D　3.D　4.D　5.A　6.B　7.B　8.A　9.D　10.B

（三）简答题

1.触电是人体触及带电体，有电流流过人体，由电流的能量所造成的伤害事故。触电分为"电击"与"电伤"两大类。

2.（1）缺乏电气安全知识。（2）违反操作规程。（3）设备不合格。（4）维修不善。（5）其他偶然原因。如高压线断落地面可能造成跨步电压触电；大风刮断电力线落到人体上，夜间行走触碰断落在地面的带电导线等。

3.如果有人触电了，第一步就是使触电者尽快脱离电源，是救活触电者的首要因素。第二步是在最短的时间内，根据触电者的症状，进行相应的触电急救措施（如口对口人工呼吸、胸外心脏按压）。触电急救的要点是动作迅速，救护得法。切不可惊慌失措、胆怯怕事。发现有人触电要尽快使触电者脱离电源。

4.加强绝缘性；加强自动断电保护；对设备采取接地或接零线保护措施；加强警示或悬挂警示牌。

5.如果出现有人触电的情况，应当迅速采取正确的措施进行处理和救治。（1）让触电者尽快脱离电源。当发现有人触电，首先要迅速让触电者脱离电源。采取的方法主要有：①马上断闸；②用绝缘钳子立即剪断电源供电线；③用干燥的竹竿（木竿）将电源线挑离电源；④在保证绝缘良好的情况下，将触电者拉离电源；⑤采取短路措施，使总电源保护跳闸（要合理使用，如瞬时短路法等，不能造成火灾）。（2）现场急救。当触电者脱离电源后，要根据触电者的情况迅速施救。

6.单相触电的原因为人体同时接触了相线和零线（或大地），电流流过人体而造成的单相触电。人体若同时接触两根相线，电流流过人体而造成的两相触电。进入高压线落地区域或雷击区时，人跨步后在两脚间有电压，这种电压产生的电流流过人体就造成了跨步电压触电。

7.人工呼吸操作要点如下。

对需要进行心肺复苏的伤员，将其就地躺平，颈部与躯干始终保持在同一个轴面上，解开伤员领扣和皮带，去除或剪开限制呼吸的胸腹部紧身衣物，立即就地迅速进行有效心肺复苏抢救。

（1）开放气道。用仰头抬颌的手法开放气道，一只手放在伤员前额，用手把额头用力向后推，另一只手的食指与中指置于下颊骨处，向上抬起下颚（对颈部有损伤的伤者不适用），两手协同将头部推向后仰，舌根随之抬起，气道即可通畅。严禁用枕头或其他物品垫在伤员头下，这样会使头部抬高前倾，加重气道阻塞，并且会使胸外心脏按压时流向肺部的血液减少，甚至消失。如发现伤员口内有异物，要清除伤者口中的异物和呕吐物，可用指套或指缠纱布清除口腔中的液体分泌物。清除固体异物时，一手按压开下颌，迅速用另一手食指将固体异物钩出或用两手指交叉从口角处插入，取出异物，操作中要注意防止将异物推到咽喉深处。

（2）呼吸判断。触电伤员如意识丧失，应在 10s 内用看、听、试的方法判定伤员有无呼吸。

1）看。伤员的胸部、上腹部有无呼吸起伏动作。

2）听。用耳贴近伤员的口鼻处，听有无呼吸声。

3）试。用面部感觉测试口鼻有无呼气气流，也可用毛发等物放在口鼻处测试。若无上述体征可确定无呼吸。确定无呼吸后，应立即进行两次人工呼吸。

8.胸外心脏按压法的操作要点如下。

如果触电者的心跳停止跳动时，要立即对触电者进行胸外心脏按压法的急救。使触电者仰面躺在平整坚实的地方，救护人员跪在伤员的一侧，或骑跨在其腰部的两侧，胸外心脏按压法的操作步骤如下。

未进行按压前，先手握空心拳，快速垂直击打伤员胸前区胸骨中下部 1～2 次，每次 1～2s，力量中等，捶击 1～2 次后，若无效，则立即进行胸外心脏按压，不能耽搁时间。

正确按压位置是保证胸外按压效果的重要前提，可用以下两种方法之一来确定。

（1）方法一：胸部正中，双乳头之间胸骨的下半部即为正确的按压位置。

（2）方法二：沿触电伤员肋弓下缘向上找到肋骨和胸骨接合处的中点，两手指并齐，中指放在切迹中点（剑突底部），食指平放在胸骨上部，另一只手的掌根紧靠食指上缘，置于胸骨上，即为按压位置，正确的按压姿势是达到胸外按压效果的基本保证。

1）使触电伤员仰面躺在平硬的地方，救护人员跪在伤员一侧胸旁，救护人员的两肩位于伤员正上方，两臂伸直，肘关节固定不屈，两手掌根相叠，手指翘起，将下面手的掌根置于伤员按压位置上。

2）以髋关节为支点，利用上身的重力，垂直将正常成人胸骨压陷 4～5cm（瘦弱者酌减）。

3）压至要求的程度后，立即全部放松，但放松时救护人员的掌根不得离开胸臂。

按压操作频率要求：胸外按压要以均匀的速度进行，每分钟 100 次左右，每次按压和放松的时间相等。

9.安全标志是用以表达特定安全信息的标志，由图形符号、安全色、几何形状（边框）或文字构成。安全标志的作用是引起人们对不安全因素的注意，它以形象而醒目的信息语言向人们提供表达禁止、警告、指令、提示等的安全信息，是表达特定安全信息含义的颜色和标志，防止事故发生。但安全标志本身不能消除任何危险，不能取代预防事故的相应设施，也不能代替安全操作规程和防护的措施，它只能以几何图形符号来表达特定的安全信息，以形象而醒目的方式来吸引人们的注意，以预防事故的发生。

10.不会对人体造成伤害的电压称为安全电压。一般规定 42V 以下的电压为安全电压。

学习情境二

任务一

1.电流，传输，分配，转递，处理

2.内，电源端，反，外，正，负载，负

3.理想，理想，等效

4.保留，忽略，抽象

5.电荷，正电荷，实际

6.正，比，电压，高，低

7.参考，参考，正，负，正，一致，相反

8.U/R，$U/(R+r)$

9.代数，IU，$-IU$，负载，消耗（吸收），电源，提供（发出）

10.参考点（零电位点），任意，不同（变化），不同，不同，不同

11.$R=r$

12.满，过，轻，超过，过

13.∞，0

14.（a）$U=10V$，一致；（b）$R=10\Omega$，一致；（c）$I=-3A$，相反；（d）$U=-2V$，相反

15.S 断开时，0V；S 接通时，4.8V

16.提示：图（a）和（b）中，B 是断开点无电压。图（a）$V_A=6V$，$V_B=V_C=0$；图（b）$V_A=-9V$，$V_B=V_C=-3.9V$；图（c）$V_A=6V$，$V_B=-9V$，$V_C=-0.94V$

17.以 a 点为参考点：$V_a=0$，$V_b=-4V$，$V_c=2V$，$U_{bc}=-6V$

以 b 点为参考点：$V_a=4V$，$V_b=0V$，$V_c=6V$，$U_{bc}=-6V$

18.$I_1=2A$，$I_2=1A$，$U_{ab}=6V$，$U_{ad}=18V$

19.$U=2V$

20.（1）$U_{ac}=-4V$，极性由 c 指向 a；$U_{ce}=1V$，极性由 c 指向 e

（2）$P_1=-2W$，是电源；$P_2=-6W$，是电源；$P_3=16W$，是负载；$P_4=-4W$，是电源；$P_5=-7W$，是电源；$P_6=3W$，是负载

（3）负载消耗的总功率＝16＋3＝19（W）；电源提供的总功率＝2＋6＋4＋7＝19（W）；负载消耗的总功率＝电源提供的总功率，电路的功率平衡

21.$R_L=5\Omega$ 时，$P_L=80W$；$R_L=10\Omega$ 时，$P_L=90W$；$R_L=15\Omega$ 时，$P_L=86.4W$。$R_L=R_0=10\Omega$ 时，负载获得最大功率

22.$R=806\Omega$，$W=5.4$ 度

23.S 断开时，$I=0$，$E=U=6V$；S 闭合时，$R_0=0.5\Omega$。

任务二

1. 不对

2. $R_1+R_2+R_3=0.5\text{k}\Omega$, $R_2+R_3=0.25\text{k}\Omega$, $R_3=0.5\text{k}\Omega$, $R_2=0.2\text{k}\Omega$, $R_1=0.25\text{k}\Omega$

3. $U=50\text{V}$, $I=0.6\text{A}$

4. $I=1\text{A}$, $U=1\text{V}$

5. 可按附图 1 虚线分段，运用电阻混联分析方法，逐步简化成单回路电路（图略），求其等效电阻，即 $R_{44}=4/\!/12=3(\Omega)$，$R_{33}=6+R_{44}=6+3=9(\Omega)$，$R_{22}=18/\!/R_{33}=18/\!/9=6(\Omega)$。求出总电流 I_1 后，按图由左向右，即逆着原来的化简过程，求各支路电流和电压。设电流、电压采用关联方向。求得如下结果：$I_1=15\text{A}$，$I_2=5\text{A}$，$I_3=10\text{A}$，$I_4=7.5\text{A}$，$I_5=2.5\text{A}$。$U_{22}=90\text{V}$，$U_{44}=30\text{V}$，$U_3=60\text{V}$

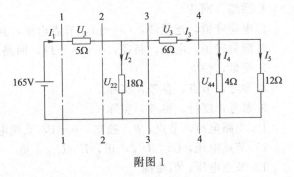

附图 1

6. 0.676Ω

7. $75\,^\circ\!\text{C}$

8. 208.7V

9. 3712.5Ω

10. $R_1=499.88\text{k}\Omega$, $R_2=500\text{k}\Omega$

11. (a) 8.8Ω, (b) 2Ω

12. (1) 7.5Ω, (2) 6.67Ω

13. (1) 100V, (2) 66.67V, (3) 44.44V

14. $R\approx2\Omega$

15. (a) 200Ω, (b) 6Ω

任务三

1. 电压，电流，电压，电流

2. 电压，电源

3. 电压，U_S-IR_i，小，短

4. 电流，$I_S-(U/R'_i)$，大，开

5. 0，恒压，恒

6. ∞，恒流，恒

7. R_i，I_SR_S，外，内

8. 电路模型，理想元件

9. $I_S=2\text{A}$，$R_i=5\Omega$。由电压源电路计算：流过 20Ω 和 5Ω 串联电阻的 $I=0.4\text{A}$。由电流源电路计算：流过 20Ω 电阻的电流 $I=0.4\text{A}$，流过 5Ω 电阻的电流 $I=1.6\text{A}$

10. $I=1\text{A}$

11. $I_2=2\text{A}$，$P_2=-12\text{W}$

12. (1) $I=-1\text{A}$；(2) $U=14\text{V}$；(3) $I=3\text{A}$

13. 2V

14. (a) 3A，(b) 10V

任务四

1. 串，同一，有源，无源

2. 三，三，节点

3. 支路，回路

4. 回路，网孔

5. 电荷守恒，连续性，$(n-1)$，节点电流，封闭面

6. 能量守恒，电压，路径，$b-(n-1)$，回路电压，开口电压

7. 变量，独立

8. 参考，节点，参考，实际

9. 参考，绕行，参考，实际

10. 支路电流，节点，b，独立，$n-1$，支路电流，$b-(n-1)$，回路，联立

11. 节点电压，U_S，U_{ab}，正，E，U_{ab}，负

12. 节点电压，恒流源

13. (a) $I=1A$，(b) $I_1=-6A$，$I_2=-13A$，(c) $I_1=13A$，$I_2=3A$

14. KVL 回路电压方程：$I_1R_1-E_1-I_2R_2-I_3R_3-E_2-I_3R_4+E_3+I_4R_5-E_4=0$

15. 在附图 2 中，已标出 C、D 两节点及各电流参考方向。由已知 $I=-2A$ 可求得：$U_{DA}=-12V$，$U_{CA}=12V$，$U_{CB}=18V$，$I_3=3A$，$I_4=2A$。（1）用 KCL 对节点 A、B，得：$I_1=1A$，$I_2=-3A$。（2）由欧姆定律得：$U_{AB}=6V$，$R_1=3\Omega$，$U_{DB}=-6V$，$R_2=2\Omega$

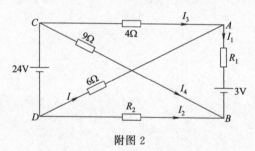

附图 2

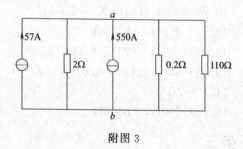

附图 3

16. $I_2=1A$，$I_3=1V$，$E=12A$

17. $I_1=1.14A$，$I_2=-0.43A$，$I_3=-0.71A$

18. $i_1=1.7mA$，$i_2=3.14mA$，$i_3=1.44mA$，$i_5=0.44mA$

19. 将图 2.4.22 电路经等效变换为附图 3 的电流源电路。设 b 为参考点。由节点电压公式得：$U_a=110.182V$。各支路电流为：$I_{R1}=-1.9A$，$I_{R2}=0.9A$，$I_{RL}=1A$。校验节点 a：$I_{R1}+I_{R2}+I_{RL}=-1.9+0.9+1=0$，可见，满足 $\Sigma I=0$

20. 设 b 为参考点，由节点电压公式，得 $U_a=12V$。各支路电流：$I_{R1}=4A$，$I_{R2}=I_S=2A$，$I_{R3}=2A$

21. $I_1=0.5A$，$I_2=-1A$，$I_3=1.5A$

22. $I=6.8A$

23. $I=2A$，12V

24. $-3A$

25. $I_1=-0.1A$，$I_2=-0.2A$，$I_3=0.1A$

26. $R=9\Omega$，$R_2=2\Omega$

27. 约为 1A

任务五

1. 线性，非线性

2. 短路，开路

3. 正，负

4. $I=7\mathrm{A}$

5. 25V

6. $I_1=-0.5\mathrm{A}$，$I_2=-9\mathrm{A}$，$I_3=9.5\mathrm{A}$

任务六

1. 串，戴维南，并，诺顿，短，开，有

2. $U_{\mathrm{OC}}=21\mathrm{V}$，$R_{\mathrm{i}}=80\Omega$

3. 将 R_3 断开。从 ab 端看进出的有源二端网络，用等效电源代替。从 a 点绕到 b 点的全部电压值为 U_0。选两个回路绕向，如附图 4(a) 所示。求得：$I_1=0$，$I_2=0$，$U_0=40\mathrm{V}$。全部恒压源短路后，从 ab 看进去，$R_0=R_1/\!/R_2+R_4/\!/(R_5+R_6)=6.33\Omega$。最后得戴维南等效电路，如附图 4(b) 所示，则得 $I_3=3.53\mathrm{A}$

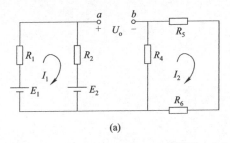
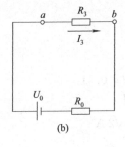

(a)   (b)

附图 4

5. (a) 45V，(b) 1.5A

6. $R_{\mathrm{L}}=10\Omega$，$P_{\mathrm{max}}=15.62\mathrm{W}$

7. $U=15\mathrm{V}$，$I=-1\mathrm{A}$

学习情境三

任务一

1. (1) × (2) × (3) × (4) √ (5) × (6) × (7) × (8) √ (9) × (10) √

2. (1) C (2) B (3) C (4) C (5) B (6) A (7) B (8) C (9) D (10) B

3. (1) $3\times10^{-3}\mathrm{C}$　(2) 2 个电容器串联构成一组，这样的两组电容器再并联

(3) 1) 总电容是 $0.75\mu\mathrm{F}$，耐压是 250V；2) C_1、C_2 先后被击穿

4. (1) 300V 是耐压值，125000pF 是标称容量，±3% 是允许误差

5. (1) 电容器按其容量是否可变，可分为固定电容器、可变电容器和微调电容器。

(2) 电容器常用的标识方法有直标法、文字符号法、数码法和色标法。不同种类的电容器采用了不同的标识方法

(3) 2000pF

任务二

1.三角函数式（瞬时表达式），三角函数波形图，相量（复数）表示法，相量图表示法

2.周期是频率的倒数

3.电阻：$u = iR = I_m R \sin\omega t = U_m \sin\omega t$

$$\frac{\dot{U}}{\dot{I}} = \frac{U}{I} = R$$

电感：$u = \omega L I_m \sin(\omega t + 90°) = U_m \sin(\omega t + 90°)$

$$\frac{U_m}{I_m} = \frac{U}{I} = \omega L$$

电容：$i = \omega C U_m \sin(\omega t + 90°) = I_m \sin(\omega t + 90°)$

$$\frac{U_m}{I_m} = \frac{U}{I} = \frac{1}{\omega C}$$

4. 7.5ms

6. $56.56 \angle 98.1°$

8. $5\sqrt{2} \angle -45° A$

11. $45°$

12. 4V

13. 0.6

14. 113V

15. 42.7W；0.51

16. 0.27H

17. 5A、$5\sqrt{2} A$

18. 4Ω

19. $135°$

20. 43.3W

21. 90V

22. 5A

23. 40V

24. 8

25. $2280\mu F$；500盏

任务三

1.为了使交流电有很方便的动力转换功能，通常工业用电用三相正弦交流电。电流相位（反映电流的方向）相互相差120°。通常将每一根这样的导线称为相线，也称火线。通常电力传输是以三相四线的方式，三相电的三根头称为相线，三相电的三根尾连接在一起称中性线也叫"零线"。叫零线的原因是三相平衡时刻中性线中没有电流通过了，再就是它直接或间接地接到大地，跟大地电压也接近零。地线是把设备或用电器的外壳可靠地连接大地的线路，是防止触电事故的良好方案。火线又称相线，它与零线共同组成供电回路。在低压电网中用三相四线制输送电力，其中有三根相线一根零线。为了保证用电安全，在用户使用区改为用三相五线制供电，这第五根线就是地线，它的一端是在用户区附近用金属导体深埋于地下，另一端与各

用户的地线接点相连，起接地保护的作用。

2.接线图见附图 5

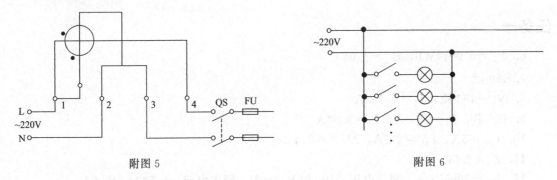

附图 5　　　　　　　　　　　　　　　　附图 6

3.（1）绘出电路图如附图 6 所示

（2）电灯组取用的电流有效值为

$$I = \frac{U}{R} = \frac{220}{11} = 20(\text{A})$$

（3）电灯组取用的功率为

$$P = UI = 220 \times 20 = 4400(\text{W})$$

学习情境四

任务一

1.$\dfrac{380\sqrt{2}}{\sqrt{3}}\sin(\omega t - 60°)$

2.不可以（图略）

任务二

1. $220\angle 0°\text{V}$，$220\angle 120°\text{V}$，$220\angle -120°\text{V}$；$22\angle -53°\text{A}$，$22\angle 67°\text{A}$，$22\angle -173°$

2.（1）44A，22A，11A；（2）220V，22A，11A；（3）127V，253V，13A；（4）380V，38A，19A

任务三

1. 20.6Ω

2. 360Ω

3. （1）15A；（2）15A；（3）7.5A

4. 15.2Ω；34.8Ω

任务四

1. 11A，11A，4356W

2. 19A，32.9A，12996W

3. 1∶3，1∶3

4. 49.9A，784kW，829kW

学习情境五

任务一

6. $\Phi_m = 0.0014\text{Wb}$，$B_m = 1.04\text{T}$

7. 160 匝

8. $N_2 = 180$ 匝，$I_1 = 0.455\text{A}$

9. 166 盏，$I_2 = 45.3\text{A}$，$I_1 = 3.02\text{A}$

10. $I_{1N} = 5\text{A}$，$I_{2N} = 217\text{A}$，$\Delta U\% = 2.4\%$

11. $Z_1 = 200\Omega$

12. $S_N = 30\text{kV}\cdot\text{A}$，额定电压：10 000V/380V，额定电流：1.732A/45.5A

任务二

1. 使用电压互感器时须注意以下几点：

① 铁芯和二次绕组的一端必须可靠接地。以防止一次绕组绝缘损坏时，铁芯和二次绕组带高电压而发生触电和损坏设备。

② 二次侧不允许短路。否则将产生很大的短路电流，把互感器烧坏。为此须在二次侧回路串接熔断器进行保护。

③ 电压互感器的额定容量有限，二次侧不宜接过多的仪表，否则会影响准确度。

使用电流互感器时须注意以下几点：

（1）铁芯和二次绕组的一端必须可靠接地。以防止绕组绝缘损坏时，高压侧电压传到低压侧，而发生触电和损坏设备。

（2）二次侧不允须开路。否则，其一将使铁芯中的铁耗剧增，引起铁芯和绕组过热而损坏互感器；其二会在二次绕组感应出很高的电压，把绕组绝缘击穿，危及工作人员和所接二次设备的安全。为此二次侧回路绝不允许装熔断器；运行中要接入或拆除仪表及其他二次装置时，必须先将二次侧短路后才可进行。

（3）二次侧回路中所接的负载阻抗值不宜过大，否则将影响测量准确度。

2. 三相有功电能表测量的负载电流较大时，除可以使用额定电流较大的三相有功电能表外，还可以将三相有功电能表与电流互感器配合使用。这种配合关系称为电能表与电流互感器的匹配。

（1）三相三线有功电能表配电流互感器的接线（图略）

（2）三相四线有功电能表配电流互感器的接线（图略）

学习情境六

任务

1. 按其功能的不同，交流电机可分为交流发电机和交流电动机两大类。目前广泛采用的交流发电机是同步发电机，这是一种由原动机（例如火力发电厂的汽轮机、水电站的水轮机）拖动旋转产生交流电能的装置。交流电动机则是由交流电源供电将交流电能转变为机械能的装置。

2. 交流电动机按其转速的变化情况可分为同步电动机和异步电动机两类。同步电动机的转速始终保持与交流电源的频率同步，不随所拖动的负载变化而变化，它主要用于功率较大、转速不要求调节的生产机械，如大型水泵、空气压缩机、矿井通风机等。而异步电动机的转速随负载变化而稍有变化，这是目前使用最多的一类电动机。

3. 常用的异步电动机可分为三相异步电动机和单相异步电动机两大类。

4. 三相异步电动机定子绕组通入三相交流电流后，定子绕组产生的合成磁场随电流的变化在空间不断地旋转，如同磁极在空间旋转，称为旋转磁场。旋转磁场的转向与三相电流的相序一致。

5. 异步电动机的工作原理：①三相电流通入三相绕组中，在电机内部可自动产生一个以 n_0 为转速的旋转磁场。②转子导体被旋转磁场切割便产生感应电动势 $e = BLV$（右手定则判断方向）。③形成闭合回路的转子载流导体在磁场中受到电磁力 $f = BLi$ 作用（左手定则判断方向）。④ 电磁力作用于转子可产生电磁转矩 $T(T = \Sigma fD/2)$，T 使转子以转速 n(r/min) 旋转，以拖动机械负载。

三相异步电动机的结构由两个基本部分组成，一是固定不动的部分，称为定子；二是旋转部分，称为转子。定子由机座、定子铁芯、定子绕组和端盖等组成。定子绕组是定子的电路部分，中小型电动机一般采用漆包线绕制，共分三组，分布在定子铁芯槽内，它们在定子内圆周空间的排列彼此相隔 120°，构成对称的三相绕组。转子由转子铁芯、转子绕组、转轴、风扇等组成。转子铁芯与定子铁芯之间有微小的空气隙，它们共同组成电动机的磁路。转子铁芯外圆周上有许多均匀分布的槽，槽内安放了转子绕组。

6. 三相笼型异步电动机和三相绕线转子异步电动机结构上的主要区别在于它们的转子绕组不同。笼型转子绕组是由嵌在转子铁芯槽内的若干铜条组成的，两端分别焊接在两个短接的端环上。而绕线式转子的绕组与定子绕组相似，在转子铁芯槽内嵌放对称的三相绕组，作星形连接。三个绕组的三个尾端连接在一起，三个首端分别接到装在转轴上的三个铜制滑环上，通过电刷与外电路的可变电阻器相连接，用于启动或调速。

7. 产生旋转磁场的必要条件有两个：三相绕组必须对称，在定子铁芯空间上互差 120° 电角度；通入三相对称绕组的电流也必须对称，大小、频率相同，相位相差 120°。只要改变电动机任意两相绕组所接的电源接线（相序）即可改变旋转磁场的方向。

8. 三相异步电动机的旋转磁场是由三相绕组的三相交流电产生的，三相交流电产生的合成磁场是一个旋转磁场，任意对调三相交流电两相，它们合成的磁场方向也改变了，因为合成磁场是一个旋转磁场，因此电动机的旋转方向也改变了。

9. 异步电动机的气隙是磁场的一个通路，同时也是电动机转子运转时的空隙。气隙的大小对电动机的运行有很大的影响，气隙过大将使磁阻增大，因而使励磁电流增大，功率因数降低，电动机的性能变坏。如果气隙过小，将会使铁芯损耗增加，运行时电动机定、转子可能产生摩擦。因此电机的气隙不能过大或过小，一般中、小型电动机的气隙为 0.2~1.0mm，大型电动机的气隙为 1.0~1.5mm。

10. 定子旋转磁场的转速（又叫同步转速），用 n_0 表示。它与电源的频率 f 成正比，与定子旋转磁场的磁极对数 p 成反比，即 $n_0 = \dfrac{60f}{p}$。

11. 三相异步电动机的启动是指电动机通电后转速从零开始逐渐加速到正常运转的过程。三相笼型异步电动机的启动方法有：（1）直接启动；（2）降压启动：①定子绕组电路中串联电阻或电抗器启动；②星形-三角形降压启动；③自耦变压器降压启动；④延边三角形启动。三相绕线式异步电动机的启动方法有：（1）转子绕组电路串联启动电阻器启动；（2）转子绕组电路串联频敏变阻器启动。

12. 三相异步电动机的直接启动是利用闸刀开关或接触器将笼型异步电动定子绕组直接接到具有额定电压的电源上进行启动。这种启动方法优点是启动设备简单、控制电路简单、维修量小。缺点是启动电流大，会造成电网电压明显下降，影响在同一电网工作的其他电气设备的正常工作。对于启动频繁的电动机，允许直接启动的电动机容量应不大于供电变压器容量的20%；对于不经常启动者，直接启动的电动机容量应不大于供电变压器容量的30%。通常容量小于 11kW 的笼型电动机可采用直接启动。

13. 三相笼型异步电动机常用的降压启动方法有：串电阻（电抗）降压启动（适用于较小容量的电动机上使用）、Y-△降压启动（启动转矩降为直接启动时的 1/3，因此只能在轻载或空载情况下启动，同时定子绕组必须是△形连接的电动机）、自耦降压启动（启动转矩为全压启动时的 64% 左右，比 Y-△降压启动几乎大了一倍，因此可用于启动较重的负载。常用于 380V 及以下、功率 75kW 及以下的三相笼型异步电动机中，作不频繁降压启动及运行）。

14. 当电动机所驱动的机械设备的实际所需功率大于电动机铭牌所规定的额定功率运行时，称为电动机过载运行，也叫过负荷运行。这时因为负载转矩大于电动机的额定转矩，所以电动机为了拖动机械运转强迫降低转速，以增大转子电流来提高电动机的电磁转矩，使新增加的转矩与负载转矩达到新的平衡继续运行。由于转子电流增加，引起定子电流增加，造成电动机铜耗增加，电动机因损耗增加而发热，时间一长，使绝缘老化，甚至烧毁电动机。

15. 定子绕组△连接改成 Y 连接，相当于定子绕组相电压降低 $\sqrt{3}$ 倍。比如原来△连接时额定电压 380V，相电压等于线电压，改 Y 连接后相电压则为 $\frac{380\text{V}}{\sqrt{3}} \approx 220(\text{V})$。由于相电压降低，电动机各电气参数有所改变，变化如下：

① 磁通降低 $\sqrt{3}$ 倍。从公式 $U_1 \approx E_1 = 4.44 f_1 N_1 \Phi_\text{m}$ 可知，由于每相绕组有效匝数 N_1 和电源频率 f_1 固定，所以 $U_1 \propto \Phi_\text{m}$，所以磁通降低 $\sqrt{3}$ 倍，又由于铁芯尺寸固定，所以电动机气隙磁通密度也降低 $\sqrt{3}$ 倍。

② 电动机铁损耗降低 3 倍。因铁损耗与电压的平方成正比，所以电动机铁损耗降低 3 倍。

③ 最大转矩降低 3 倍。因为最大转矩也与电压的平方成正比。

④ 励磁电流约降低 2 倍。

⑤ 励磁无功功率降低 $\sqrt{3} \times 2 = 2\sqrt{3}$ 倍，约 3.46 倍。

⑥ 转差率近似与电压的平方成反比，在相同负载时，转差率要增大 3 倍，但转速变化不大。

⑦ 转子电流增大 $\sqrt{3}$ 倍。当负载不变时，电磁功率不变，由于磁通降低 $\sqrt{3}$ 倍，所以转子电流增大 $\sqrt{3}$ 倍，这时与转子电流平方成正比的转子铜耗增大 3 倍，转子绕组电流密度的增大导致绕组过热。

⑧ 定子电流随电磁特性和负载大小而变，所以定子电流可能增大，也可能减小。

16. 三相异步电动机的制动是指在电动机的轴上加一个与其旋转方向相反的转矩，使电动机迅速减速或停转，对位能性负载（起重机下放重物），制动运行可获得稳定的下降速度。三相异步电动机的电气制动有反接制动、能耗制动和再生制动 3 种。

17. 反接制动是通过改变电动机电源的相序，使定子绕组产生相反方向的旋转磁场，从而产生制动矩转的制动方法。能耗制动就是在电动机脱离三相交流电源后，在电动机定子绕组的任意两相中加入一直流电压，即通入直流电流，利用转子感应电流与静止磁场的作用达到制动，当转子转速接近零时，切除直流电源。反接制动的特点是制动转矩大、制动迅速、控制设备简单、制动效果好等。但由于反接制动时旋转磁场与转子间的相对运动加快，因而电流较大，制动过程会产生较强的机械冲击，易损坏传动部件，能量消耗大，制动准确性差。因此，反接制动不适宜频繁制动的场合。对于功率较大的电动机，制动时必须在定子电路（笼型）或转子电路（绕线式）中接入电阻，用以限制电流。能耗制动比反接制动所消耗的能量少，其制动电流比反接制动要小得多，但能耗制动的制动效果不如反接制动。能耗制动的制动效果与通入定子绕组的直流电流的大小和电动机转速有关。在转速一定时，直流电流越大，制动效果越好。所以能耗制动仅适用于电动机容量较大，要求制动平稳和制动频繁的场合，在低速时制动不十分迅速，同时需要一个直流电源装置，控制线路相对比较复杂。

18. 先估算电动机的额定电流和启动电流。额定电流约为

$$I = \frac{P}{U} = \frac{1500}{380} = 3.95(\text{A})$$

一般 $I_{st} = (4 \sim 7)I_N$，可取 $I_{st} = 5.5 I_N = 5.5 \times 3.95 = 21.7(\text{A})$

$$R_Z = 1.5 \times \frac{200}{I_{st}} = 1.5 \times \frac{200}{21.7} = 13.8(\Omega)$$

$$P = (1/4 \sim 1/3)(I_Z)^2 R_Z = 1/3 \times (0.5 \times 21.7)^2 \times 13.8 \approx 542(\text{W})$$

19. 定子，转子，端盖、轴承、机座、风扇

20. 频率，对数

21. 变频、变极、变转差率

22. 任意两相对调

23. 10kW，15%～20%，设备简单、操作维护方便、启动迅速

24. 直接，启动电流，额定电压，降压

25. 星形-三角形降压启动，自耦变压器启动

26. 主绕组，启动绕组，90°，笼

27. 电流相序，旋转磁场，电磁转矩方向

28. 1500r/min，4%

29. 能耗制动、反接制动、回馈制动

30. C

31. B

32. 电磁转矩不变，电流、转速减小

34. 120°，$n_1 = 1000$r/min，$s_N = 5\%$，$s_0 = 3\%$

35. 重载能启动，满载不能启动

36. $\lambda = 2.01$

37. $\cos\varphi = 0.865$，$T_N = 194.9$N·m，$s = 2\%$

参考文献

[1] 陈斗.电工与电子技术.北京：化学工业出版社，2010.
[2] 陈斗.电工电路的分析与应用.北京：中国水利水电出版社，2010.
[3] 江路明.电路分析与应用.北京：高等教育出版社，2015.
[4] 陈雅萍.电工技术基础与技能.北京：高等教育出版社，2010.
[5] 黄晓明，吴江.电工操作证考试上岗一点通.基础篇.北京：中国电力出版社，2014.
[6] 李广兵.维修电工国家职业技能鉴定指南.北京：电子工业出版社，2012.
[7] 聂广林，赵争召.电工技术基础与技能.重庆：重庆大学出版社，2010.
[8] 陈斗，刘志东.维修电工国家职业资格培训教材.北京：电子工业出版社，2013.
[9] 廖兆荣.数控机床电气控制.北京：高等教育出版社，2004.
[10] 赵淑芝.电力拖动与自动控制线路技能训练.北京：高等教育出版社，2006.
[11] 邱俊.工厂电气控制技术.北京：中国水利水电出版社，2009.
[12] 王峰，蔡卓恩.维修电工实训.北京：中国电力出版社，2009.
[13] 张运波，刘淑荣.工厂电气控制技术.北京：高等教育出版社，2004.
[14] 朱鹏超.机械设备电气控制与维修.北京：机械工业出版社，2001.
[15] 覃小珍.电工基础.北京：电子工业出版社，2009.
[16] 解建宝.电工技术.北京：中国电力出版社，2009.
[17] 庄绍君，宫德福.维修电工.第2版.北京：化学工业出版社，2009.